This series aims to report new developments in mathematical economics and operations research and teaching quickly, informally and at a high level. The type of material considered for publication includes:

1. Preliminary drafts of original papers and monographs
2. Lectures on a new field, or presenting a new angle on a classical field
3. Seminar work-outs
4. Reports of meetings

Texts which are out of print but still in demand may also be considered if they fall within these categories.

The timeliness of a manuscript is more important than its form, which may be unfinished or tentative. Thus, in some instances, proofs may be merely outlined and results presented which have been or will later be published elsewhere.

Publication of *Lecture Notes* is intended as a service to the international mathematical community, in that a commercial publisher, Springer-Verlag, can offer a wider distribution to documents which would otherwise have a restricted readership. Once published and copyrighted, they can be documented in the scientific literature.

Manuscripts

Manuscripts are reproduced by a photographic process; they must therefore be typed with extreme care. Symbols not on the typewriter should be inserted by hand in indelible black ink. Corrections to the typescript should be made by sticking the amended text over the old one, or by obliterating errors with white correcting fluid. Should the text, or any part of it, have to be retyped, the author will be reimbursed upon publication of the volume. Authors receive 75 free copies.

The typescript is reduced slightly in size during reproduction; best results will not be obtained unless the text on any one page is kept within the overall limit of 18 x 26.5 cm (7 x 10 ½ inches). The publishers will be pleased to supply on request special stationery with the typing area outlined.

Manuscripts in English, German or French should be sent to Prof. Dr. M. Beckmann, Department of Economics, Brown University, Providence, Rhode Island 02912/USA or Prof. Dr. H. P. Künzi, Institut für Operations Research und elektronische Datenverarbeitung der Universität Zürich, Sumatrastraße 30, 8006 Zürich.

Die *„Lecture Notes"* sollen rasch und informell, aber auf hohem Niveau, über neue Entwicklungen der mathematischen Ökonometrie und Unternehmensforschung berichten, wobei insbesondere auch Berichte und Darstellungen der für die praktische Anwendung interessanten Methoden erwünscht sind. Zur Veröffentlichung kommen:

1. Vorläufige Fassungen von Originalarbeiten und Monographien.
2. Spezielle Vorlesungen über ein neues Gebiet oder ein klassisches Gebiet in neuer Betrachtungsweise.
3. Seminarausarbeitungen.
4. Vorträge von Tagungen.

Ferner kommen auch ältere vergriffene spezielle Vorlesungen, Seminare und Berichte in Frage, wenn nach ihnen eine anhaltende Nachfrage besteht.

Die Beiträge dürfen im Interesse einer größeren Aktualität durchaus den Charakter des Unfertigen und Vorläufigen haben. Sie brauchen Beweise unter Umständen nur zu skizzieren und dürfen auch Ergebnisse enthalten, die in ähnlicher Form schon erschienen sind oder später erscheinen sollen.

Die Herausgabe der *„Lecture Notes"* Serie durch den Springer-Verlag stellt eine Dienstleistung an die mathematischen Institute dar, indem der Springer-Verlag für ausreichende Lagerhaltung sorgt und einen großen internationalen Kreis von Interessenten erfassen kann. Durch Anzeigen in Fachzeitschriften, Aufnahme in Kataloge und durch Anmeldung zum Copyright sowie durch die Versendung von Besprechungsexemplaren wird eine lückenlose Dokumentation in den wissenschaftlichen Bibliotheken ermöglicht.

Lecture Notes in Operations Research and Mathematical Systems

Economics, Computer Science, Information and Control

Edited by M. Beckmann, Providence and H. P. Künzi, Zürich

26

D. Hochstädter · G. Uebe
Institut für Angew. Mathematik der
Technischen Hochschule München

Ökonometrische Methoden

Springer-Verlag
Berlin · Heidelberg · New York 1970

Advisory Board

H. Albach · A. V. Balakrishnan · F. Ferschl
W. Krelle · N. Wirth

This work is subject to copyright. All rights are reserved, whether the whole or part of the material is concerned, specifically those of translation, reprinting, re-use of illustrations, broadcasting, reproduction by photocopying machine or similar means, and storage in data banks.

Under § 54 of the German Copyright Law where copies are made for other than private use, a fee is payable to the publisher, the amount of the fee to be determined by agreement with the publisher.

© by Springer-Verlag Berlin · Heidelberg 1970. Library of Congress Catalog Card Number 77-119454.
Title No. 3775

ISBN-13: 978-3-540-04950-0   e-ISBN-13: 978-3-642-87695-0
DOI: 10.1007/ 978-3-642-87695-0

Vorwort

Die vorliegende Arbeit beruht auf einer Ausarbeitung einer einsemestrigen Vorlesung über "Ökonometrie", die der erste Autor im SS 1969 an der Universität Karlsruhe gehalten hat. Es war damals nicht möglich, den Studenten ein deutschsprachiges Textbuch zu empfehlen, das in etwa den dargebotenen Stoff enthielt. Dagegen existieren in der englischen Literatur hervorragende Lehrbücher, es seien nur die Werke von Goldberger und Johnston erwähnt. In Zusammenarbeit mit Götz Uebe entstand daher diese Arbeit, die sich in erster Linie an Studenten wendet, um ihnen das Studium der Methoden der Ökonometrie zu erleichtern. Daher lehnt sich diese Darstellung sowohl im Aufbau wie auch im Inhalt sehr stark an die oben bereits zitierten Werke an. Viele Dinge werden bewußt etwas ausführlicher und breiter dargestellt, um eine leicht lesbare Einführung in dieses Gebiet zu bringen. Um andererseits den Umfang des Bandes nicht zu stark zu vergrößern, wurde angenommen, daß der Leser bereits Kenntnis der Statistik und Wahrscheinlichkeitstheorie besitzt. Sollte dies nicht der Fall sein, so sei auf eines der in der Literaturangabe erwähnten Werke verwiesen.

Aus diesem Grunde wurde im ersten Kapitel auch nur eine knappe Übersicht über diejenigen statistischen Kenntnisse gegeben, die im weiteren Verlauf benötigt werden. Das zweite Kapitel bringt in Anlehnung an den Aufbau bei Johnston das lineare Zwei-Variablen Regressionsmodell in breiter Ausführlichkeit. Dies erschien den Autoren als Einführung für diejenigen Studenten nötig, die sich mit diesem Problemkreis noch nicht beschäftigt haben. Dem Leser mit Vorkenntnissen und vor allem dem eiligen Leser sei daher empfohlen, diese beiden Kapitel zu überschlagen und erst mit dem dritten Kapitel, dem allgemeinen linearen Regressionsmodell, zu beginnen. Daran schließt sich ein kurzes Kapitel über Multikollinearität an. In den Kapiteln V und VI werden die Probleme der verzögerten Variablen und der Beobachtungsfehler in den Variablen behandelt. Im zweiten Teil werden die Verfahren behandelt, die für die Schätzung von Gleichungssystemen benötigt werden. Im Kapitel VIII wird ausführlich das wichtige Problem der Identifikation behandelt und im abschließenden Kapitel IX werden Verfahren bei beschränkter und bei voller Information beschrieben.

München, im Januar 1970　　　　　　　　　　　　　Dieter Hochstädter
　　　　　　　　　　　　　　　　　　　　　　　　　Götz Uebe

Inhaltsverzeichnis

Teil A Ökonometrische Einzelgleichungsmodelle

Kapitel I 1
Statistische Hilfsmittel

   1. Die nichtexperimentelle Natur ökonometrischer Zeitreihen .. 1
   2. Schätzwerte und Schätzfunktionen 1
   3. Stochastische Eigenschaften der beobachteten Größen 2
      3.1 Dichte und Verteilung einer Zufallsvariablen
      3.2 Normalverteilte Zufallsvariablen
      3.2.1 Die Normalverteilung
      3.2.2 Aus der Normalverteilung ableitbare Verteilungen
      3.3 Wünschenswerte Eigenschaften eines Schätzwertes
      3.3.1 Erwartungstreue
      3.3.2 Kleinste Varianz
      3.3.3 Linearität
      3.3.4 Konsistenz
      3.3.5 Wirksamkeit
      3.3.6 Suffizienz
   4. Zwei Verfahren zur Bestimmung von Schätzfunktionen 9
      4.1 Das verteilungsfreie Verfahren der kleinsten Quadrate
      4.2 Das verteilungsabhängige Maximum-Likelihood Verfahren
         von R. A. Fisher
   5. Die Güte der Schätzwerte 13
      5.1 Die Varianz eines geschätzten Parameters
      5.1.1 Die Varianz von Maximum-Likelihood Schätzwerten
      5.1.2 Die Varianz für die Schätzwerte der Koeffizienten
         einer Normalverteilung
      5.2 Der Vertrauensbereich
      5.2.1 Der Ansatz eines Vertrauensbereiches
      5.2.2 Beispiel eines normalverteilten Vertrauensbereiches
   6. Testen von Hypothesen 18
      6.1 Das grundlegende Problem des Hypothesenprüfens
      6.2 Bewertung falscher Entscheidungen

Kapitel II 22
Das klassische lineare Regressionsmodell für zwei Variable

A. Der lineare Ansatz 22

1. Das Modell 22
2. Die Interpretation der Störvariablen 22

3. Die Anwendungsbreite des linearen Modells 23
   3.1 Umformungen durch Variablentransformationen
   3.2 Linearisierte Beziehungen
4. Das Schätzproblem 23

B. Die Methode der kleinsten Quadrate 25
   1. Die Schätzwerte $\hat{\alpha}$ und $\hat{\beta}$ 25
   2. Die Linearität der Schätzwerte 27
   3. Die Einführung des Erwartungswertes der Störvariablen ... 29
      - die Unverzerrtheit der Schätzwerte -
      3.1 Der Erwartungswert der Störvariablen
      3.2 Die Linearität von $\hat{\beta}$ in den Störvariablen
      3.3 Die Erwartungstreue von $\hat{\beta}$
      3.4 Die Linearität von $\hat{\alpha}$ in den Störvariablen
      3.5 Die Erwartungstreue von $\hat{\alpha}$
   4. Die Einführung der Kovarianzen der Störvariablen 31
      4.1 Die Annahmen
      4.2 Bemerkungen
      4.3 Beweis zur kleinsten Varianz der Schätzwerte $\hat{\alpha}$ und $\hat{\beta}$
          im homoskedastischen Fall
          4.3.1 Die Varianzen von $\hat{\alpha}$ und $\hat{\beta}$
          4.3.2 Die Kovarianz von $\hat{\alpha}$ und $\hat{\beta}$
          4.3.3 Die Größe der Varianzen
                4.3.3.1 Beweisverfahren I
                4.3.3.2 Beweisverfahren II
      4.4 Der Schätzwert $\hat{\sigma}^2$ für die Varianz der Störvariablen
   5. Das Bestimmtheitsmaß - der Korrelationskoeffizient 41
      5.1 Das Gütekriterium des Korrelationskoeffizienten
      5.2 Der Zusammenhang mit dem Schätzwert $\hat{\beta}$
      5.3 Die Zerlegung in erklärte und unerklärte Teile
   6. Ein Zwischenergebnis 45
      6.1 Die Verteilungsfreiheit der Methode der kleinsten Quadrate
      6.2 Entwicklungsschema der Annahmen und Ergebnisse für die
          Methode der kleinsten Quadrate
      6.3 Übersicht der wichtigsten Beziehungen
      6.4 Ein Beispiel - eine Konsumfunktion für die Bundesrepublik
          Deutschland

C. Die Maximum-Likelihood Methode 54

   1. Die Einführung einer Verteilung für die Störvariablen ... 54

   2. Der Sonderfall der normalverteilten Störvariablen 54

   3. Die Übereinstimmung mit den SELS-Ergebnissen 55

   4. Zusätzliche Ergebnisse 55

      4.1 Der verzerrte Schätzwert $\tilde{\sigma}^2$ für die Varianz der Störvariablen

      4.2 Normalverteilung der Koeffizienten $\hat{\alpha}$ und $\hat{\beta}$

D. Statistische Prüfverfahren für die Schätzwerte 57

   1. Ableitung der χ^2-Verteilung der Summe der quadratischen Abweichungen   57

      1.1 Eine Testgröße aus den beobachteten Werten

      1.2 χ^2-Verteilung der Summe der quadratischen Abweichungen

   2. Ein Satz über lineare und quadratische Formen der Störvariablen   58

      2.1 Lineare Formen der Störvariablen

      2.2 Eine quadratische Form der Störvariablen

      2.3 Diagonalisierung der Matrix der quadratischen Glieder

      2.4 Formulierung des Satzes

      2.5 Beweis des Satzes

      2.6 Übertragung des Satzes auf die Regression

      2.7 Rückblick

   3. Student's t-Test für die Schätzwerte $\hat{\alpha}$ und $\hat{\beta}$ 66

      3.1 Die Verteilung der beteiligten Größen

      3.2 Die t-verteilten Testgrößen

      3.3 Vertrauensbereiche für die Schätzwerte $\hat{\alpha}$ und $\hat{\beta}$

      3.3.1 Der Vertrauensbereich für eine beliebige stochastische Größe

      3.3.2 Anwendung auf die t-verteilten Größen $\tau_{\hat{\alpha}}$, $\tau_{\hat{\beta}}$

   4. Der varianzanalytische Ansatz - Snedecor's F-Test 70

      4.1 Die Konstruktion F-verteilter Größen

      4.2 Der Test des einzelnen Koeffizienten $\hat{\alpha}$ oder $\hat{\beta}$

      4.3 Ein Test für das Bestimmtheitsmaß

      4.4 Der gemeinsame Test zweier Koeffizienten

   5. Übersicht der wichtigsten Beziehungen 75

   6. Erste Fortsetzung des Beispiels 76

E. Erweiterung des Modells 80

   1. Prognose 80

      1.1 Das allgemeine Problem der Prognose

      1.2 Der Prognosewert $\hat{Y}_o$ besitzt die BLUE-Eigenschaft

      1.2.2 Linearität in den ursprünglichen Beobachtungswerten und kleinste Varianz des Prognosewertes

    1.3 Übertragung der verteilungsabhängigen Ergebnisse
    1.4 Untersuchung einer zusätzlichen Beobachtung
    1.5 Übersicht der wichtigsten Beziehungen
  2. Zweite Fortsetzung des Beispiels 88

Kapitel III 92
Das allgemeine lineare Regressionsmodell

A.   Der lineare Ansatz 92

B.   Die Methode der kleinsten Quadrate 94

  1. Der Schätzwert für den Koeffizientenvektor $\underline{\beta}$ 94
  2. Die Linearität des Schätzvektors 94
  3. Die Einführung des Erwartungswertes der Störvariablen ... 95
     - Die Unverzerrtheit des Schätzvektors -
  4. Die Einführung der Kovarianzmatrix der Störvariablen 95
    4.1 Die Kovarianzmatrix der Schätzvektoren
    4.2 Der Standardfall der positiv-definiten Kovarianzmatrix
    4.3 Das klassische Problem (K)
    4.4 Das Problem der Heteroskedastizität (H)
    4.5 Das allgemeine Problem der Autokorrelation (A)
    4.5.1 Die Annahmen der Autokorrelation
    4.6 Ein Sonderfall: Der autoregressive Prozeß
    4.6.1 Der autoregressive Ansatz
    4.6.2 Die Bestimmung der stochastischen Eigenschaften
        der Störvariablen $\underline{u}$
        4.6.2.1 Der Erwartungswert
        4.6.2.2 Die Kovarianzmatrix
        4.6.2.3 Eine Näherungslösung für die Transformationsmatrix
    4.6.3 Die Bestimmung des Autokorrelationskoeffizienten ρ
        4.6.3.1 Zwei Extremfälle für den Autokorrelations-
            koeffizienten
        4.6.3.2 Ersetzung der Störvariablen durch die Residuen
            in der Kovarianzmatrix
        4.6.3.3 Ersetzung der Störvariablen durch die Residuen
            im autoregressiven Prozeß
    4.6.4 Der von Neumann - Durbin - Watson Test
    4.6.5 Zusammenfassung
    4.7 Übersicht zu den Transformationen
    4.8 Die Eigenschaft bester Schätzwert für den klassischen Fall
    4.9 Die BLUE-Eigenschaften des klassischen Falls und der
        darauf transformierten Fälle

4.9.1 Die zentrale Rolle des klassischen Modells
4.9.2 Ein Beispiel für die Wirksamkeit der Transformation
4.10 Der Schätzwert $\hat{\sigma}^2$ für die Varianz der Störvariablen im klassischen Fall
4.11 Das Bestimmtheitsmaß
4.11.1 Das Bestimmtheitsmaß für die gesamte Regression
4.11.2 Die partiellen Korrelationskoeffizienten

5. Übersicht der wichtigsten Beziehungen 120
6. Dritte Fortsetzung des Beispiels 121

C. Die Maximum Likelihood Methode 123
1. Die Einführung einer Verteilung für die Störvariablen .. 123
2. Der Sonderfall der normal-verteilten Störvariablen im klassischen Modell 123
3. Die Übereinstimmung mit den SELS-Ergebnissen 123
4. Zusätzliche Ergebnisse 124
   4.1 Der verzerrte Schätzwert $\tilde{\sigma}^2$ für die Varianz der Störvariablen
   4.2 Normalverteilung des Schätzvektors $\underline{\beta}$

D. Statistische Prüfverfahren für den Schätzvektor 126
1. Ableitung der χ^2-Verteilung mit (n-k)-Freiheitsgraden für die Summe der quadratischen Abweichungen 126
2. Einschub: Die idempotente Matrix $\underline{M}$ 127
3. Die Unabhängigkeit der Verteilung des Schätzvektors $\underline{\beta}$ von der Verteilung der Quadratsumme der Residuen 129
4. Der Übergang zu t-verteilten Testgrößen für den Schätzvektor 130
   4.1 Vertrauensbereiche aus den t-verteilten Testgrößen
   4.2 Abschließende Bemerkungen zum t-Test
5. Der varianzanalytische Ansatz - Snedecor's F-Test 132
   5.1 Die Konstruktion F-verteilter Testgrößen
   5.2 Der Test eines einzelnen Koeffizienten
   5.3 Ein Test für das Bestimmtheitsmaß
   5.4 Der gemeinsame Test für mehrere Koeffizienten
   5.4.1 Hinzufügen einer zusätzlichen unabhängigen Variablen
   5.4.2 Hinzufügen mehrerer zusätzlicher unabhängiger Variabler
6. Übersicht über die wichtigsten Beziehungen 141
7. Vierte Fortsetzung des Beispiels 142

E. Erweiterung des Modells um zusätzliche Beobachtungswerte 145
1. Prognose 145
   1.1 Das allgemeine Problem der Prognose
   1.2 BLUE-Eigenschaften des Prognosewertes $\hat{Y}_o$

    1.2.1 Unverzerrtheit des Prognosewertes
    1.2.2 Linearität und kleinste Varianz des Prognosewertes
    1.3 Übertragung der verteilungsabhängigen Ergebnisse
    1.4 Untersuchung einer zusätzlichen Beobachtung
    1.5 Übersicht der wichtigsten Beziehungen
2. Fünfte Fortsetzung des Beispiels 149

Kapitel IV 151
Multikollinearität

1. Existenz und Folgen der Multikollinearität 151
2. Erkennen der Multikollinearität 153
    2.1 Kenntnis der Multikollinearität
    2.2 Fehlende Kenntnis der Multikollinearität
    2.2.1 Übergroße Kovarianzwerte
    2.2.2 Vergleich der partiellen Bestimmtheitsmaße
    2.3 Genauere Tests auf Multikollinearität
    2.3.1 Frisch's Büschelkartenanalyse
    2.3.2 Tintner's Eigenwertmethode
3. Sechste Fortsetzung des Beispiels 155

Kapitel V 156
Verzögerte Variable

1. Der allgemeine Fall verzögerter Variablen 156
2. Ein einfacher Fall der Verzögerung 156
    2.1 Der Ansatz
    2.2 Ein nicht-stochastischer Anfangswert Y_1
2. 2.3 Ein stochastischer Anfangswert Y_1
    2.3.1 Mittelwert und Varianz der Beobachtung
    2.3.2 Die Likelihood Funktion
    2.3.3 Die Schätzgleichungen
    2.3.4 Konsistenz der Schätzwerte
    2.3.5 Eine typische Situation in ökonometrischen Problemen
3. Das Modell von Koyck 162
    - Geometrisch abnehmender Einfluß der Vergangenheit -
    3.1 Der Ansatz
    3.2 Aufbau der Schätzsysteme
    3.3 Vergleich der Schätzsysteme
    3.4 Nichtkonsistenz des Schätzsystems
    3.5 Die Koyck-sche Korrektur des Schätzsystems
    3.6 Zusammenfassung

Kapitel VI
Beobachtungsfehler in den Variablen ... 171

1. Die Einführung von Beobachtungsfehlern in den Ansatz .. 171
2. Inkonsistente SELS-Schätzungen 171
   2.1 Vergleich der Schätzsysteme
   2.2 Der Schätzwert für β
3. Maximum-Likelihood Schätzwerte 175
   3.1 Der Ansatz bei Normalverteilung
   3.2 Die Auswertung der Schätzgleichungen
   3.3 Sonderfälle der Lösung
   3.3.1 Der Varianzparameter λ verschwindet
   3.3.2 Der Varianzparameter λ wird unendlich groß
   3.3.3 Die "wahre" Beziehung ist nicht-stochastisch
   3.3.4 Die Varianzen der Beobachtungsfehler sind numerisch bekannt
4. Schätzwerte nach der Momentenmethode von Pearson 184
   4.1 Der Ansatz
   4.2 Eine Beispielslösung
5. Gruppierungsverfahren 186
   5.1 Das Verfahren von Wald
   5.2 Das Verfahren von Bartlett

Teil B Ökonometrische Gleichungssysteme

Kapitel VII
Das lineare ökonometrische Gleichungssystem ... 189

1. Wirklichkeitsnähe ökonometrischer Systeme 189
2. Der allgemeine Ansatz eines linearen ökonometrischen ... 189
   Gleichungssystems
3. Der Unterfall des Einzelgleichungsmodells 190

Kapitel VIII
Das Identifikationsproblem ... 191

1. Die Schätzmöglichkeiten für eine Struktur 191
2. Eine nicht-identifizierbare Struktur 191
3. Einführen von zusätzlichen Variablen zur Identifikation 193
4. Einführen von zusätzlichen stochastischen Eigenschaften 194
   4.1 Unabhängigkeit der Störvariablen

4.2 Kenntnis der Wahrscheinlichkeitsdichte für die endogenen
        Variablen einer ersten Struktur
        4.2.1.1 Die Bildung der reduzierten Form einer Struktur
        4.2.1.2 Die Wahrscheinlichkeitsdichte der endogenen Variablen
    4.2.2 Ableitung der Wahrscheinlichkeitsdichte für die endogenen
        Variablen einer zweiten Struktur
    4.2.3 Identifikation der gemeinsamen reduzierten Form
5. Folgerung aus den Beispielen 200
6. Der stochastische Zusammenhang zwischen Struktur und
   reduzierter Form 201
    6.1 Struktur und reduzierte Form
    6.2 Mittelwert und Kovarianzmatrix für die Störvariablen der
        reduzierten Form
    6.3 Mittelwert und Kovarianzmatrix für die endogenen Variablen
    6.4 Die Wahrscheinlichkeitsdichte der endogenen Variablen
    6.5 Likelihoodfunktion äquivalenter Strukturen
7. Das Identifikationsproblem bei Ausschluß von Koeffizienten   206
    7.1 Umordnen des Systems für eine Gleichung
    7.2 Bestimmung der Koeffizienten der Struktur
    7.3 Die Identifikationskriterien für vollständige Strukturen
    7.4 Vergleich der beiden Identifikationskriterien

Kapitel IX 212
Schätzverfahren für Gleichungssysteme

1. Einteilung der Schätzverfahren 212
2. Übertragung des Einzelgleichungsmodells 213
    2.1 Der Sonderfall eines rekursiven Modells
    2.2 Die stochastischen Eigenschaften des rekursiven Modells
    2.3 Die sukzessive Schätzung des rekursiven Modells
    2.4 Die Häufigkeit des Einzelgleichungsansatzes
3. Die Methode der indirekten kleinsten Quadrate 216
    3.1 Der Schätzwert aus den Identifikationsgleichungen
    3.2 Die Schätzung der reduzierten Form
    3.3 Die Beschränkung auf exakt identifizierte Strukturen
    3.4 Konsistenz der Schätzung
4. Schätzverfahren bei Überidentifikation 220
    4.1 Verfahren bei beschränkter Information
        4.1.1 Das zweistufige Verfahren der kleinsten Quadrate

4.1.1.1 Zerlegung des Schätzproblems
4.1.1.2 Umformung der Strukturgleichung zum Schätzsystem
4.1.1.3 Stufe 1: Schätzung der Teilmatrix $\underline{C}_{1R}$ der reduzierten Form
4.1.1.4 Stufe 2: Schätzung der Strukturkoeffizienten $\underline{A}_{1R}$ und $\underline{B}_{1,*}$
4.1.1.5 Der Sonderfall der Übereinstimmung von TLS und ILS
4.1.1.6 Die Notwendigkeit der Identifikation
4.1.1.7 Konsistenz der TLS-Schätzwerte
4.1.2 Rückführung auf ein exakt identifiziertes Schätzsystem
   - Das eigentliche Verfahren bei beschränkter Information -
4.1.2.1 Der Ansatz der Schätzung
4.1.2.2 Das Schätzproblem
4.1.2.3 Die Begründung über die Zerlegung des Bestimmtheitsmaßes
4.1.2.4 Die Begründung über einen Maximum-Likelihood Ansatz bei unabhängigen, normal-verteilten Störvariablen
4.1.3 Das Schätzsystem
4.1.3.1 Der Lagrange Ansatz
4.1.3.2 Die Schätzwerte für $\underline{C}_{*,*}$, $\underline{C}_{*,**}$ und $\underline{\lambda}$
4.1.3.3 Die Zerlegung der Residuen
   a) Ableitung der Summanden
   b) Die Regression auf die erste Teilmenge der exogenen Variablen
   c) Die Regression auf beide Teilmengen der exogenen Variablen
   c_1) Der Schätzansatz
   c_2) Inversion einer zweifach unterteilten Matrix
   c_3) Die Residuen auf alle exogenen Variablen
4.1.3.4 Berücksichtigung der Nebenbedingung
4.1.3.5 Zusammenfassung des eigentlichen Verfahrens bei beschränkter Information
4.2 Verfahren bei voller Information
4.2.1 Der Unterschied der Verfahren bei voller und beschränkter Information
4.2.2 Die dreistufige Methode der kleinsten Quadrate
4.2.2.1 Ableitung einer Schätzgleichung
4.2.2.2 Unterschiede in der Identifizierbarkeit
4.2.2.3 Anwendbarkeit des SELS-Ansatzes
4.2.2.4 Übertragung des SELS-Ansatzes auf das System
4.2.2.5 Bestimmung eines Schätzwertes für die Kovarianzmatrix der Störvariablen
4.2.2.6 Zusammenfassung

X. Literaturverzeichnis 245

Teil A   Ökonometrische Eingleichungsmodelle

Kapitel I
Statistische Hilfsmittel

1. Die nichtexperimentelle Natur ökonomischer Zeitreihen

Die ökonomische Natur postuliert für viele wirtschaftliche Größen das Bestehen von zahlenmäßigen Zusammenhängen, z.B. die Konsumfunktion für den Zusammenhang zwischen Volkseinkommen und Verbrauch. Bezeichnet man mit Y das Volkseinkommen und mit C den Verbrauch, so lautet die Konsumfunktion

(1) $C = a + bY,$ $a > 0,$ $b > 0,$

wobei a und b unbekannte Koeffizienten sind. Aus vorliegenden Beobachtungswerten (Y_i, C_i), $i = 1, 2, \ldots, n$, sind dann die unbekannten Parameter a und b zu bestimmen. Dies ist ein statistisches Problem. Doch im Unterschied zu vielen anderen statistischen Problemen, insbesondere in den Naturwissenschaften, sind die Beobachtungswerte, z.B. das Volkseinkommen und der Verbrauch, nicht durch ein Experiment zu erhalten, und somit auch nicht reproduzierbar. Fast stets liegt das Entstehen ökonomischer Zeitreihen außerhalb der Kontrolle des Ökonomen. Dennoch werden häufig die gleichen statistischen Hilfsmittel eingesetzt, wie sie für Zeitreihen angewandt werden, die durch Experimente erhalten worden sind. Daher werden zunächst verschiedene elementare Begriffe und Hilfsmittel aus der Statistik ohne Anspruch auf Vollständigkeit und ohne Beweise vorangestellt.

2. Schätzwerte und Schätzfunktion

Es werde angenommen, daß die Werte einer vorliegenden Zeitreihe, z.B. das Volkseinkommen der BRD von 1954 bis 1968, eine Stichprobe für die Zufallsvariable Y sind, mit den n Realisierungen $Y_1, Y_2, \ldots, Y_n$. Die gleiche Annahme werde bezüglich des Verbrauchs getroffen, d.h. es liegt eine Stichprobe für die Zufallsvariable C vor, mit den n Realisierungen $C_1, C_2, \ldots, C_n$.

Für die unbekannten Parameter a und b werden dann Schätzfunktionen

(2)
$$f_a(Y_1, Y_2, \ldots, Y_n, C_1, C_2, \ldots, C_n)$$
$$f_b(Y_1, Y_2, \ldots, Y_n, C_1, C_2, \ldots, C_n)$$

gesucht. Setzt man die Beobachtungswerte (Y_i, C_i), $i = 1, 2, \ldots, n$, in die Schätzfunktionen ein, dann erhält man Näherungswerte für die unbekannten Parameter, die Schätzwerte $\hat{a}$ und $\hat{b}$,

(3)
$$\hat{a} = f_a(Y_1, Y_2, \ldots, Y_n, C_1, C_2, \ldots, C_n)$$
$$\hat{b} = f_b(Y_1, Y_2, \ldots, Y_n, C_1, C_2, \ldots, C_n).$$

Über die Güte dieser Schätzwerte sind Angaben zu machen.

3. Stochastische Eigenschaften der beobachteten Größen

3.1 Dichte und Verteilung einer Zufallsvariablen

Die stochastischen Eigenschaften einer Zufallsvariablen werden durch ihre Wahrscheinlichkeitsdichte und Verteilung beschrieben. Diese beiden Begriffe sollen kurz erläutert werden. Für eine exakte Begründung sei auf die Lehrbücher der Wahrscheinlichkeitsrechnung verwiesen.

Kann eine Zufallsvariable nur in abzählbar vielen Realisationen auftreten, z.B. beim Werfen eines Würfels als 1,2,3,4,5 oder 6, so spricht man von einer diskret verteilten Zufallsvariablen, im Gegensatz zu einer kontinuierlich verteilten Zufallsvariablen.

Bezeichnet man im diskreten Fall die einzelnen Realisationen der Zufallsvariablen X mit dem Index i, so wird die Häufigkeit mit der die Realisation i auftritt mit $p(X_i)$ bezeichnet. Für das Würfelspiel gilt

(4)
$$p(X_1 = 1) = 1/6,$$
$$p(X_2 = 2) = 1/6,$$
$$p(X_3 = 3) = 1/6,$$
$$p(X_4 = 4) = 1/6,$$
$$p(X_5 = 5) = 1/6,$$
$$p(X_6 = 6) = 1/6.$$

Ferner gilt

(5) $\qquad 0 \leq p(X_i) \leq 1 \quad \text{und} \sum_{\text{alle } i} p(X_i) = 1.$

Als Verteilung von X_i definiert man

(6) $\qquad P(X_i) = \sum_{j \leq i} p(X_j),$

nämlich die Summe der Häufigkeiten, mit der die Größe X_i und alle kleineren Werte auftreten.

Bei einer kontinuierlich (stetig) verteilten Zufallsgröße kann die zugehörige Verteilungsfunktion

$$F(x) = p(X \leq x)$$

in Integralform

(7) $\qquad F(x) = \int_{-\infty}^{x} f(t)dt$

dargestellt werden. Der Integrand $f(t)$ heißt die Wahrscheinlichkeitsdichte oder kurz Dichte der Verteilung. Für das Auftreten eines ganz bestimmten Ereignisses $X = a$ gilt

$$p(X = a) = 0.$$

Dies bedeutet allerdings nicht, daß das Ereignis $X = a$ unmöglich ist.

3.2 Normalverteilte Zufallsvariable

3.2.1 Die Normalverteilung

Eine wichtige Rolle spielen normalverteilte Zufallsvariablen. Ihre Dichte lautet

(8) $\qquad f(X) = (2\pi\sigma^2)^{-1/2} \exp\left\{ -\frac{(X-\mu)^2}{2\sigma^2} \right\},$

oder abgekürzt

(9) $\qquad X : N(\mu, \sigma^2).$

Gilt für die beiden Parameter

(10) $\qquad \mu = 0 \quad \text{und} \quad \sigma^2 = 1,$

dann spricht man von einer Standardnormalverteilung, abgekürzt

(11) $$X : N(0,1).$$

Die Bedeutung der Normalverteilung wird einmal durch den zentralen Grenzwertsatz gegeben. Da jedoch ökonomische Zeitreihen meist recht kurz sind, kann die Aussage des zentralen Grenzwertsatzes nur bedingt auf ökonomische Aussagen angewandt werden. Eine zweite Bedeutung der Normalverteilung ergibt sich dadurch, daß aus ihr andere Verteilungen abgeleitet werden können.

3.2.2 Aus der Normalverteilung ableitbare Verteilungen

Die Chi-Quadrat Verteilung:
Es seien X_i, $i = 1,2,\ldots,n$, unabhängige, $N(0,1)$-verteilte Zufallsvariable und es sei

(12) $$w = \sum_{i=1}^{n} X_i^2 .$$

Dann ist w eine χ_n^2-verteilte Größe, d.h. die Quadratsumme von n unabhängigen standardnormal-verteilten Variablen ist Chi-Quadrat-verteilt, mit n Freiheitsgraden.

Die Student'sche t-Verteilung:
Es sei X eine $N(0,1)$-verteilte Zufallsvariable und es sei w^2 eine χ_n^2-verteilte Zufallsvariable. Beide seien voneinander unabhängig verteilt. Dann ist

(13) $$t = \frac{X \sqrt{n}}{w}$$

eine t_n-verteilte Zufallsvariable mit n Freiheitsgraden, d.h. das Verhältnis einer standardnormal-verteilten Variablen zu der Quadratwurzel aus einer davon unabhängigen Chi-Quadrat-verteilten Variablen dividiert durch die Zahl ihrer Freiheitsgrade ist t-verteilt mit diesem Freiheitsgrad.

Die Snedecor'sche F-Verteilung:
Es seien $w_1^2 : \chi_{k_1}^2$-verteilt und $w_2^2 : \chi_{k_2}^2$-verteilte Zufallsvariable. Wenn beide voneinander unabhängig verteilt sind, dann ist

(14) $$F = \frac{w_1/k_1}{w_2/k_2}$$

$F(k_1,k_2)$-verteilt, d.h. das Verhältnis zweier Chi-Quadratverteilter Zufallsgrößen dividiert durch ihre Freiheitsgrade ergibt eine F-verteilte Zufallsgröße mit diesen Freiheitsgraden.

Schematisch läßt sich dieser Zusammenhang darstellen:

$$N \longrightarrow \chi^2 \longrightarrow F$$
$$\searrow t \swarrow$$

3.3 Wünschenswerte Eigenschaften eines Schätzwertes

Für ökonomische Probleme genügen häufig bereits schwächere Eigenschaften als die vollständige Angabe der Verteilung bzw. der Dichte. Für die Schätzwerte bieten sich die folgenden Eigenschaften an.

3.3.1 Erwartungstreue

Die Definition des Erwartungswertes einer Funktion $g(X)$ lautet für diskrete Zufallsvariable

(15) $$E\{g(X)\} = \sum_{\text{alle } i} g(X_i) p(X_i)$$

und für kontinuierliche (stetige) Zufallsvariable

(16) $$E\{g(X)\} = \int_{-\infty}^{+\infty} g(t) f(t) dt.$$

Wenn $g(X) = X$ ist, dann nennt man die durch (15) und (16) definierte Größe den Mittelwert der Zufallsvariablen X und bezeichnet sie mit μ, d.h.

(17) $$\mu = E(X) = \sum_{\text{alle } i} X_i p(X_i),$$

bzw.

(18) $$\mu = E(X) = \int_{-\infty}^{+\infty} t f(t) dt.$$

Nimmt man für die Werte einer Stichprobe $X_1, X_2, \ldots, X_n$ Gleichverteilung an, d.h.

(19) $$p(X_i) = \frac{1}{n}, \quad i = 1, 2, \ldots, n,$$

dann erhält man für den Mittelwert

(20) $$\mu = E(X) = \frac{1}{n} \sum X_i.$$

Es liegt nahe, den Mittelwert $\overline{X}$ einer Stichprobe $X_1, X_2, \ldots, X_n$ als Schätzfunktion für den Mittelwert μ der Wahrscheinlichkeitsverteilung der zugehörigen Grundgesamtheit anzusehen, d.h.

(21) $$f_{E(\overline{X})}(X_1, X_2, \ldots, X_n) = \overline{X} = \frac{1}{n} \sum X_i.$$

Diese Schätzfunktion ist erwartungstreu, denn es gilt

(22) $$E(\overline{X}) = E(\frac{1}{n} \sum X_i) = \frac{1}{n} \sum E(X_i) = \frac{1}{n} n E(X_i) = E(X_i),$$

und somit

(23) $$E(\overline{X}) = \mu.$$

Ein anderer, sehr wichtiger Erwartungswert ist die Varianz

(24) $$\text{Var}(X) = \sum_{\text{alle } i} \left[X_i - E(X_i)\right]^2 p(X_i) = \sigma^2.$$

Bei Annahme der Gleichverteilung läßt sich zeigen, daß die Stichprobenstandardabweichung s keine erwartungstreue Schätzfunktion für die Standardabweichung der Grundgesamtheit σ ist, d.h.

(25) $$f_{\text{Var}(X)}(X_1, X_2, \ldots, X_n) = \frac{1}{n} \sum (X_i - \overline{X})^2 = s^2.$$

Man betrachte den Erwartungswert

(26) $$E(s^2) = \frac{1}{n} E\left\{\sum_{i=1}^{n} (X_i - \overline{X})^2\right\} = \frac{1}{n} E\left\{\sum_{i=1}^{n} \left[(X_i - \mu) - (\overline{X} - \mu)\right]^2\right\}$$

$$= \frac{1}{n} E\left\{\sum_{i=1}^{n} \left[(X_i - \mu)^2 + (\overline{X} - \mu)^2 - 2(X_i - \mu)(\overline{X} - \mu)\right]\right\}$$

$$= \frac{1}{n} E\left\{\sum_{i=1}^{n} (X_i - \mu)^2 + n(\overline{X} - \mu)^2 - 2(\overline{X} - \mu)(n\overline{X} - n\mu)\right\}$$

$$= \frac{1}{n} E\left\{\sum_{i=1}^{n} (X_i - \mu)^2 - n(\overline{X} - \mu)^2\right\}$$

$$= \frac{1}{n} E\left\{\sum_{i=1}^{n} (X_i - \mu)^2 - \frac{1}{n} \sum_{i=1}^{n} (X_i - \mu)^2\right\}$$

$$= \frac{1}{n}\left[n\sigma^2 - \frac{1}{n}n\sigma^2\right] = \frac{1}{n}\left[(n-1)\sigma^2\right] = \frac{n-1}{n}\sigma^2.$$

Folglich gilt

(27) $$E(s^2) = \frac{n-1}{n}\sigma^2.$$

Man sieht also, daß die Varianz der Stichprobe kleiner ist als die Varianz der Grundgesamtheit, d.h. $s^2 < \sigma^2$. Man kann aber die Schätzung mit einem Faktor korrigieren, der vom Stichprobenumfang n abhängt. Für große Stichprobenumfänge gilt

(28) $$\lim_{n\to\infty} \frac{n}{n-1} s^2 = \sigma^2.$$

Man kann aber auch die Definition der Varianz der Stichprobe ändern in

(29) $$\hat{s}^2 = \frac{1}{n-1} \sum_{i=1}^{n} (X_i - \overline{X})^2.$$

Es ist dann $\hat{s}^2$ eine unverzerrte Schätzung für σ^2.

Die Eigenschaft der Erwartungstreue bezieht sich auf das erste Moment der Verteilung der Schätzfunktion um den Ursprung. Sie allein bietet allerdings noch kein Maß für die Güte einer Schätzfunktion $f(X_1, X_2, \ldots, X_n)$ für einen Parameter Θ.

3.3.2 Kleinste Varianz

Ein zweites Kriterium kann aus dem zweiten zentralen Moment der Verteilung der Schätzfunktion abgeleitet werden. Man sagt, f sei die beste erwartungstreue (best unbiased) Schätzfunktion für Θ, wenn

(30) $$\sigma_f^2 = E\left[f(X_1, X_2, \ldots, X_n) - \Theta\right]^2 \Rightarrow \text{Min}$$

ist. Dies bedeutet, daß aus der Klasse der gesamten erwartungstreuen Schätzfunktionen, die recht zahlreich sein kann, diejenige ausgesucht wird, die die kleinste Varianz besitzt.

3.3.3 Linearität

Zusätzlich kann man sich auf diejenigen Schätzfunktionen beschränken, die linear in den Werten der Stichproben sind. Man spricht dann von den besten linearen, erwartungstreuen Schätzfunktionen. Dabei wird die Beschränkung der Linearität vor allem zur Vereinfachung des Rechenganges gewählt.

3.3.4 Konsistenz

Oftmals ist es jedoch schwierig, erwartungstreue oder beste erwartungstreue Schätzfunktionen für einen Parameter θ zu erhalten. Man kann jedoch in vielen Fällen Schätzfunktionen konstruieren, die im asymptotischen Fall, d.h. mit wachsendem Stichprobenumfang, ähnliche Eigenschaften besitzen.

Man definiert

$$(31) \qquad \tilde{\theta} = f(X_1, X_2, \ldots, X_n)$$

als einen konsistenten Schätzwert für θ, wenn die Folge der f stochastisch gegen θ konvergiert, d.h. wenn für jedes $\varepsilon > 0$ die Beziehung gilt

$$(32) \qquad \lim_{n \to \infty} P(|\tilde{\theta} - \theta| > \varepsilon) = 0.$$

Man sagt $\tilde{\theta}$ konvergiere stochastisch gegen θ, wenn der Stichprobenumfang gegen unendlich strebt. Man kann dies auch in der Form schreiben

$$(33) \qquad \plim_{n \to \infty} f(X_1, X_2, \ldots, X_n) = \theta,$$

und sagt, daß die Abweichung der Schätzfunktion vom wahren Parameterwert mit wachsender Stichprobenzahl beliebig klein gewählt werden kann, und die Wahrscheinlichkeit dieser Abweichung mit wachsendem Stichprobenumfang gegen Null strebt.

3.3.5 Wirksamkeit

Eine andere asymptotische Eigenschaft von Schätzfunktionen ist ihre Wirksamkeit (efficiency). Eine Schätzfunktion f heißt eine wirksame Schätzung von θ, wenn für den Stichprobenumfang n gegen unendlich die Verteilung von f gegen eine Normalverteilung mit dem Mittelwert θ strebt und einer Varianz, die kleiner ist als die jeder anderen Schätzfunktion, die ebenfalls asymptotisch normalverteilt ist mit dem Mittelwert θ. Die Werte einer konsistenten, wirksamen Schätzfunktion drängen sich so eng wie nur möglich um den unbekannten Parameter Θ, damit ist also die Wahrscheinlichkeit, daß der gefundene Schätzwert dem wahren Wert Θ möglichst nahe kommt, so groß wie möglich.

Eine konsistente Schätzfunktion f heißt wirksam, wenn es keine andere konsistente Schätzfunktion f' gibt, die beide normalverteilt mit dem Mittelwert Θ sind, und für deren Varianz gilt

$$(34) \qquad e = \frac{\sigma^2(f)}{\sigma^2(f')} > 1 .$$

Das Kriterium der Wirksamkeit hat große Ähnlichkeit mit dem der besten, erwartungstreuen Schätzfunktion, mit Ausnahme zweier Punkte:

1. Das Wirksamkeitskriterium gilt nur für den Grenzfall $n \to \infty$, während die Bedingung der besten, erwartungstreuen Schätzfunktion für alle Stichprobenumfänge gilt.

2.) Das Wirksamkeitskriterium sucht minimale Varianz unter allen normal verteilten Schätzfunktionen, während die Bedingungen für die beste erwartungstreue Schätzfunktion bezüglich der Verteilung der Werte der Schätzfunktion keine Beschränkung macht.

3.3.6 Suffizienz

Schließlich sei noch der Begriff der Suffizienz erwähnt. Eine Schätzfunktion heißt erschöpfend (sufficient), wenn sie die gesamte Information enthält, die durch die Stichprobe von der Grundgesamtheit vermittelt wurde. Dies bedeutet, daß es keine andere Stichprobenfunktion gleicher Art gibt, die mehr Information über den zu schätzenden Parameter enthält. Eine solche Schätzfunktion existiert, wenn die Verteilungsdichte der Stichprobenvariablen als Produkt zweier Faktoren geschrieben werden kann. Der erste Faktor ist eine Funktion der Schätzfunktion und des unbekannten Parameters, der geschätzt werden soll, der zweite Faktor hängt nur von den zufälligen Variablen in der Stichprobe ab, aber nicht von dem Parameter.

4. Zwei Verfahren zur Bestimmung von Schätzfunktionen

Bis jetzt wurde nur über wünschenswerte Eigenschaften von Schätzfunktionen gesprochen, ohne jedoch eine Vorschrift anzugeben, wie man im Einzelfall solche Schätzfunktionen findet.

4.1 Das verteilungsfreie Verfahren der kleinsten Quadrate

Ohne eine Verteilung der beobachteten Werte zu fordern - nur über Mittelwert, Varianz und Kovarianz einer unbeobachtbaren Störvariablen u werden Annahmen getroffen - werden die Koeffizienten derart bestimmt, daß die Summe der quadratischen Abweichungen der Schätzwerte zu einem Minimum gemacht werden. Bezeichnet man die so bestimmten Schätzwerte mit einem "^", und nimmt z.B. anstelle der Konsumfunktion (1) eine "wahre" stochastische Beziehung

(35) $$C = a + bY + u$$

an, dann werden a und b so gewählt, daß

(36) $$\sum_{i=1}^{n} e_i^2 = \sum_{i=1}^{n}(C - \hat{C}) = \sum_{i=1}^{n}\left[C - (\hat{a} + \hat{b}Y)\right]^2 \Rightarrow \text{Min.}$$

Nach dem Satz von Gauss-Markov (siehe M.G. Kendall "The Advanced Theory of Statistics", vol 2, London 1946, p 267) ergibt diese Methode die beste lineare, erwartungstreue Schätzung.

Dabei bedeutet Linearität, daß die Schätzfunktion linear in den unbekannten Parametern ist, aber durchaus nicht linear in den Beobachtungswerten, die z.B. Logarithmen der Daten sein dürfen. Unter allen erwartungstreuen linearen Schätzungen liefert die Methode der kleinsten Quadrate das beste Resultat in dem Sinne, daß seine Streuung ein Minimum ist, auch dann noch, wenn die Störvariablen u_i nicht normalverteilt sind.

4.2 Das verteilungsabhängige Maximum-Likelihood Verfahren von R.A. Fisher

Für eine empirisch vorliegende Stichprobe wird die Verteilung einer stochastischen Größe angenommen, die diese Beobachtungswerte erzeugt haben könnte. Die Koeffizienten dieser Verteilung werden dann so bestimmt, daß die Wahrscheinlichkeit für das Auftreten dieser Stichprobe möglichst groß wird. Während die erwartungstreuen Schätzfunktionen dem arithmetischen Mittel entsprechen, entspricht die Maximum-Likelihood Schätzfunktion dem häufigsten Wert (Modalwert), d.h. dem Maximum der Wahrscheinlichkeitsverteilung. Dieses Verfahren wird auch die Methode der maximalen Mutmaßlichkeit bezeichnet. Sie verlangt Voraussetzungen, die in der Ökonometrie nicht immer zutreffen, nämlich die Kenntnis einer Verteilung und die Unabhängigkeit der Beobachtungen. Dafür haben jedoch diese Schätzwerte unter gewissen Umständen die sehr wünschenswerte Eigenschaft der Konsistenz und Wirksamkeit und manchmal sind sie sogar erschöpfend.

Die Methode soll für den Fall der Verteilung einer Zufallsvariablen X mit der Dichtefunktion $f(X|\theta)$ gezeigt werden, die nur von einem einzigen Parameter θ abhängt. Es sei eine Stichprobe vom Umfang n vorgegeben, deren einzelnen Werte voneinander unabhängig sind. Die Gesamtwahrscheinlichkeit gerade diese beobachtete Stichprobe zu erhalten wird durch das Produkt

$$(37) \quad dP = \prod_{i=1}^{n} f(X_i|\theta) dX_i$$

gegeben. Diese Wahrscheinlichkeit hängt offenbar noch von dem Wert des Parameters θ ab. Sie hat den Charakter einer a-posteriori Wahrscheinlichkeit. Angenommen, man weiß, daß der Parameter θ nur von zwei ganz bestimmten Werten, etwa θ_1 und θ_2 abhängt, dann kann man den Quotienten bilden

$$(38) \quad Q = \frac{\prod_{i=1}^{n} f(X_i|\theta_1)}{\prod_{i=1}^{n} f(X_i|\theta_2)}$$

Dieser Quotient besagt, daß der Wert θ_1 "um den Faktor Q-mal wahrscheinlicher" ist als der Wert θ_2. Der Faktor Q heißt der Likelihood-Quotient und das Produkt

$$(39) \quad L = \prod_{i=1}^{n} f(X_i|\theta)$$

die Likelihood-Funktion.

Die Maximum-Likelihood Methode besteht nun darin, daß man als Näherung für den unbekannten Parameter θ einen Wert nimmt, für den L einen möglichst großen Wert besitzt, d.h. man setzt

$$(40) \quad \frac{\partial L}{\partial \theta} = 0.$$

Da $f(X|\theta)$ nicht negativ ist, so ist L an der Stelle des Maximums im allgemeinen positiv. Da der natürliche Logarithmus ln L eine monoton wachsende Funktion L ist, hat er genau dort ein Maximum, wo auch L ein Maximum hat. Dies legt es nahe, statt L die Funktion ln L zu verwenden, also durch

$$(41) \qquad \frac{\partial \ln L}{\partial \theta} = 0$$

zu ersetzen, d.h. man hat statt der lästigen Differentiation von Produkten nur Summen zu differenzieren. Trotzdem kann die Lösung noch schwierig sein, so daß man sich in solchen Fällen lieber mit weniger guten, aber oft einfacher zu erhaltenden Schätzfunktionen begnügt. Es sei noch einmal der große Vorteil der Maximum-Likelihood Schätzwerte erwähnt, daß sie unter recht schwachen mathematischen Voraussetzungen die Eigenschaft der Konsistenz und der Wirksamkeit besitzen.

Als Beispiel sollen die Maximum-Likelihood Schätzwerte für die Parameter einer Normalverteilung bestimmt werden.

Wegen (8) lautet die Likelihood-Funktion für alle n Beobachtungswerte der Stichprobe

$$(42) \qquad L(X_1,\ldots,X_n; \mu, \sigma^2) = (2\pi\sigma^2)^{-\frac{n}{2}} \exp\left\{-(2\sigma^2)^{-1} \sum_{i=1}^{n} (X_i-\mu)^2\right\},$$

oder

$$(43) \qquad L^* = \ln L = -\frac{n}{2}(\ln 2\pi + \ln \sigma^2) - (2\sigma^2)^{-1} \sum_{i=1}^{n} (X_i-\mu)^2.$$

Die maximierenden Bedingungen für L^* lauten

$$(44) \qquad \frac{\partial L^*}{\partial \mu} = (2\sigma^2)^{-1} 2 \sum_{i=1}^{n} (X_i-\mu) = 0,$$

$$(45) \qquad \frac{\partial L^*}{\partial \sigma^2} = -n(2\sigma^2)^{-1} + 2^{-1}(\sigma^2)^{-2} \sum_{i=1}^{n} (X_i-\mu)^2 = 0.$$

Aus diesen beiden Gleichungen kann man die Maximum-Likelihood Schätzwerte $\tilde{\mu}$ und $\tilde{\sigma}^2$ für μ und σ^2 bestimmen.

Aus der ersten Gleichung erhält man nach einigen Umformungen

$$(46) \qquad \sum_{i=1}^{n} (X_i-\mu) = \sum_{i=1}^{n} X_i - n\mu = 0, \quad \text{somit } \tilde{\mu} = \frac{1}{n} \sum_{i=1}^{n} X_i = \overline{X},$$

und ferner

$$(47) \qquad \tilde{\sigma}^2 = \frac{1}{n} \sum_{i=1}^{n} (X_i - \tilde{\mu})^2.$$

Somit liefert die Maximum-Likelihood Schätzung für den Erwartungswert das arithmetische Mittel der Stichprobe und für die Varianz das arithmetische Mittel der quadratischen Abweichungen, von dem allerdings bereits gezeigt wurde, daß er nicht erwartungstreu ist (27).

5. Die Güte der Schätzung

Die durch eine Schätzfunktion erhaltenen Schätzwerte werden als Punktschätzungen bezeichnet, weil sie eine Menge von numerischen Werten als Schätzwerte für die unbekannten Parameter liefern. Es fragt sich, wie diese Schätzungen zu beurteilen sind.

5.1 Die Varianz eines geschätzten Parameters

5.1.1 Die Varianz von Maximum-Likelihood Schätzwerten

Der Schätzwert $\tilde{\theta}$ ist eine stochastische Größe. Seine Varianz verdeutlicht, wie zuverlässig diese Punktschätzung ist. Beschränkt man sich auf Maximum-Likelihood Schätzwerte, so gilt:

Für einen einzigen zu schätzenden Parameter θ konvergiert der Ausdruck

$$(48) \qquad -\left.\frac{\partial^2 L}{\partial \theta^2}\right|_{\theta = \tilde{\theta}}$$

stochastisch gegen die Inverse der Varianz von $\tilde{\theta}$, dem Maximum-Likelihood Schätzwert von θ, d.h. für $n \to \infty$. Wenn m Parameter $\theta_1, \theta_2, \ldots, \theta_m$ geschätzt werden, gibt der Ausdruck

$$(49) \qquad \left[-\frac{\partial^2 L}{\partial \theta_i \partial \theta_j}\right]^{-1}_{\theta_i = \tilde{\theta}_i} \quad \text{für alle } i,$$

die asymptotische Varianz-Kovarianz Matrix der Maximum-Likelihood Schätzwerte wieder.

5.1.2 Die Varianz für die Schätzwerte der Koeffizienten einer Normalverteilung

Es sei eine Stichprobe vom Umfang n aus einer normal-verteilten, $N(\mu, \sigma^2)$, Grundgesamtheit gegeben. Der Einfachheit halber werde $\theta_1 = \mu$ und $\theta_2 = \sigma^2$ gesetzt. Man bildet für $i = 1,2$

$$(50) \quad \frac{\partial^2 L^*}{\partial \theta_i^2} = \frac{\partial(\partial L^*/\partial \theta_i)}{\partial \theta_i}$$

$$= \begin{pmatrix} -n(\sigma^2)^{-1} & -(\sigma^2)^{-2} \sum_{i=1}^{n}(X_i-\mu) \\ -(\sigma^2)^{-2} \sum_{i=1}^{n}(X_i-\mu) & 2^{-1}n(\sigma^2)^{-2} - (\sigma^2)^{-3} \sum_{i=1}^{n}(X_i-\mu)^2 \end{pmatrix}$$

Unter Berücksichtigung von $\sum_{i=1}^{n}(X_i-\mu) = 0$ und $\sum_{i=1}^{n}(X_i-\mu)^2 = n\sigma^2$ erhält man

$$(51) \quad \frac{\partial^2 L^*}{\partial \theta_i} = \begin{pmatrix} -n(\sigma^2)^{-1} & 0 \\ 0 & -2^{-1}n(\sigma^2)^{-2} \end{pmatrix}.$$

Somit erhält man für die Inverse asymptotische Varianz-Kovarianz Matrix von $(\frac{\mu}{\tilde{\sigma}^2})$ den Ausdruck

$$(52) \quad \left[-\frac{\partial^2 L^*}{\partial u_i^2}\right]^{-1} = \begin{pmatrix} \frac{\sigma^2}{n} & 0 \\ 0 & \frac{2\sigma^4}{n} \end{pmatrix}.$$

Unter Berücksichtigung, daß für eine Normalverteilung $\mu_4 = 3\sigma^4$ gilt, liefert dieses die asymptotische Varianz des Stichprobenmittelwertes und der Stichprobenvarianz.

Es ist

$$(53) \quad E(\overline{X}-\mu)^2 = E(\frac{1}{n}\sum_{i=1}^{n}X_i-\mu)^2 = E\left[\frac{\sum_{i=1}^{n}X_i-n\mu}{n}\right]^2$$

$$= \frac{1}{n^2} E(\sum_{i=1}^{n}X_i-n\mu)^2 = \frac{1}{n^2} E\left\{\sum_{i=1}^{n}(X_i-\mu)^2\right\}$$

$$= \frac{1}{n^2} n\sigma^2 = \frac{1}{n}\sigma^2.$$

Es sei $\{X^{(n)}\}$ eine Folge von Zufallsvariablen, und $\{EX^{(n)}\}$ die Folge ihrer Erwartungswerte, und $\{E(X^{(n)} - EX^{(n)})^2\}$ die Folge ihrer Varianzen. Angenommen, die asymptotische Erwartung der Reihe existiere, d.h. $\overline{E}X^{(n)} = \overline{E}X$. Ferner sei

(54) $$\lim_{n\to\infty} E\left[\sqrt{n}\,(X^{(n)} - EX^{(n)})\right]^2 = v,$$

mit v als endlicher Konstanten, dann ist $\sigma^2 = \frac{v}{n}$ die asymptotische Varianz der Folge $\{X^{(n)}\}$. Man schreibt $\overline{E}(X^{(n)} - EX^{(n)})^2 = \sigma^2$ oder einfach $\overline{E}(X - \overline{E}X)^2 = \sigma^2$.

Es werde jetzt der asymptotische Erwartungswert betrachtet, d.h.

(55) $$\overline{E}(\overline{X}-\mu)^2 = \frac{1}{n}\lim_{n\to\infty} E\left[\sqrt{n}\,(\overline{X}-\mu)\right]^2 = \frac{1}{n}\lim_{n\to\infty}\frac{n}{n}\sigma^2 = \frac{1}{n}\sigma^2,$$

wegen $\lim_{n\to\infty}\frac{1}{n}\sigma^2 = 0$ folgt $\plim_{n\to\infty}\overline{X} = \mu$.

Somit ist die asymptotische Erwartung und der stochastische Grenzwert von $\overline{X}$ gleich μ, und seine asymptotische Varianz ist gleich $\frac{1}{n}\sigma^2$.

Für einen Stichprobenumfang n ist die Stichprobenvarianz gleich

(56) $$s^2 = \frac{1}{n}\sum_{i=1}^{n}(X_i - \overline{X})^2.$$

Es gilt die Aussage [siehe etwa Goldberger, Seite 97 - 99]:
Für eine Stichprobe vom Umfang n aus einer Grundgesamtheit mit $E(X) = \mu$, $E(X-\mu)^2 = \sigma^2$ und $E(X-\mu)^4 = \mu_4$, ist die Stichprobenvarianz verteilt mit dem Mittelwert

(57) $$E(s^2) = \frac{n-1}{n}\sigma^2$$

und der Varianz

(58) $$E(s^2 - Es^2)^2 = \frac{1}{n}(\mu_4 - \sigma^4) - \frac{2}{n^2}(\mu_4 - 2\sigma^4) + \frac{1}{n^3}(\mu_4 - 3\sigma^4).$$

Man kann nun zeigen, daß gilt

(59) $\quad \overline{E}(s^2) = \lim_{n \to \infty} \frac{n-1}{n} \sigma^2 = \sigma^2$, und

(60) $\quad E(s^2 - \sigma^2)^2 = \frac{1}{n} \lim_{n \to \infty} E \left[\sqrt{n} \, (s^2 - Es^2) \right]^2$

$$= \frac{1}{n} \lim_{n \to \infty} \left\{ n \left[\frac{1}{n} (\mu_4 - \sigma^4) - \frac{2}{n^2} (\mu_4 - 2\sigma^4) \right.\right.$$

$$\left.\left. + \frac{1}{n^3} (\mu_4 - 3\sigma^4) \right] \right\}$$

$$= \frac{1}{n} (\mu_4 - \sigma^4),$$

weil $\lim_{n \to \infty} \frac{1}{n} (\mu_4 - \sigma^4) = 0$ ist, folgt, daß $\plim_{n \to \infty} s^2 = \sigma^2$ ist.
Somit ist die asymptotische Erwartung und der stochastische Grenzwert von s^2 gleich σ^2, und seine asymptotische Varianz ist gleich $\frac{1}{n} (\mu_4 - \sigma^4)$.

5.2 Der Vertrauensbereich

5.2.1 Der Ansatz eines Vertrauensbereiches

In der Ökonometrie stehen jeoch meistens derart kurze Zeitreihen zur Verfügung, daß Überlegungen, die für n gegen unendlich gelten, nicht anwendbar sind. Dann läßt sich statt dessen für die Parameter der Schätzfunktion noch immer ein Vertrauensbereich konstruieren, in den der "wahre" unbekannte Parameter mit einer gewissen, vorgegebenen Wahrscheinlichkeit fallen wird. Dazu bestimmt man zwei Schätzfunktionen f_1 und f_2, die zwar beide Zufallsvariable sind, die aber für jeden beliebigen Stichprobenumfang der Ungleichung

(61) $\quad\quad\quad\quad f_1 < \theta < f_2$

mit einer vorgegebenen, zumutbaren Irrtumswahrscheinlichkeit ε genügen. f_1 und f_2 heißen die Vertrauensgrenzen von θ und das Intervall (f_1, f_2) Vertrauens- oder Konfidenzintervall. Die Vertrauensgrenzen sind aber Funktionen der Stichprobe und daher zufällige Variable, die ihren Wert von Stichprobe zu Stichprobe ändern. Damit ändert sich auch Lage und Länge des Vertrauensintervalls. Trotzdem gilt immer

(62) $$P\left[f_1 \leq \theta \leq f_2\right] \geq \eta = 1 - \varepsilon.$$

Diese Gleichung gibt die Wahrscheinlichkeit an, daß das Intervall $[f_1, f_2]$ den wahren Parameterwert θ enthält. Die Größe η heißt der Vertrauenskoeffizient. Wählt man einen Vertrauenskoeffizienten von 0.95, so bedeutet dies, daß bei 95 % aller Stichproben, die man aus der Grundgesamtheit entnimmt, die zugehörigen Konfidenzintervalle den wahren Wert des Parameters θ enthalten. Die Frage, wie groß man den Vertrauenskoeffizienten η wählen soll ist keine mathematische Frage mehr, sondern wird von der Art der Anwendung bestimmt. Man muß sich überlegen, welche Folgen einer falschen Aussage der genannten Art man ohne Schaden in Kauf nehmen kann.

5.2.2 Beispiel eines normalverteilten Vertrauensbereiches

Es sei eine Stichprobe vom Umfang n aus einer $N(\mu, \sigma^2)$-verteilten Grundgesamtheit gegeben. Es soll für den unbekannten Mittelwert μ der Grundgesamtheit ein Konfidenzintervall bestimmt werden, unter der Annahme, daß der Parameter σ^2 der Grundgesamtheit bekannt sei. Es sei η der vorgegebene Vertrauenskoeffizient und $\overline{X}$ der Mittelwert der Stichprobe.

Man weiß, daß die Größe

(63) $$z = \frac{\overline{X} - \mu}{\sigma} \sqrt{n}$$

$N(0,1)$-verteilt ist. Für den vorgegebenen Vertrauenskoeffizienten η bestimmt man aus einer Tabelle für die kumulierte, normierte Normalverteilung die Zahl c derart, daß

(64) $$P\left[-c \leq z \leq c\right] \geq \eta$$

ist. Diese Ungleichung für z wird in eine für den "wahren" Parameter μ umgeformt

(65) $$P\left[\overline{X} - c\frac{\sigma}{\sqrt{n}} \leq \mu \leq \overline{X} + c\frac{\sigma}{\sqrt{n}}\right] \geq \eta.$$

Setzt man zur Abkürzung $a = \frac{c\sigma}{\sqrt{n}}$, so erhält man

(66) $$P\left[\overline{X} - a \leq \mu \leq \overline{X} + a\right] \geq \eta .$$

Man nennt $(\overline{X} \pm a)$ ein $100\eta\%$-iges Vertrauensintervall für den Parameter μ. Die Endpunkte dieses Intervalls werden durch die Werte $\overline{X}-a$ und $\overline{X}+a$ gegeben. Für eine beliebige Stichprobe muß der wahre Parameterwert μ nicht in diesem Vertrauensintervall liegen, er tut es jedoch in 100η % der Fälle.

Zahlenbeispiel:
Man bestimme ein 95%-, bzw. 99%-iges Vertrauensintervall für den Mittelwert μ einer Normalverteilung mit der Varianz $\sigma^2 = 9$ unter Benutzung einer Stichprobe vom Umfang $n = 100$, mit dem Stichprobenmittelwert $\overline{X} = 5$.

a)	b)
$\eta = 0.95$,	$\eta = 0.99$,
$c = 1.960$,	$c = 2.576$,
$\overline{X} = 5$,	$\overline{X} = 5$,
$a = \dfrac{3 \cdot 1.96}{10}$	$a = \dfrac{3 \cdot 2.576}{10}$
$= 0.588$,	$= 0.653$,
$\mu = 5 \pm 0.588$,	$\mu = 5 \pm 0.653$.

6. Testen von Hypothesen

6.1 Das grundlegende Problem des Hypothesenprüfens

Der Aufstellung von Schätzfunktionen und dem Bestimmen von Schätzwerten ist das eigentliche statistische Problem des Hypotheseprüfens vorgelagert. Ohne Annahme über zugrundeliegende Verteilungen und in Frage kommende Koeffizienten lassen sich sinnvollerweise keine Schätzfunktionen aufstellen oder Schätzwerte bestimmen. Dem statistischen Entscheidungsproblem liegt stets eine Hypothese H zugrunde, der eine andere, alternative Hypothese H_a gegenübergestellt wird, z.B. eine Zufallsvariable sei normalverteilt mit bekannter Varianz σ^2 und für den Mittelwert sei zu entscheiden zwischen den beiden Hypothesen

(67) $$H : \mu = \mu_1 \quad \text{und} \quad H_a : \mu = \mu_2,$$
mit $\mu_1 < \mu_2$.

Dies ist eine einfache Hypothese, während eine Entscheidung zwischen

(68) $\qquad H : \mu = \mu_1 \quad \text{und} \quad H_a : \mu \neq \mu_1$

als eine zusammengesetzte Hypothese bezeichnet wird.

Der statistische Test ist eine Regel, die angibt, wie man aus Beobachtungswerten, bzw. aus Schätzfunktionen und Schätzwerten, die man aus den Beobachtungswerten bestimmt hat, über Hypothesen entscheiden kann.

Dabei gibt es nur zwei, bzw. drei Möglichkeiten:
Die Hypothese läßt sich verwerfen oder die Hypothese läßt sich nicht verwerfen (kann akzeptiert werden), bzw. besonders in sequentiellen Tests: die Beobachtungswerte reichen für einen Entscheid nicht aus.

Der Bereich der Schätzfunktion wird so in zwei, bzw. drei disjunkte Bereiche aufgeteilt. Fällt der Schätzwert in den ersten Bereich, läßt sich die Hypothese verwerfen (kritischer Bereich), fällt er in den zweiten, läßt sich die Hypothese nicht verwerfen. Im dreier Fall bezeichnen die drei Bereiche die beiden Bereiche für einen möglichen Entscheid und der dritte den Bereich, in dem sich keine Entscheidung treffen läßt.

Die Konstruktion dieser Bereiche hängt grundsätzlich von den Folgen ab, die der Entscheidende aus dem Ergebnis des Tests auf sich zu nehmen bereit ist.

Für das Beispiel der einfachen Hypothese (67) sei eine Schätzfunktion

(69) $\qquad \hat{\mu} = \frac{1}{n} \sum_{i=1}^{n} X_i$

gegeben, und der kritische Bereich sei durch eine Größe c so aufgeteilt, daß für

(70) $\qquad \hat{\mu} \geq c$

die Hypothese verworfen wird, schematisch

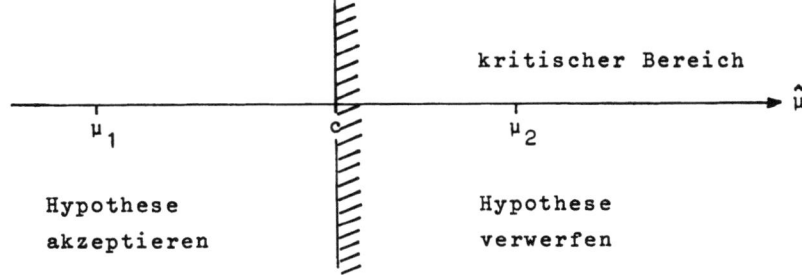

6.2 Beurteilung falscher Entscheidungen

Grundsätzlich können zwei falsche Entscheidungen auftreten, schematisch

	unbekannte Wirklichkeit	
	$\mu = \mu_1$	$\mu = \mu_2$
akzeptierte Hypothese	richtige Entscheidung	Fehler 2. Art
verworfene Hypothese	Fehler 1. Art	richtige Entscheidung

Entscheidungen, die eine wahre Hypothese akzeptieren, bzw. eine falsche verwerfen, führen nicht zu Fehlern. Der Fehler 1. Art besteht darin, die Hypothese H zu verwerfen, d.h. die alternative zu akzeptieren. Da H jedoch zutrifft, besteht hierfür die Wahrscheinlichkeit

(71) $$P\left[\hat{\mu} \geq c \mid \mu = \mu_1\right] = \varepsilon.$$

Dies sei die Größe des Fehlers 1. Art. Entsprechend erhält man für den Fehler 2. Art

(72) $$P\left[\hat{\mu} \leq c \mid \mu = \mu_2\right] = \beta,$$

schematisch

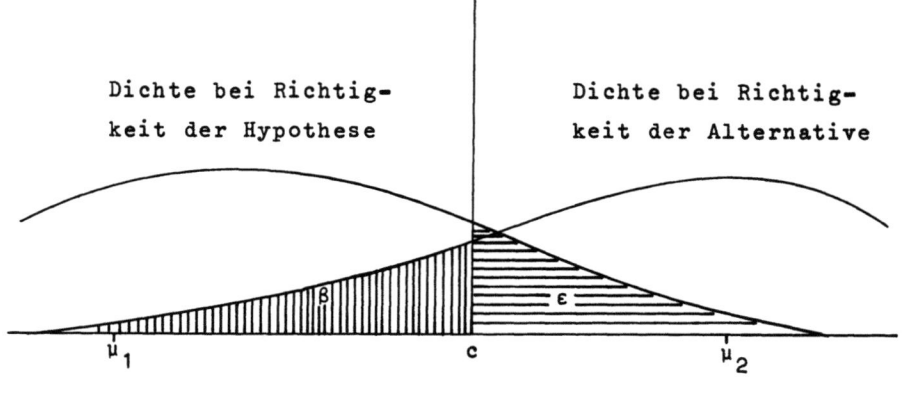

Wie die Abbildung verdeutlicht, können beide Fehler nicht zugleich minimiert werden. Häufiges Vorgehen besteht daher darin, daß man bei vorgegebener Größe des Fehlers 1. Art den Fehler 2. Art versucht zu minimieren. Aus der Annahme einer Hypothese auf Grund eines Tests folgt natürlich nicht, daß diese Hypothese die einzig mögliche ist.

Weitere Kriterien gehen über die stochastischen Eigenschaften hinaus. Es sind Verlust- und Entscheidungsfunktionen, die die ökonomischen, politischen, sozialen u.a. Folgen einbeziehen, die sich gegebenenfalls an das statistische Entscheidungsproblem anschließen.

Kapitel II

Das klassische lineare Regressionsmodell für zwei Variable

A. Der lineare Ansatz

   1. Das Modell

   Eine Variable Y möge linear von einer anderen Variablen X abhängen

   (1) $\qquad Y = \alpha + \beta X + u$,

   dabei sind α und β unbekannte Koeffizienten, die im folgenden zu schätzen sind, und u ist eine nicht beobachtbare Störvariable.

   2. Die Interpretation der Störvariablen

   Die Gründe, die zur Einführung der Störvariablen führen, können verschieden sein:

   (i) Im Modell sind nicht alle Einflüsse erfaßt.
   Alle Größen, die über die zwei Variablen X und Y hinaus wirksam sind, werden in den Störvariablen erfaßt.

   (ii) Das menschliche Verhalten selbst, welches durch das Modell beschrieben werden soll, ist nicht ohne Schwankungen, d.h. unter sonst gleichen Bedingungen kann die menschliche Entscheidung ohne ersichtliche Gründe anders ausfallen. Diese Schwankungsbreite soll durch die Störvariablen erfaßt werden.

   (iii) Die "wahre" Abhängigkeit braucht nicht von der im Modell angenommenen Form zu sein, so daß die Störvariablen die Fehler der Gleichung enthalten, z.B. bei einer Linearisierung.

   (iv) Die Größen X und Y brauchen nicht die "richtigen" Variablen zu sein, sondern können durch Aggregation entstanden sein. Alle Fehler solcher Zusammenfassungen sollen in den Störvariablen enthalten sein.

   Diese Aufzählung ist offensichtlich nicht vollständig. Alles was die Aussagen des Modells "stört" oder was durch das Modell unerklärt bleibt, wird durch diesen Kunstgriff der Störvariablen entschärft.

3. Die Anwendungsbreite des linearen Modells

Die Linearität des Ansatzes ist weitaus allgemeiner als zunächst erscheint.

3.1 Umformungen durch Variablentransformationen

Zahlreiche ursprünglich nicht lineare Zusammenhänge lassen sich durch (monotone) Variablentransformationen auf eine lineare Form bringen, z.B.

	ursprünglicher Ansatz	Modell- Ansatz
(2)	$Y_1 = a e^{bX}$	$\ln Y_1 = \ln a + bX$ $Y = \alpha + \beta X$
(3)	$Y_1 = a X_1^b$	$\ln Y_1 = \ln a + b \ln X_1$ $Y = \alpha + \beta X$
(4)	$Y_1 = a + \dfrac{b}{X_1}$	$Y_1 = a + b(\dfrac{1}{X_1})$ $Y = \alpha + \beta X$

Unbeachtet und fortgelassen sind in diesen Beispielen die transformierten Störvariablen. Da sie stochastisch sind, ist jeweils zu prüfen, ob die ursprünglichen Annahmen noch zutreffen. Deutlich ist zu sehen, daß die Transformationen auch ein bestimmtes Auftreten der Störvariablen in der ursprünglichen Beziehung implizieren. Ein log-linearer Ansatz, z.B. (3), bedeutet, daß die Störvariablen im ursprünglichen Ansatz multiplikativ wirken.

3.2 Linearisierte Beziehungen

Viele nicht-lineare Funktionen lassen sich in guter Annäherung linearisieren.

4. Das Schätzproblem

Der Zusammenhang zwischen den Variablen ist nicht vollständig bekannt, denn die Koeffizienten α und β sind noch in ihren numerischen Werten zu bestimmen. Dafür stehen n fehlerfreie Beobachtungen (X_i, Y_i), $i = 1,2,\ldots,n$, zur Verfügung.

Lassen sich Beobachtungsfehler nicht vermeiden, oder die Annahme der Abwesenheit von Beobachtungsfehlern läßt sich auch in erster Annäherung nicht rechtfertigen, dann sind andere Überlegungen erforderlich (Kapitel VI).

Mit der Schätzung der Koeffizienten α und β - Schätzwerte sollen dabei stets mit einem "^" bezeichnet werden - erhält man die Beziehung

(5) $\quad Y = \hat{\alpha} + \hat{\beta}X + e,\quad$ oder für die einzelne Beobachtung
$\quad\quad\quad\quad\quad\quad\quad\quad\quad\quad\quad\quad i = 1,2,\ldots,n$

(6) $\quad Y_i = \hat{\alpha} + \hat{\beta}X_i + e_i\quad$ oder

(7) $\quad e_i = Y_i - \hat{\alpha} - \hat{\beta}X_i .$

An Stelle der unbeobachtbaren Störvariablen erscheinen jetzt die meßbaren Abweichungen e.

Um $\hat{\alpha}$ und $\hat{\beta}$ zu berechnen gibt es mehrere Verfahren. Das in den Annahmen schwächste ist die Methode der kleinsten Quadrate.

B. Die Methode der kleinsten Quadrate

(SELS = **s**ingle **e**quation **l**east **s**quares)

1. Die Schätzwerte $\hat{\alpha}$ und $\hat{\beta}$

Für die Beziehung (5) sind $\hat{\alpha}$ und $\hat{\beta}$ derart zu bestimmen, daß

(8) $$\sum_{i=1}^{n} e_i^2 = \sum_{i=1}^{n} (Y_i - \hat{\alpha} - \hat{\beta} X_i)^2$$

ein Minimum wird.

Notwendig, aber nicht hinreichend, hierfür ist, daß man die Quadratsummen partiell nach $\hat{\alpha}$ und $\hat{\beta}$ differenziert und die Ableitungen gleich Null setzt

(9) $$\frac{\partial}{\partial \hat{\alpha}} \sum_{i=1}^{n} e_i^2 = -2 \sum_{i=1}^{n} (Y_i - \hat{\alpha} - \hat{\beta} X_i) = 0 \;,$$

(10) $$\frac{\partial}{\partial \hat{\beta}} \sum_{i=1}^{n} e_i^2 = -2 \sum_{i=1}^{n} X_i (Y_i - \hat{\alpha} - \hat{\beta} X_i) = 0 \;.$$

Hieraus erhält man die sogenannten "Normal"-Gleichungen, ein in $\hat{\alpha}$ und $\hat{\beta}$ lineares Gleichungssystem:

(11) $$\sum_{i=1}^{n} Y_i = n\hat{\alpha} + \hat{\beta} \sum_{i=1}^{n} X_i \;,$$

(12) $$\sum_{i=1}^{n} X_i Y_i = \hat{\alpha} \sum_{i=1}^{n} X_i + \hat{\beta} \sum_{i=1}^{n} X_i^2 \;,$$

dessen Lösungen

(13) $$\hat{\alpha} = \frac{\sum_{i=1}^{n} X_i^2 \sum_{i=1}^{n} Y_i - \sum_{i=1}^{n} X_i \sum_{i=1}^{n} X_i Y_i}{n \sum_{i=1}^{n} X_i^2 - (\sum_{i=1}^{n} X_i)^2} \;,$$

$$(14) \quad \hat{\beta} = \frac{n \sum_{i=1}^{n} X_i Y_i - \sum_{i=1}^{n} X_i \sum_{i=1}^{n} Y_i}{n \sum_{i=1}^{n} X_i^2 - (\sum_{i=1}^{n} X_i)^2}$$

sind. Indem die Mittelwerte

$$(15) \quad \overline{X} = \frac{1}{n} \sum_{i=1}^{n} X_i \quad \text{und} \quad \overline{Y} = \frac{1}{n} \sum_{i=1}^{n} Y_i$$

eingeführt werden, vereinfacht sich die Schreibweise zu

$$(16) \quad \hat{\alpha} = \overline{Y} - \hat{\beta}\overline{X},$$

$$(17) \quad \hat{\beta} = \frac{\sum_{i=1}^{n} X_i Y_i - n\overline{XY}}{\sum_{i=1}^{n} X_i^2 - n\overline{X}^2} .$$

Aus (16) ist offensichtlich, daß die Schätzgerade stets durch den Mittelwert $(\overline{X},\overline{Y})$ verläuft.

Eine zweite Vereinfachung der Schreibweise erhält man, sobald alle Beobachtungen von ihren Mittelwerten und nicht mehr vom Nullpunkt aus gemessen werden. Hierfür sollen Kleinbuchstaben verwendet werden

$$(18) \quad x_i = X_i - \overline{X}, \quad y_i = Y_i - \overline{Y}, \quad \hat{y}_i = \hat{Y}_i - \hat{\overline{Y}}_i, \quad \text{usw.}$$

Wie durch Einsetzen ersichtlich, bleiben die Abweichungen e unverändert, doch läßt sich ihre Quadratsumme wie folgt schreiben

$$(19) \quad \sum_{i=1}^{n} e_i^2 = \sum_{i=1}^{n} (y_i - \hat{\beta} x_i)^2$$

und die Methode der kleinsten Quadrate ergibt (das numerisch übereinstimmende Ergebnis)

$$(20) \quad \hat{\alpha} = \overline{Y} - \hat{\beta}\overline{X},$$

$$(21) \quad \hat{\beta} = \frac{\sum_{i=1}^{n} x_i y_i}{\sum_{i=1}^{n} x_i^2} .$$

2. Die Linearität der Schätzwerte

Sowohl $\hat{\alpha}$ wie $\hat{\beta}$ sind lineare Funktionen der Beobachtungen Y. Es ist

$$(22) \quad \hat{\beta} = \frac{\sum_{i=1}^{n} x_i y_i}{\sum_{i=1}^{n} x_i^2} = \frac{\sum_{i=1}^{n} x_i Y_i}{\sum_{i=1}^{n} x_i^2} - \frac{\overline{Y} \sum_{i=1}^{n} x_i}{\sum_{i=1}^{n} x_i^2}$$

$$(23) \quad = \frac{\sum_{i=1}^{n} x_i Y_i}{\sum_{i=1}^{n} x_i^2}, \quad \text{da} \quad \sum_{i=1}^{n} x_i = 0$$

$$(24) \quad = \sum_{i=1}^{n} w_i Y_i, \quad \text{mit} \quad w_i = \frac{x_i}{\sum_{i=1}^{n} x_i^2}, \quad \text{wobei}$$

$$(25) \quad \sum_{i=1}^{n} w_i = 0, \quad \text{da} \quad \sum_{i=1}^{n} x_i = 0$$

$$(26) \quad \sum_{i=1}^{n} w_i^2 = \frac{1}{\sum_{i=1}^{n} x_i^2},$$

$$(27) \quad \sum_{i=1}^{n} w_i x_i = 1,$$

$$(28) \quad \sum_{i=1}^{n} w_i X_i = 1.$$

Dabei folgen (26), (27) und (28) unmittelbar aus der Definition von w_i.

Entsprechend ergibt sich aus

$$(29) \quad \hat{\alpha} = \overline{Y} - \hat{\beta}\overline{X} = \overline{Y} - \overline{X} \sum_{i=1}^{n} w_i Y_i = \sum_{i=1}^{n} (\tfrac{1}{n} - \overline{X} w_i) Y_i$$

$$(30) \quad = \sum_{i=1}^{n} v_i Y_i, \quad \text{mit} \quad v_i = \frac{1}{n} - \bar{X} w_i, \quad \text{wobei}$$

$$(31) \quad \sum_{i=1}^{n} v_i = 1,$$

$$(32) \quad \sum_{i=1}^{n} v_i^2 = \sum_{i=1}^{n} \left[\left(\frac{1}{n}\right)^2 - \frac{2}{n} \bar{X} w_i + (\bar{X} w_i)^2 \right]$$

$$= \frac{1}{n} + \frac{\bar{X}^2}{\sum_{i=1}^{n} x_i^2}$$

$$= \frac{1}{n \sum_{i=1}^{n} x_i^2} \left[\sum_{i=1}^{n} x_i^2 + n \bar{X}^2 \right]$$

$$= \frac{1}{n \sum_{i=1}^{n} x_i^2} \left[\sum_{i=1}^{n} (X_i - \bar{X})^2 + n \bar{X}^2 \right]$$

$$= \frac{1}{n \sum_{i=1}^{n} x_i^2} \left[\sum_{i=1}^{n} (X_i^2 - 2 \bar{X} X_i + \bar{X}^2) + n \bar{X}^2 \right]$$

$$= \frac{1}{n \sum_{i=1}^{n} x_i^2} \left[\sum_{i=1}^{n} X_i^2 - 2 n \bar{X}^2 + n \bar{X}^2 + n \bar{X}^2 \right].$$

$$(33) \quad \sum_{i=1}^{n} v_i^2 = \frac{\sum_{i=1}^{n} X_i^2}{n \sum_{i=1}^{n} x_i^2},$$

$$(34) \quad \sum_{i=1}^{n} v_i x_i = \sum_{i=1}^{n} \left(\frac{1}{n} - \bar{X} w_i\right) x_i = -\bar{X},$$

$$\text{(35)} \quad \sum_{i=1}^{n} v_i X_i = \sum_{i=1}^{n} \left[\frac{1}{n} - \overline{X} w_i \right] X_i = \overline{X} - \overline{X} = 0 ,$$

dabei folgen (31) bis (35) unmittelbar aus den Definitionen von w_i und v_i. Für das Kreuzprodukt schließlich gilt

$$\text{(36)} \quad \sum_{i=1}^{n} v_i w_i = \sum_{i=1}^{n} \left[\frac{x_i}{\sum_{i=1}^{n} x_i^2} \left(\frac{1}{n} - \overline{X} \frac{x_i}{\sum_{i=1}^{n} x_i^2} \right) \right]$$

$$= - \frac{\overline{X}}{\sum_{i=1}^{n} x_i^2} .$$

3. Die Einführung des Erwartungswertes der Störvariablen
- die Unverzerrtheit der Schätzwerte -

3.1 Der Erwartungswert der Störvariablen

Bisher wurden keine Annahmen über das stochastische Verhalten der Störvariablen u getroffen. Führt man nun ein, daß

$$\text{(37)} \quad E(u_i) = 0 \qquad i = 1, 2, \ldots, n$$

sein soll, so sind die Schätzwerte erwartungstreu (unverzerrt, unbiased).

3.2 Die Linearität von $\hat{\beta}$ in den Störvariablen

$$\text{(38)} \quad \hat{\beta} = \sum_{i=1}^{n} u_i Y_i$$

$$= \sum_{i=1}^{n} w_i (\alpha + \beta X_i + u_i)$$

$$(39) \qquad = \alpha \sum_{i=1}^{n} w_i + \beta \sum_{i=1}^{n} w_i X_i + \sum_{i=1}^{n} w_i u_i$$

$$(40) \qquad = \beta + \sum_{i=1}^{n} u_i w_i , \qquad \text{wegen (25) und (28).}$$

Somit ist der Schätzwert $\hat{\beta}$ nicht nur eine lineare Funktion der Y_i, sondern auch der u_i.

3.3 Die Erwartungstreue von $\hat{\beta}$

$$(41) \qquad E(\hat{\beta}) = \beta + E\left\{ \sum_{i=1}^{n} w_i u_i \right\} = \beta + \sum_{i=1}^{n} w_i E(u_i),$$

$$(42) \qquad E(\hat{\beta}) = \beta , \qquad \text{wegen (37).}$$

3.4 Die Linearität von $\hat{\alpha}$ in den Störvariablen

$$(43) \qquad \hat{\alpha} = \sum_{i=1}^{n} v_i Y_i = \sum_{i=1}^{n} v_i (\alpha + \beta X_i + u_i)$$

$$(44) \qquad = \alpha \sum_{i=1}^{n} v_i + \beta \sum_{i=1}^{n} v_i X_i + \sum_{i=1}^{n} v_i u_i$$

$$(45) \qquad = \alpha + \sum_{i=1}^{n} v_i u_i , \qquad \text{wegen (31) und (35).}$$

Wie für $\hat{\beta}$ erstreckt sich die Linearität von $\hat{\alpha}$ nicht nur auf die Y_i sondern ebenso auf die u_i.

3.5 Die Erwartungstreue von $\hat{\alpha}$

$$(46) \qquad E(\hat{\alpha}) = \alpha + E\left\{ \sum_{i=1}^{n} v_i u_i \right\} = \alpha + \sum_{i=1}^{n} v_i E(u_i).$$

(47) $E(\hat{\alpha}) = \alpha$,   wegen (37).

4. Die Einführung der Kovarianzen der Störvariablen

4.1 Die Annahmen

A1: Die Störvariablen seien unabhängig von i, d.h. gehören u_i und u_j zwei verschiedenen Beobachtungen an (i $\neq$ j), so sollen sie sich nicht gegenseitig beeinflussen, formal

$$\sigma_{ij} = E\left\{\left[u_i - E(u_i)\right]\left[u_j - E(u_j)\right]\right\}$$

$$= E(u_i u_j) , \quad \text{wegen (37)}$$

$$= 0 , \quad \text{für } i \neq j, \ i,j = 1,2,\ldots,n .$$

A2: Die Störvariablen mögen eine konstante und übereinstimmende Varianz besitzen, formal

$$\sigma_{ii} = E\left\{\left[u_i - E(u_i)\right]\left[u_i - E(u_i)\right]\right\}$$

$$= E(u_i u_i) , \quad \text{wegen (37)}$$

$$= \sigma^2 , \quad \text{für } i = 1,2,\ldots,n .$$

4.2 Bemerkungen

Die Annahme A1 zusammen mit A2 wird als Homoskedastizität der Störvariablen bezeichnet. Wird die Annahme A1 beibehalten, A2 jedoch ersetzt durch die Annahme verschiedener Varianzen, bezeichnet man dies als Heteroskedastizität. Ist die Annahme A1 verletzt, so wird dies als Autokorrelation bezeichnet.

4.3 Beweis zur kleinsten Varianz der Schätzwerte $\hat{\alpha}$ und $\hat{\beta}$ im homoskedastischen Fall

4.3.1 Die Varianzen von $\hat{\alpha}$ und $\hat{\beta}$

Die Varianz von $\hat{\beta}$ lautet

(48) $\quad \text{var}(\hat{\beta}) = E\left\{\left[\hat{\beta} - E(\hat{\beta})\right]^2\right\}$

(49) $\quad\qquad = E\left\{\left[\hat{\beta} - \beta\right]^2\right\} = E\left\{\sum_{i=1}^{n} w_i u_i\right\}, \quad$ wegen (40) und (42)

(50) $\quad\qquad = E(w_1^2 u_1^2 + w_1 w_2 u_1 u_2 + \ldots + w_1 w_n u_1 u_n +$

$\qquad\qquad\qquad + w_2 w_1 u_2 u_1 + w_2^2 u_2^2 + \ldots + w_2 w_n u_2 u_n +$

$\qquad\qquad\qquad + \ldots$
$\qquad\qquad\qquad\quad \vdots$

$\qquad\qquad\qquad + w_n w_1 u_n u_1 + w_n w_2 u_n u_2 + \ldots + w_n^2 u_n^2) .$

Indem der Erwartungsoperator auf die einzelnen Summanden angewandt wird, und die Annahmen A1 und A2 beachtet werden, ergibt sich

(51) $\quad \text{var}(\hat{\beta}) = \sigma^2 \sum_{i=1}^{n} w_i^2 = \dfrac{\sigma^2}{\sum_{i=1}^{n} x_i^2}, \quad$ wegen (26).

Entsprechend folgt für $\hat{\alpha}$

(52) $\quad \text{var}(\hat{\alpha}) = E\left\{\left[\hat{\alpha} - E(\hat{\alpha})\right]^2\right\},$

(53) $\quad\qquad = E\left\{\left[\hat{\alpha} - \alpha\right]^2\right\} = E\left\{\sum_{i=1}^{n} v_i u_i{}^2\right\}, \quad$ wegen (47) und (45),

(54) $\quad\qquad = \sigma^2 \sum_{i=1}^{n} v_i^2 \quad , \quad$ wegen A1 und A2,

$$\text{(55)} \qquad = \sigma^2 \frac{\sum_{i=1}^{n} x_i^2}{n \sum_{i=1}^{n} x_i^2} = \text{var}(\hat{\beta}) \frac{\sum_{i=1}^{n} x_i^2}{n} \text{, wegen (51).}$$

4.3.2 Die Kovarianz von $\hat{\alpha}$ und $\hat{\beta}$

Die Definition der Kovarianz der beiden Schätzwerte lautet

$$\text{(56)} \quad \text{cov}(\hat{\alpha},\hat{\beta}) = E\left\{\left[\hat{\alpha} - E(\hat{\alpha})\right]\left[\hat{\beta} - E(\hat{\beta})\right]\right\}$$

$$= E\left\{(\hat{\alpha} - \alpha)(\hat{\beta} - \beta)\right\} \text{, wegen (47) und (42)}$$

$$= E\left\{\left[\sum_{i=1}^{n} v_i u_i\right]\left[\sum_{i=1}^{n} w_i u_i\right]\right\} \text{, wegen (45) und (40),}$$

$$= E(w_1 v_1 u_1 u_1 + w_1 v_2 u_1 u_2 + \ldots + w_1 v_n u_1 u_n +$$
$$+ w_2 v_1 u_2 u_1 + w_2 v_2 u_2 u_2 + \ldots + w_2 v_n u_2 u_n +$$
$$+ \ldots$$
$$\vdots$$
$$+ w_n v_1 u_n u_1 + w_n v_2 u_n u_2 + \ldots + w_n v_n u_n u_n).$$

Indem der Erwartungsoperator auf die einzelnen Summanden angewandt wird, verschwinden wegen der Annahme A1 alle Kreuzprodukte $u_i u_j$ und man erhält für die Diagonalglieder $\sigma^2 w_i v_i$. Somit

$$\text{(57)} \quad \text{cov}(\hat{\alpha},\hat{\beta}) = \sigma^2 \sum_{i=1}^{n} w_i v_i$$

$$= -\sigma^2 \frac{\bar{x}}{\sum_{i=1}^{n} x_i^2} \text{, wegen (36)}$$

$$= - \bar{X} \, \text{var}(\hat{\beta}) \, , \quad \text{wegen (51)}.$$

4.3.3 Die Größe der Varianzen

Die Schätzwerte besitzen die kleinste Varianz.

4.3.3.1 Beweisverfahren I

Man definiert einen beliebigen linearen Schätzwert $\hat{\hat{\beta}}$, der von $\hat{\beta}$ so abweicht, daß die Gewichte w_i durch eine Größe d_i "korrigiert" werden

$$(58) \quad \hat{\hat{\beta}} = \sum_{i=1}^{n} (w_i + d_i) Y_i$$

$$= \sum_{i=1}^{n} c_i Y_i \, , \quad \text{mit } c_i = w_i + d_i.$$

Damit $\hat{\hat{\beta}}$ erwartungstreu bleibt, muß gelten

$$(59) \quad E(\hat{\hat{\beta}}) = E \left\{ \sum_{i=1}^{n} c_i (\alpha + \beta X_i + u_i) \right\}$$

$$= \alpha \sum_{i=1}^{n} c_i + \beta \sum_{i=1}^{n} c_i X_i + \sum_{i=1}^{n} c_i E(u_i)$$

$$= \alpha \sum_{i=1}^{n} c_i + \beta \sum_{i=1}^{n} c_i X_i$$

$$= \beta \, , \quad \text{d.h.}$$

$$(60) \quad \sum_{i=1}^{n} c_i = 0 \, , \quad \text{und}$$

$$(61) \quad \sum_{i=1}^{n} c_i X_i = 1 \, .$$

Aus (60) und (25) folgt

(62) $$\sum_{i=1}^{n} d_i = 0 \ .$$

Aus (61) und (28) folgt

(63) $$\sum_{i=1}^{n} d_i X_i = 0$$

und aus der Definition von x_i zusammen mit (62)

(64) $$\sum_{i=1}^{n} d_i X_i = \sum_{i=1}^{n} d_i (x_i + \overline{x})$$

$$= \sum_{i=1}^{n} d_i x_i + \overline{x} \sum_{i=1}^{n} d_i$$

$$= \sum_{i=1}^{n} d_i x_i \ .$$

Für die Varianz von $\hat{\hat{\beta}}$ ergibt sich

(65) $$\operatorname{var}(\hat{\hat{\beta}}) = E\left\{\left[\hat{\hat{\beta}} - E(\hat{\hat{\beta}})\right]^2\right\}$$

$$= E\left\{(\hat{\hat{\beta}} - \beta)^2\right\}, \text{ wegen der Unverzerrtheit}$$
$$\hspace{6cm} (63) \text{ und } (64)$$

$$= E\left\{\sum_{i=1}^{n} c_i u_i\right\}, \text{ wegen der Linearität}$$

$$= E\left\{\left[\sum_{i=1}^{n} (w_i + d_i) u_i\right]^2\right\}, \text{ wegen } c_i = w_i + d_i$$

$$= E\left\{\left[\sum_{i=1}^{n} w_i u_i + \sum_{i=1}^{n} d_i u_i\right]^2\right\} \ .$$

Indem wie bei $\text{var}(\hat{\beta})$, $\text{var}(\hat{\alpha})$, $\text{cov}(\hat{\alpha},\hat{\beta})$ der Erwartungsoperator auf die einzelnen Summanden angewandt wird und die beiden Annahmen der Homoskedastizität benutzt werden, folgt

$$(66) \quad \text{var}(\hat{\hat{\beta}}) = \sigma^2 \sum_{i=1}^{n} w_i^2 + \sigma^2 \sum_{i=1}^{n} d_i^2 + 2\sigma^2 \sum_{i=1}^{n} w_i d_i .$$

Da

$$(67) \quad \sum_{i=1}^{n} w_i d_i = \frac{\sum_{i=1}^{n} x_i d_i}{\sum_{i=1}^{n} x_i^2} = 0 , \quad \text{wegen (64) ist,}$$

erhält man

$$(68) \quad \text{var}(\hat{\hat{\beta}}) = \sigma^2 \sum_{i=1}^{n} w_i^2 + \sigma^2 \sum_{i=1}^{n} d_i^2 .$$

Der erste Summand ist wegen (51) gleich $\text{var}(\hat{\beta})$, der zweite Summand ist stets nicht negativ und verschwindet nur für alle

$$(69) \quad d_i = 0 \quad i = 1,2,\ldots,n.$$

Damit hat der Schätzwert $\hat{\beta}$, für den (69) gilt, die kleinste Varianz.

Der Beweis für $\hat{\alpha}$ verläuft entsprechend.

4.3.3.2 Beweisverfahren II

Anstatt das gewünschte Ergebnis durch Koeffizientenvergleich zu gewinnen, setze man mit Beziehung (54)

$$(70) \quad \text{var}(\hat{\beta}) = \sigma^2 \sum_{i=1}^{n} c_i^2 ,$$

wobei jetzt die c_i so zu bestimmen sind, daß die Beschränkungen, die die Erwartungstreue gewährleisten

$$(71) \qquad \sum_{i=1}^{n} c_i = 0 ,$$

$$(72) \qquad \sum_{i=1}^{n} c_i X_i = 1$$

eingehalten und (70) minimiert wird.

Über einen Lagrange-Ansatz mit den Multiplikatoren 2λ für (71) und 2μ für (72) erhält man

$$(73) \qquad L = \sigma^2 \sum_{i=1}^{n} c_i^2 - 2\lambda \sum_{i=1}^{n} c_i - 2\mu \left(\sum_{i=1}^{n} c_i X_i - 1 \right) .$$

Als notwendige Bedingung für ein Minimum ergibt sich

$$(74) \qquad \frac{\partial L}{\partial c_i} = 0 = \sigma^2 \, 2c_i - 2\lambda - 2\mu X_i , \quad \text{oder}$$

$$(75) \qquad \sigma^2 c_i = \lambda + \mu X_i .$$

Das Nullsetzen der beiden übrigen partiellen Ableitungen

$$\frac{\partial L}{\partial 2\lambda} = 0 \quad \text{und} \quad \frac{\partial L}{\partial 2\mu} = 0$$

ergibt (71) bzw. (72). Summation über i in (75) und Einsetzen von (71) gibt

$$(76) \qquad \frac{n\lambda + \mu \sum_{i=1}^{n} X_i}{\sigma^2} = 0 , \qquad \text{oder, da } \sigma^2 > 0$$

$$(77) \qquad n\lambda + \mu \sum_{i=1}^{n} X_i = 0 , \qquad \text{und somit}$$

$$(78) \qquad \lambda = \mu \overline{X} .$$

Substitution von λ in (75) ergibt

(79) $\qquad \sigma^2 c_i = \mu (X_i - \overline{X}) = \mu x_i$.

Multiplikation mit X_i und Summation über i ergibt

(80) $\qquad \sigma^2 \sum_{i=1}^{n} c_i X_i = \mu \sum_{i=1}^{n} x_i X_i \qquad$ und Einsetzen von (72)

(81) $\qquad \sigma^2 = \mu \sum_{i=1}^{n} x_i X_i$

$\qquad \qquad \quad = \mu \sum_{i=1}^{n} x_i (x_i + \overline{X})$

$\qquad \qquad \quad = \mu \sum_{i=1}^{n} x_i^2 + \mu \overline{X} \sum_{i=1}^{n} x_i$, und wegen $\sum_{i=1}^{n} x_i = 0$

$\qquad \qquad \quad = \mu \sum_{i=1}^{n} x_i^2$, $\qquad \qquad$ oder aufgelöst nach μ

(82) $\qquad \mu = \dfrac{\sigma^2}{\sum_{i=1}^{n} x_i^2}$.

Aus (82) zusammen mit (79) folgt schließlich

(83) $\qquad c_i = \dfrac{x_i}{\sum_{i=1}^{n} x_i^2}$.

Die Gewichte c_i stimmen mit denen sich aus der Methode der kleinsten Quadrate ergebenden Gewichte w_i (24) überein. Der Beweis für $\hat{\alpha}$ verläuft entsprechend.

4.4 Der Schätzwert $\hat{\sigma}^2$ für die Varianz der Störvariablen

In den Größen $\text{var}(\hat{\beta})$, $\text{var}(\hat{\alpha})$ und $\text{cov}(\hat{\alpha},\hat{\beta})$ tritt die unbekannte Größe σ^2 auf. Aus den Abweichungen e_i

$$(84) \qquad e_i = y_i - \hat{y}_i = y_i - \hat{\beta} x_i = -(\hat{\beta} - \beta) x_i + (u_i - \bar{u})$$

läßt sich ein Schätzwert $\hat{\sigma}^2$ gewinnen, indem der Erwartungswert der Summe der quadratischen Abweichungen gebildet wird

$$(85) \qquad \sum_{i=1}^{n} e_i^2 = (\hat{\beta}-\beta)^2 \sum_{i=1}^{n} x_i^2 - 2(\hat{\beta}-\beta) \sum_{i=1}^{n} x_i (u_i - \bar{u}) + \sum_{i=1}^{n} (u_i - \bar{u})^2$$

$$(86) \qquad E\left\{\sum_{i=1}^{n} e_i^2\right\} = E(S_1) + E(S_2) + E(S_3), \qquad \text{wobei}$$

$$(87) \qquad E(S_1) = E\left\{(\hat{\beta} - \beta)^2 \sum_{i=1}^{n} x_i^2\right\} = \text{var}(\hat{\beta}) \sum_{i=1}^{n} x_i^2$$

$$= \frac{\sigma^2}{\sum_{i=1}^{n} x_i^2} \sum_{i=1}^{n} x_i^2 = \sigma^2,$$

$$(88) \qquad E(S_2) = -2E\left\{(\hat{\beta} - \beta) \sum_{i=1}^{n} x_i (u_i - \bar{u})\right\}$$

$$= -2E\left\{\frac{\sum_{i=1}^{n} x_i u_i}{\sum_{i=1}^{n} x_i^2} \left[\sum_{i=1}^{n} x_i u_i - \bar{u} \sum_{i=1}^{n} x_i\right]\right\}, \text{ wegen (40)}$$

$$= -2E\left\{\frac{\left(\sum_{i=1}^{n} x_i u_i\right)\left(\sum_{i=1}^{n} x_i u_i\right)}{\sum_{i=1}^{n} x_i^2}\right\}, \text{ wegen (24)}$$

$$= -2E\left\{\left(\frac{\sum_{i=1}^{n} x_i u_i}{\sum_{i=1}^{n} x_i^2}\right)^2\right\},$$

woraus wegen der beiden Annahmen der Homoskedastizität folgt

(89) $\quad E(S_2) = -2\sigma^2 \dfrac{\left(\sum_{i=1}^{n} x_i^2\right)^2}{\left(\sum_{i=1}^{n} x_i^2\right)^2} = -2\sigma^2.$

Für den letzten Summanden S_3 folgt schließlich

(90) $\quad E(S_3) = E\left\{\sum_{i=1}^{n} (u_i - \bar{u})^2\right\}$

$$= E\left\{\sum_{i=1}^{n} u_i^2 - 2\bar{u}\sum_{i=1}^{n} u_i + n\bar{u}^2\right\}$$

$$= E\left\{\sum_{i=1}^{n} u_i^2 - \frac{2}{n}\left(\sum_{i=1}^{n} u_i\right)\left(\sum_{i=1}^{n} u_i\right) + \frac{1}{n}\left(\sum_{i=1}^{n} u_i\right)\left(\sum_{i=1}^{n} u_i\right)\right\}$$

$$= E\left\{\sum_{i=1}^{n} u_i^2 - \frac{1}{n}\left(\sum_{i=1}^{n} u_i\right)\left(\sum_{i=1}^{n} u_i\right)\right\}$$

$$= \sum_{i=1}^{n} E(u_i^2) - \frac{1}{n} E\left\{\left(\sum_{i=1}^{n} u_i\right)\left(\sum_{i=1}^{n} u_i\right)\right\}.$$

Für den zweiten Summanden folgt aus den beiden Annahmen der Homoskedastizität (A1, A2)

(91) $\quad E\left\{\left(\sum_{i=1}^{n} u_i\right)\left(\sum_{i=1}^{n} u_i\right)\right\} = \sum_{i=1}^{n} E(u_i^2) = n\sigma^2.$

Somit ergibt sich

(92) $\qquad E(S_3) = n\sigma^2 - \sigma^2 = (n-1)\sigma^2$.

Durch Addition der Teilergebnisse (87), (89) und (92) folgt dann

(93) $\qquad E\left\{\sum_{i=1}^{n} e_i^2\right\} = \sigma^2 - 2\sigma^2 + (n-1)\sigma^2 = (n-2)\sigma^2$.

Oder aber

(94) $\qquad \hat{\sigma}^2 = \dfrac{\sum_{i=1}^{n} e_i^2}{n-2}$

und $\hat{\sigma}^2$ ist erwartungstreu, denn

(95) $\qquad E(\hat{\sigma}^2) = E\left\{\dfrac{\sum_{i=1}^{n} e_i^2}{n-2}\right\} = \sigma^2$.

5. Das Bestimmtsheitsmaß - der Korrelationskoeffizient

5.1 Das Gütekriterium des Korrelationskoeffizienten

Ein beliebtes und verbreitetes "Gütekriterium" ist das Bestimmtheitsmaß R^2, bzw. äquivalent dazu die positive Wurzel, der Korrelationskoeffizient R . Obwohl kaum zu glauben, kommt es in der Praxis vor, daß beide Größen als verschiedene Maße für die Güte einer Regression betrachtet werden. Außerdem sind die z.T. verwendeten vielfältigen Schreibweisen zu beachten. Allgemein wird dies Kriterium überbewertet, wie im folgenden deutlich werden wird.

Das Bestimmtheitsmaß kann wie folgt definiert werden

(96) $\qquad R^2 = \dfrac{\left(n \sum_{i=1}^{n} X_i Y_i - \sum_{i=1}^{n} X_i \sum_{i=1}^{n} Y_i\right)^2}{\left[n \sum_{i=1}^{n} X_i^2 - \left(\sum_{i=1}^{n} X_i\right)^2\right]\left[n \sum_{i=1}^{n} Y_i^2 - \left(\sum_{i=1}^{n} Y_i\right)^2\right]}$

$$= \frac{\left(\sum_{i=1}^{n} x_i y_i\right)^2}{\sum_{i=1}^{n} x_i^2 \sum_{i=1}^{n} y_i^2} \ .$$

5.2 Der Zusammenhang mit dem Schätzwert $\hat{\beta}$

Aus einem Koeffizientenvergleich zwischen $\hat{\beta}$ und R^2 folgen weitere Zusammenhänge, nämlich

(97) $\quad \hat{\beta} = R^2 \dfrac{\sum_{i=1}^{n} y_i^2}{\sum_{i=1}^{n} x_i y_i} \quad$, oder $\quad R^2 = \hat{\beta} \dfrac{\sum_{i=1}^{n} x_i y_i}{\sum_{i=1}^{n} y_i^2}$,

bzw.

(98) $\quad \hat{\beta}^2 = R^2 \dfrac{\sum_{i=1}^{n} y_i^2}{\sum_{i=1}^{n} x_i^2} \quad$, oder $\quad R^2 = \hat{\beta}^2 \dfrac{\sum_{i=1}^{n} x_i^2}{\sum_{i=1}^{n} y_i^2}$,

$$= \frac{\sum_{i=1}^{n} (\hat{\beta} x_i)^2}{\sum_{i=1}^{n} y_i^2} \ ,$$

$$= \frac{\sum_{i=1}^{n} \hat{y}_i^2}{\sum_{i=1}^{n} y_i^2} \ ,$$

bzw.

(99) $\quad \sum_{i=1}^{n} \hat{y}_i^2 = \hat{\beta}^2 \sum_{i=1}^{n} x_i^2 \ .$

(97) und (98) sind in x_i und y_i symmetrische Beziehungen. Wenn anstatt y auf x

x auf y regressiert würde, so wäre das Bestimmtheitsmaß das

Produkt beider Schätzwerte

(100) $\quad R^2 = \hat{\beta}_{yx} \cdot \hat{\beta}_{xy}$, mit $\hat{\beta}_{yx} = \hat{\beta} = \dfrac{\sum\limits_{i=1}^{n} x_i y_i}{\sum\limits_{i=1}^{n} x_i^2}$, und

$$\hat{\beta}_{xy} = \dfrac{\sum\limits_{i=1}^{n} x_i y_i}{\sum\limits_{i=1}^{n} y_i^2} \;.$$

5.3 Die Zerlegung in erklärte und unerklärte Teile

Aus der Schätzung

(101) $\quad y_i = \hat{y}_i + e_i$

ergibt sich

(102) $\quad \sum\limits_{i=1}^{n} y_i^2 = \sum\limits_{i=1}^{n} \hat{y}_i^2 + 2 \sum\limits_{i=1}^{n} \hat{y}_i e_i + \sum\limits_{i=1}^{n} e_i^2 \;.$

Da der zweite Summand

(103) $\quad \sum\limits_{i=1}^{n} \hat{y}_i e_i = \sum\limits_{i=1}^{n} \hat{\beta} x_i e_i = \hat{\beta} \sum\limits_{i=1}^{n} x_i (y_i - \hat{\beta} x_i) = 0$

wegen der Bestimmung von $\hat{\beta}$ aus (21) verschwindet, zerfällt die Quadratsumme (102) in

(104) $\quad \sum\limits_{i=1}^{n} y_i^2 = \sum\limits_{i=1}^{n} \hat{y}_i^2 + \sum\limits_{i=1}^{n} e_i^2 \;.$

Bildet man nun das Verhältnis zwischen den geschätzten und beobachteten Größen, so folgt

$$(105) \quad \frac{\sum_{i=1}^{n} \hat{y}_i^2}{\sum_{i=1}^{n} y_i^2} = 1 - \frac{\sum_{i=1}^{n} e_i^2}{\sum_{i=1}^{n} y_i^2} \quad , \text{ sowie aus (99)}$$

$$(106) \quad \frac{\sum_{i=1}^{n} \hat{y}_i^2}{\sum_{i=1}^{n} y_i^2} = \hat{\beta}^2 \frac{\sum_{i=1}^{n} x_i^2}{\sum_{i=1}^{n} y_i^2} = R^2 \quad , \text{ wegen (98)}$$

$$(107) \quad R^2 = 1 - \frac{\sum_{i=1}^{n} e_i^2}{\sum_{i=1}^{n} y_i^2} \quad .$$

D.h. schließlich

$$(108) \quad \sum_{i=1}^{n} e_i^2 = (1 - R^2) \sum_{i=1}^{n} y_i^2 \quad ,$$

$$(109) \quad \sum_{i=1}^{n} \hat{y}_i^2 = R^2 \sum_{i=1}^{n} y_i^2 \quad .$$

Woraus sich ergibt

$$(110) \quad 0 \leq R^2 \leq 1 \quad , \text{ bzw. } -1 \leq R \leq 1 \; .$$

Für $R^2 = 1$ ergeben sich keine Abweichungen, d.h. die Schätzung "erklärt" voll die beobachtbaren Größen y, es besteht eine exakte lineare Abhängigkeit.

6. Ein Zwischenergebnis

6.1 Die Verteilungsfreiheit der Methode der kleinsten Quadrate

Bisher wurden nur Eigenschaften der ersten beiden Momente der Störvariablen $E(u_i)$ und $E(u_i u_j)$ vorausgesetzt. Ohne weitere Annahmen über die stochastische Struktur der Störvariablen lassen sich keine weiteren Ergebnisse ableiten. Daher soll eine Übersicht sowie ein Beispiel gebracht werden.

6.2 Entwicklungsschema der Annahmen und Ergebnisse für die Methode der kleinsten Quadrate

(SELS = __s__ingle __e__quations __l__east __s__quares)

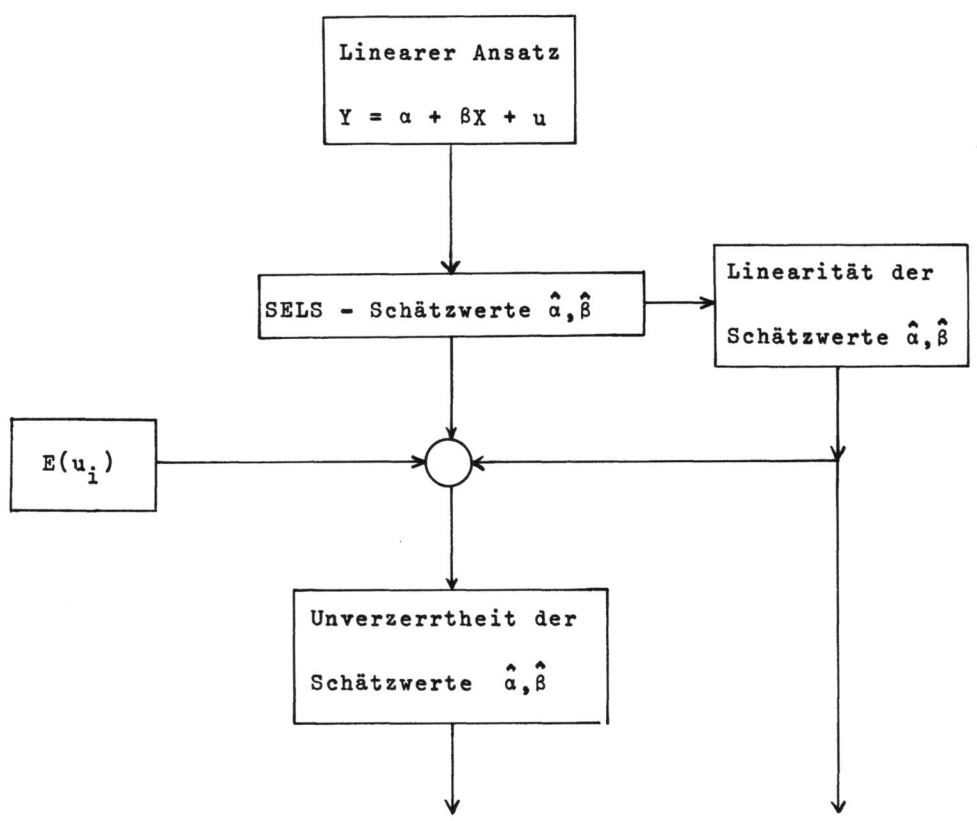

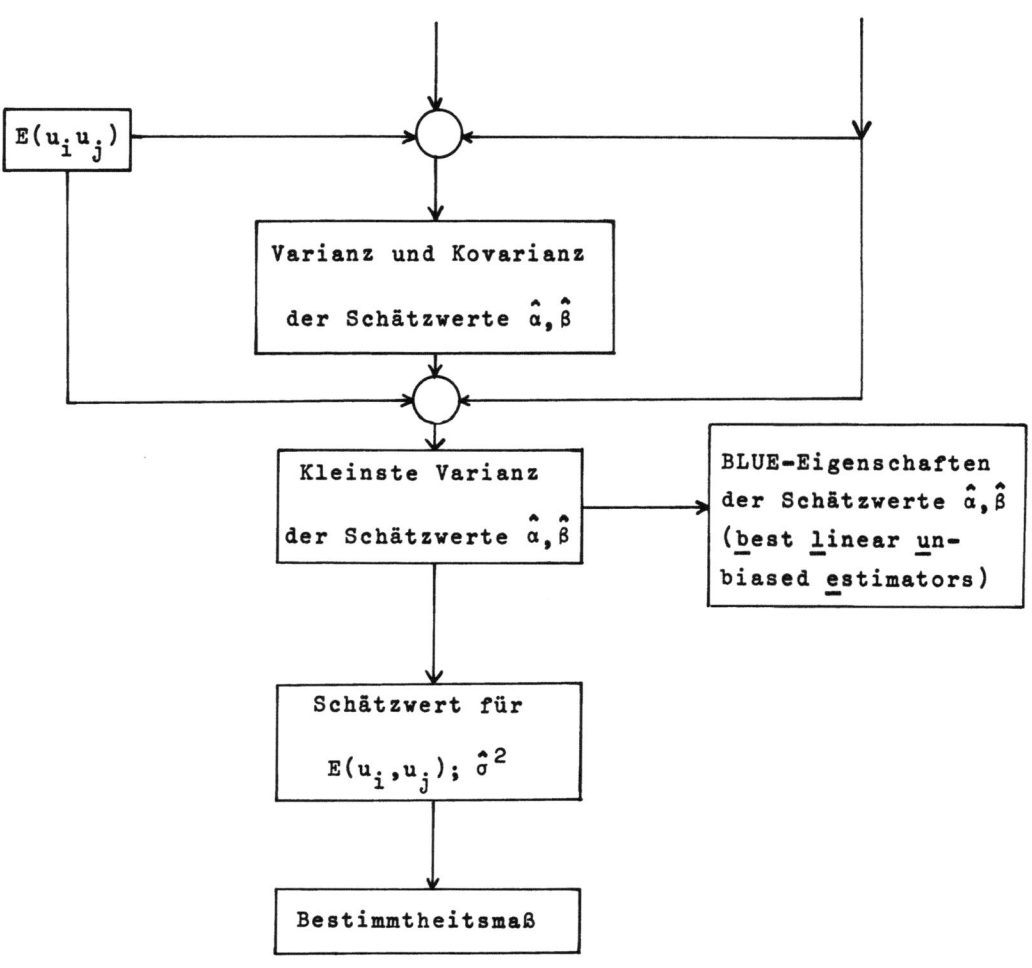

6.3 Übersicht der wichtigsten Beziehungen

(1) $\qquad Y_i = \alpha + \beta X_i + u_i$,

(5) $\qquad Y_i = \hat{\alpha} + \hat{\beta} X_i + e_i$,

(15) $$\bar{Y} = \frac{1}{n} \sum_{i=1}^{n} Y_i \;, \qquad \bar{X} = \frac{1}{n} \sum_{i=1}^{n} X_i \;,$$

(18) $$y_i = Y_i - \bar{Y} \;, \qquad x_i = X_i - \bar{X} \;,$$

(21) $$\hat{\beta} = \frac{\sum_{i=1}^{n} x_i y_i}{\sum_{i=1}^{n} x_i^2} \;, \qquad (20) \;\; \hat{\alpha} = \bar{Y} - \hat{\beta}\bar{X} \;,$$

(51)
(55)
(57)
$$\text{Cov}(\hat{\alpha}, \hat{\beta}) = \begin{pmatrix} \text{var}(\hat{\alpha}) & \text{cov}(\hat{\alpha}, \hat{\beta}) \\ \text{cov}(\hat{\alpha}, \hat{\beta}) & \text{var}(\hat{\beta}) \end{pmatrix}$$

$$= \frac{\sigma^2}{\sum_{i=1}^{n} x_i^2} \left(\begin{array}{c|c} \frac{1}{n} \sum_{i=1}^{n} X_i^2 & -\bar{X} \\ \hline -\bar{X} & 1 \end{array} \right)$$

(96) $$R^2 = \frac{\left(\sum_{i=1}^{n} x_i y_i\right)^2}{\sum_{i=1}^{n} x_i^2 \sum_{i=1}^{n} y_i^2} = \hat{\beta} \frac{\sum_{i=1}^{n} x_i y_i}{\sum_{i=1}^{n} y_i^2} \;, \qquad 0 \leq R^2 \leq 1 \;,$$

(108) $$\sum_{i=1}^{n} e_i^2 = (1 - R^2) \sum_{i=1}^{n} y_i^2 \;,$$

(109) $$\sum_{i=1}^{n} \hat{y}_i^2 = R^2 \sum_{i=1}^{n} y_i^2 \;,$$

(94) $$\hat{\sigma}^2 = \frac{\sum_{i=1}^{n} e_i^2}{n-2} \; .$$

6.4 Ein Beispiel - eine Konsumfunktion für die Bundesrepublik Deutschland

Eine in der ökonomischen Theorie wichtige und oft geschätzte Beziehung ist die Konsumfunktion: Der private Verbrauch Y sei eine lineare Funktion des Einkommens X

$$Y = \alpha + \beta X \; .$$

Für die Schätzung sollen folgende Zeitreihen verwendet werden:

Z1 der private Verbrauch, Volkswirtschaftliche Gesamtrechnung für die BRD, Statistisches Jahrbuch, XXIV, Tabelle 11.

Z2 das Volkseinkommen, Volkswirtschaftliche Gesamtrechnung für die BRD, Statistisches Jahrbuch, XXIV, (Reihe Z3 + Reihe Z4).

Z3 das Bruttoeinkommen aus unselbständiger Arbeit, Volkswirtschaftliche Gesamtrechnung für die BRD, Statistisches Jahrbuch, XXIV, Tabelle 2.

Z4 das Einkommen aus Unternehmertätigkeit und Vermögen, Volkswirtschaftliche Gesamtrechnung für die BRD, Statistisches Jahrbuch, XXIV, Tabelle 8.

Alle Zahlen sind der neuesten Quelle, d.h. dem Statistischen Jahrbuch 1969, und soweit dort nicht zu finden, dem jeweils neuesten früheren Jahrbuch entnommen. Die Zeitreihen gehen von 1954 bis 1968. 1954 bis 1960 erstrecken sie sich auf das Gebiet der BRD ohne West-Berlin und Saarland, 1960 bis 1968 einschließlich dieser beiden Gebiete. Daher gibt es für 1960 zwei Beobachtungswerte. Außerdem wird damit unterstellt, daß für die zu schätzende Konsumfunktion territoriale Unterschiede keine Rolle spielen. Alle Zahlen sind in 10 Mio. DM ausgewiesen.

Nr.	Jahr	Z1	Z2	Z3	Z4
1	1954	95 11	118 71	70 87	47 84
2	1955	106 19	137 53	81 95	55 58
3	1956	117 75	152 09	91 82	60 27
4	1957	128 16	165 80	100 52	65 28
5	1958	137 71	180 14	108 99	71 15
6	1959	146 48	193 97	116 83	77 14
7	1960	158 87	216 92	131 40	85 52
8	1960	170 03	229 80	139 77	90 03
9	1961	186 76	251 60	157 18	94 42
10	1962	204 03	271 90	173 86	98 04
11	1963	215 94	289 04	186 53	102 51
12	1964	232 90	316 50	204 36	112 14
13	1965	255 71	345 43	225 81	119 62
14	1966	274 89	364 75	242 97	121 78
15	1967	281 40	363 68	243 37	120 31
16	1968	297 30	402 46	261 03	141 43

Obwohl es als selbstverständlich erscheinen sollte, muß erwähnt werden, daß das gesamte verwendete Zahlenmaterial genau anzugeben ist, damit eine Schätzung nachvollzogen werden kann. Diese Bemerkung erscheint notwendig, da noch immer recht häufig gegen sie verstoßen wird.

Vor jeder Rechnung empfiehlt es sich, ein Streudiagramm anzulegen. Wenn X_i auf einer Achse und Y_i auf der anderen abgetragen werden, gibt es zu jeder Beobachtung (X_i, Y_i) einen Punkt im Koordinatensystem. Aus der Lage der n verschiedenen Punkte läßt sich bereits grob schließen, ob eine Regression sinnvoll erscheint.

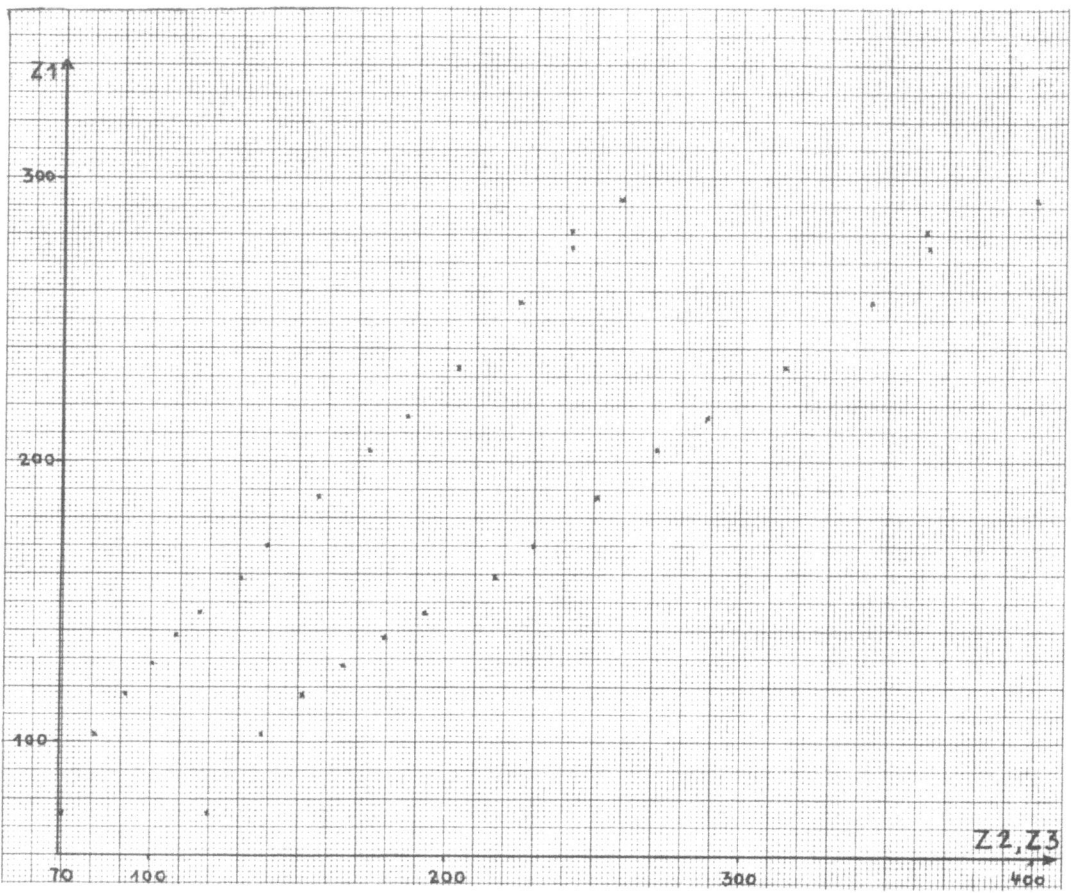

Im folgenden werden zwei Regressionen gegenübergestellt:

Zeitreihe Z1 auf Zeitreihe Z2, sowie
Zeitreihe Z1 auf Zeitreihe Z3.

Beispiel 1: Der private Verbrauch hängt vom Volkseinkommen ab. Mit Y sollen die Werte von Z1 und mit X die Werte von Z2 bezeichnet werden.

$$\overline{Y} = 18\,807.69 \quad , \quad \overline{X} = 25\,001.94$$

$$\sum_{i=1}^{16} y_i^2 = 651\,214\,123.44 \quad ,$$

$$\sum_{i=1}^{16} x_i^2 = 1\ 209\ 548\ 566.06\ ,$$

$$\sum_{i=1}^{n} x_i y_i = 886\ 191\ 025.00\ ,$$

$$\hat{\beta} = \frac{\sum_{i=1}^{16} x_i y_i}{\sum_{i=1}^{16} x_i^2} = 0.733\ ,$$

$$\hat{\alpha} = \bar{Y} - \hat{\beta}\bar{X} = 491.27\ .$$

Die geschätzte Beziehung lautet daher

$$\hat{Y} = 491.27 + 0.733X$$

$$R^2 = \hat{\beta}\frac{\sum_{i=1}^{16} x_i y_i}{\sum_{i=1}^{16} y_i^2} = 0.997\ ,\quad R = 0.998\ ,$$

$$\sum_{i=1}^{16} e_i^2 = (1 - R^2) \sum_{i=1}^{16} y_i^2 = 2\ 018\ 763.78\ ,$$

$$\sum_{i=1}^{16} \hat{y}_i^2 = R^2 \sum_{i=1}^{16} y_i^2 = 649\ 195\ 359.66\ ,$$

$$\hat{\sigma}^2 = \frac{\sum_{i=1}^{16} e_i^2}{14} = 144\ 205.46\ .$$

Beispiel 2: Der private Verbrauch hängt vom Lohneinkommen, dem Bruttoeinkommen aus unselbständiger Arbeit, ab. Mit Y sollen die Werte von Z1 und mit X die Werte von Z3 bezeichnet werden.

$$\bar{Y} = 18\,807.69 \quad , \quad \bar{X} = 15\,857.88 \quad ,$$

$$\sum_{i=1}^{16} y_i^2 = 651\,214\,123.44 \quad ,$$

$$\sum_{i=1}^{16} x_i^2 = 591\,272\,021.75 \quad ,$$

$$\sum_{i=1}^{16} x_i y_i = 620\,228\,751.38 \quad ,$$

$$\hat{\beta} = \frac{\sum_{i=1}^{16} x_i y_i}{\sum_{i=1}^{16} x_i^2} = 1.049 \quad ,$$

$$\hat{\alpha} = \bar{Y} - \hat{\beta}\bar{X} = 2\,174.36 \quad .$$

Die geschätzte Beziehung lautet daher

$$\hat{Y} = 2\,174.36 + 1.049 X$$

$$R^2 = \hat{\beta}\,\frac{\sum_{i=1}^{16} x_i y_i}{\sum_{i=1}^{16} y_i^2} = 0.999 \quad , \quad R = 0.999 \quad ,$$

$$\sum_{i=1}^{16} e_i^2 = (1 - R^2)\sum_{i=1}^{16} y_i^2 = 651\,214.12 \quad ,$$

$$\sum_{i=1}^{16} \hat{y}_i = R^2 \sum_{i=1}^{16} y_i^2 = 650\,562\,909.32 \quad ,$$

$$\hat{\sigma}^2 = \frac{\sum_{i=1}^{16} e_i^2}{14} = 46\,515.29 \; .$$

Wie das Bestimmtheitsmaß, Quadratsumme der Residuen, sowie die geschätzte Varianz verdeutlichen, ist die zweite Regression etwas besser als die erste, obwohl beide nach diesen Kriterien "gute" Schätzungen ergeben.

C. Die Maximum Likelihood Methode

1. Die Einführung einer Verteilung für die Störvariablen

Sobald für die Störvariablen nicht nur einige Momente bekannt sind, sondern die stochastischen Eigenschaften vollständig durch eine Dichte, bzw. Verteilung, beschrieben sind, ist die Anwendung der Maximum Likelihood Methode möglich.

2. Der Sonderfall der normalverteilten Störvariablen

Der häufigste Fall ist die Annahme von identisch normalverteilten Störvariablen, obwohl sich dies ökonomisch selten voll rechtfertigen läßt

$$(111) \qquad u_i : N(0, \sigma^2).$$

Die Dichte ist daher

$$(112) \qquad p(u_i) = \frac{1}{(2\pi\sigma^2)^{1/2}} \exp\left(-\frac{u_i^2}{2\sigma^2}\right).$$

Bei Annahme der Unabhängigkeit der einzelnen Beobachtungen (A1) lautet dann die Likelihood Funktion

$$(113) \qquad L = \prod_{i=1}^{n} p(u_i) = \frac{1}{(2\pi\sigma^2)^{n/2}} \exp\left(-\frac{\sum_{i=1}^{n} u_i^2}{2\sigma^2}\right)$$

oder, da $u_i = Y_i - \alpha - \beta X_i$,

$$(114) \qquad L = \frac{1}{(2\pi\sigma^2)^{n/2}} \exp\left\{-\frac{1}{2\sigma^2} \sum_{i=1}^{n} (Y_i - \alpha - \beta X_i)^2\right\}.$$

Da ein Maximum von L bestimmt werden soll und der Logarithmus eine monotone Transformation ist, gilt

$$(115) \qquad \underset{\alpha,\beta,\sigma^2}{\text{Max }} L^* = \underset{\alpha,\beta,\sigma^2}{\text{Max }} \ln L = \underset{\alpha,\beta,\sigma^2}{\text{Max }} L$$

Im folgenden wird daher L^* untersucht

$$(116) \quad L^* = -\frac{n}{2}\ln(2\pi) - \frac{n}{2}\ln(\sigma^2) - \frac{1}{2\sigma^2}\left[\sum_{i=1}^{n}(Y_i - \alpha - \beta X_i)^2\right].$$

3. Die Übereinstimmung mit den SELS-Ergebnissen

Als notwendige Bedingungen für ein Maximum müssen die partiellen Ableitungen verschwinden, d.h.

$$(117) \quad \frac{\partial L^*}{\partial \alpha} = 0 = \frac{1}{\sigma^2}\sum_{i=1}^{n}(Y_i - \tilde{\alpha} - \tilde{\beta}X_i),$$

$$(118) \quad \frac{\partial L^*}{\partial \beta} = 0 = \frac{1}{\sigma^2}\sum_{i=1}^{n}X_i(Y_i - \tilde{\alpha} - \tilde{\beta}X_i).$$

In diesem Fall der Normalverteilung der Störvariablen sind (117) und (118) identisch mit den Normalgleichungen der SELS-Schätzung, so daß die ML- und die SELS-Schätzwerte für α und β übereinstimmen. Daher werden im folgenden für diese Schätzwerte die "^"-Bezeichnungen verwendet,

$$(119) \quad \tilde{\alpha} = \hat{\alpha},$$

$$(120) \quad \tilde{\beta} = \hat{\beta}.$$

Somit gelten alle Eigenschaften der SELS-Schätzung, insbesondere die BLUE-Eigenschaft.

4. Zusätzliche Ergebnisse

4.1 Der verzerrte Schätzwert $\tilde{\sigma}^2$ für die Varianz der Störvariablen

Wird bei der Maximierung von L^* noch σ^2 hinzugenommen, ergibt sich das erste von der SELS-Schätzung abweichende Ergebnis

$$(121) \quad \frac{\partial L^*}{\partial \sigma^2} = 0 = -\frac{n}{2\tilde{\sigma}^2} + \frac{1}{2(\tilde{\sigma}^2)^2}\sum_{i=1}^{n}(Y_i - \tilde{\alpha} - \tilde{\beta}X_i)^2$$

oder, da $\tilde{\sigma}^2 > 0$

$$(122) \quad \tilde{\sigma}^2 = \frac{1}{n}\sum_{i=1}^{n}(Y_i - \tilde{\alpha} - \tilde{\beta}X_i)^2$$

$$= \frac{1}{n}\sum_{i=1}^{n}e_i^2.$$

Im Vergleich zum SELS-Schätzwert $\hat{\sigma}^2$(94) ist $\tilde{\sigma}^2$ verzerrt. Dies ist das erste von weiteren Ergebnissen, die aus der zusätzlich auferlegten Struktur folgen.

4.2 Normalverteilung der Koeffizienten $\hat{\alpha}$ und $\hat{\beta}$

Da die u_i: $N(0, \sigma^2)$-verteilt sind, und sowohl $\hat{\alpha}$ wie $\hat{\beta}$ lineare Funktionen der Störvariablen sind $[(45, (40)]$, sind $\hat{\alpha}$ und $\hat{\beta}$ ebenfalls normal-verteilt.

(123) $$\hat{\alpha}: N(\alpha, \sigma^2 \frac{\sum_{i=1}^{n} x_i^2}{n \sum_{i=1}^{n} x_i^2}),$$

(124) $$\hat{\beta}: N(\beta, \sigma^2 \frac{1}{\sum_{i=1}^{n} x_i^2}),$$

wobei α, β und σ^2 die "wahren", aber unbekannten Koeffizienten sind.

D. Statistische Prüfverfahren für die Schätzwerte

1. Ableitung der χ^2-Verteilung der Summe der quadratischen Abweichungen

1.1 Eine Testgröße aus den beobachteten Werten

Um aus den Verteilungen von $\hat{\alpha}$ und $\hat{\beta}$ Tests konstruieren zu können sind alle Größen, insbesondere σ^2, auf beobachtbare Zusammenhänge (X_i, Y_i) zurückzuführen. Dies gelingt, indem nachgewiesen wird, daß

(125) $$\frac{\sum_{i=1}^{n} e_i^2}{\sigma^2} : \chi^2_{n-2} \text{ - verteilt ist,}$$

und die Verteilung von

(126) $$\frac{\sum_{i=1}^{n} e_i^2}{\sigma^2} \text{ , bzw. die Verteilung von } \left(\sum_{i=1}^{n} e_i^2\right)$$

unabhängig ist von der Verteilung der $(\hat{\alpha}, \hat{\beta})$.

1.2 χ^2-Verteilung der Summe der quadratischen Abweichung

Zu zeigen, daß $\sum_{i=1}^{n} e_i^2 : \chi^2$-verteilt ist, gelingt unmittelbar. Dazu wird auf die Definition der Abweichungen e_i zurückgegangen

(127) $$e_i = \alpha + \beta X_i + u_i - \hat{\alpha} - \hat{\beta} X_i,$$
$$= (\alpha - \hat{\alpha}) + (\beta - \hat{\beta}) X_i + u_i.$$

Aus der Linearität der Schätzwerte $\left[(40), (45)\right]$ folgt

(128) $$e_i = u_i - \sum_{j=1}^{n} v_j u_j - X_i \sum_{j=1}^{n} w_j u_j$$
$$= \sum_{j=1}^{n} l_{ij} u_j, \quad \text{mit}$$

(129) $$l_{ii} = 1 - v_i - w_i X_i \qquad i = j$$
$$\qquad\qquad\qquad\qquad\qquad\qquad i = 1, 2, \ldots, n$$

(130) $$l_{ij} = -v_j - w_j x_i \qquad \begin{array}{l} i \neq j \\ i, j = 1, 2, \ldots, n \end{array}$$

Damit sind die e_i normalverteilt und ihre Quadratsumme ist χ^2-verteilt. Die Schwierigkeit besteht darin, die Freiheitsgrade dieser Verteilung festzulegen. Ebenso ist die Unabhängigkeitsforderung nicht ohne weiteres einsichtig. Dies soll den folgenden zweiten Abschnitt, einen Vorgriff auf das dritte Kapitel, rechtfertigen.

2. Ein Satz über lineare und quadratische Formen der Störvariablen

2.1 Lineare Form der Störvariablen

Die stochastischen Eigenschaften der n Störvariablen lassen sich wie folgt zusammenfassen

(131) $$\begin{pmatrix} u_1 \\ u_2 \\ \vdots \\ u_n \end{pmatrix} = \underline{u} : N(\underline{\mu}, \sigma^2 \underline{I})$$

(132) $$\underline{\mu} = \begin{pmatrix} \mu_1 \\ \mu_2 \\ \vdots \\ \mu_n \end{pmatrix} \quad \text{und} \quad \sigma^2 \underline{I} = \begin{pmatrix} \sigma^2 & 0 & \cdots & 0 \\ 0 & \sigma^2 & & \vdots \\ \vdots & & \ddots & 0 \\ 0 & \cdots & 0 & \sigma^2 \end{pmatrix}.$$

Werden die u_i wie in (40), (45) oder (128) linear transformiert, allgemein durch eine $(q \times n)$-Transformationsmatrix $((b_{ij}))$, d.h.

(133) $$v_i = \sum_{j=1}^{n} b_{ij} u_j \qquad i = 1, 2, \ldots, q,$$

so bedeutet dies in Matrixschreibweise

(134) $$\underline{v} = \underline{B}\, \underline{u},$$

mit

$$（135）\qquad \underline{v} = \begin{pmatrix} v_1 \\ v_2 \\ \cdot \\ \cdot \\ v_q \end{pmatrix},$$

wobei jedes der v_i normalverteilt ist

$$(136) \qquad v_i : N(\sum_{j=1}^{n} b_{ij} u_j, \; \sigma^2 \sum_{k=1}^{n} b_{ik} b_{kj}, \qquad j = 1, 2, \ldots, q)$$

d.h. aus dem homoskedastischen Fall (A1, A2) wird ein autokorrelierter, da das zweite Argument die Varianz und die Kovarianzen der v_i enthält. In Matrixschreibweise

$$(137) \qquad \underline{v} : N(\underline{B}\,\underline{u}, \; \underline{B}'\,\sigma^2 \underline{I}\,\underline{B})$$

2.2 Eine quadratische Form der Störvariablen

Eine zweite lineare Transformation der u_i erfolge durch eine symmetrische $(n \times n)$-Matrix $((a_{ij})) = \underline{A}$

$$(138) \qquad w_i = \sum_{j=1}^{n} a_{ij} u_j, \qquad i = 1, 2, \ldots, n, \text{ oder}$$

$$(139) \qquad \underline{w} = \underline{A}\,\underline{u}.$$

Indem man w in (139) von links mit $\underline{u}$ multipliziert, erhält man eine in den u_i quadratische Form

$$(140) \qquad \sum_{j=1}^{n} \sum_{i=1}^{n} u_i a_{ij} u_j, \text{ oder}$$

$$(141) \qquad \underline{u}'\,\underline{A}\,\underline{u}\,.$$

Eine solche quadratische Form liegt offensichtlich mit $\sum_{i=1}^{n} e_i^2$ vor, wenn die zweifache Transformation durch die $((l_{ij}))$

$$(142) \qquad \sum_{i=1}^{n} e_i^2 = \sum_{j=1}^{n} \sum_{i=1}^{n} u_i l_{ji} l_{ij} u_j, \text{ oder}$$

$$(143) \qquad \underline{e}'\,\underline{e} = \underline{u}'\,\underline{L}'\,\underline{L}\,\underline{u}$$

zu

(144) $$\underline{L}' \underline{L} = \underline{A}$$

zusammengefaßt wird. Die Symmetrieeigenschaft von $\underline{A}$ folgt sodann aus der Definition von $((l_{ij}))$.

2.3 Diagonalisierung der Matrix der quadratischen Glieder

Da $\underline{A}$ symmetrisch ist, gibt es eine $(n \times n)$-orthogonale Matrix $\underline{P} = ((p_{ij}))$ - Orthogonalität bedeutet dabei, wie üblich,

(145) $$\underline{P}^{-1} = \underline{P}'$$

- welche die Matrix $\underline{A}$ diagonalisiert, so daß von Null verschiedene Elemente nur auf der Hauptdiagonalen stehen, und dies möglicherweise weniger als n sind,

(146) $$\left(\left(\sum_{k=1}^{n} \sum_{l=1}^{n} p_{il} a_{lk} p_{kj} \right) \right) = ((d_{ij})) \quad i, j = 1, 2, \ldots, n,$$

mit

(147) $$d_{ij} = 0 \text{ für } i \neq j \quad \text{und}$$
$$d_{ij} \neq 0 \text{ für } i = j,$$

oder in Matrixform

(148) $$\underline{P}' \underline{A} \underline{D} = \underline{D}, \text{ mit}$$

(149)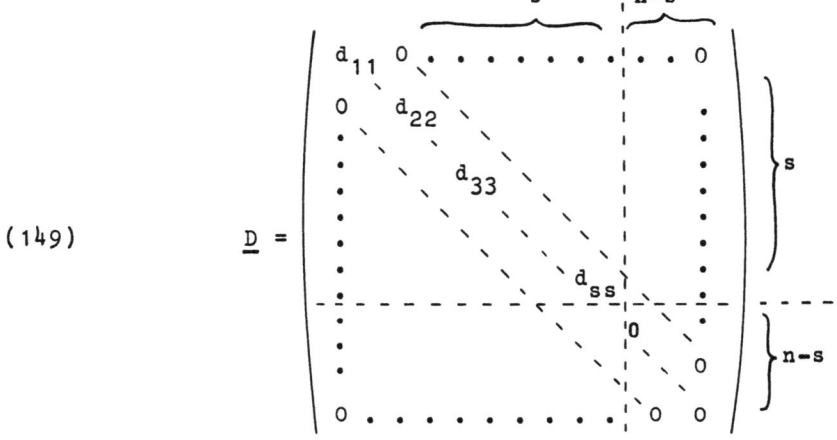

wobei o.B.d.A. die s von Null verschiedenen Diagonalelementen nach oben links umgeordnet sind, oder aufgeteilt in Untermatrizen

$$(150) \quad \underline{D} = \begin{pmatrix} \overbrace{\underline{D}_{11}}^{s} & \overbrace{\underline{D}_{12}}^{n-s} \\ \underline{D}_{21} & \underline{D}_{22} \end{pmatrix} \begin{matrix} \}s \\ \}n-s \end{matrix} = \begin{pmatrix} \underline{D}_{11} & \underline{0} \\ \underline{0} & \underline{0} \end{pmatrix},$$

wobei $\underline{D}_{12}$, $\underline{D}_{21}$ und $\underline{D}_{22}$ Nullmatrizen sind.

2.4 Formulierung des Satzes

Mit Hilfe dieser Ergebnisse kann folgender Satz formuliert werden:
Falls
    (i) $\underline{v} = \underline{B}\underline{u} - \underline{B}$ sei eine $(q \times n)$-Matrix - eine lineare Transformation der Störvariablen ist,
    (ii) $\underline{u}'\underline{A}\underline{u}$ eine quadratische Form der Störvariablen ist,
    (iii) $\underline{z} = \underline{P}'\underline{u} - \underline{P}$ sei eine $(n \times n)$-Matrix - eine lineare Transformation der Störvariablen ist, und
    (iv) die Matrizen $\underline{A}$, $\underline{P}$, $\underline{D}$ und B derart zusammenhängen, daß
        (iv, 1) $\underline{B}\underline{A} = \underline{0}$, und
        (iv, 2) $\underline{P}$ die orthogonale Matrix ist, die $\underline{A}$ diagonalisiert, d.h. $\underline{P}'\underline{A}\underline{P} = \underline{D}$.

dann sind die lineare Form $\underline{B}\underline{u}$ und die quadratische Form $\underline{u}'\underline{A}\underline{u}$ voneinander unabhängig verteilt.

2.5 Beweis des Satzes

Da

$$(151) \quad \underline{u} : N(\underline{\mu}, \sigma^2 \underline{I}) \text{ ist, folgt}$$

$$(152) \quad \underline{z} = \underline{P}'\underline{u}: N(\underline{P}'\underline{\mu}, \underline{P}\sigma^2 \underline{I}\underline{P}') = N(\underline{P}'\underline{\mu}, \sigma^2 \underline{I}).$$

Aus (iv, 1)

$$(153) \quad \underline{B}\,\underline{A} = \underline{0}$$

folgt

$$(154) \quad \underline{B}\,\underline{A}\,\underline{P} = \underline{0}.$$

Durch Einfügen der Einheitsmatrix $\underline{I}$, sowie ihrer Zerlegung über die Orthogonalmatrix erhält man wegen (iv, 2)

(155) $\underline{B}\,\underline{A}\,\underline{P} = \underline{B}\,\underline{I}\,\underline{A}\,\underline{P} = \underline{B}\,\underline{P}\,\underline{P}'\,\underline{A}\,\underline{P} = \underline{B}\,\underline{P}\,\underline{D} = \underline{0}$.

Man definiere

(156) $\underline{B}\,\underline{P} \equiv \underline{C}$,

und zerlege $\underline{C}$ entsprechend (150), so daß

(157) $\underline{B}\,\underline{P}\,\underline{D} = \underline{C}\,\underline{D} = \begin{pmatrix} \underline{C}_{11} & \underline{C}_{12} \\ \underline{C}_{21} & \underline{C}_{22} \end{pmatrix} \begin{pmatrix} \underline{D}_{11} & \underline{0} \\ \underline{0} & \underline{0} \end{pmatrix} = \begin{pmatrix} \underline{0} & \underline{0} \\ \underline{0} & \underline{0} \end{pmatrix}$.

Hieraus erkennt man, daß

(158) $\underline{C}_{11}\underline{D}_{11} = \underline{0}$ und

(159) $\underline{C}_{21}\underline{D}_{11} = \underline{0}$ ist.

Da $\underline{D}_{11}$ nur von Null verschiedene Elemente auf der Hauptdiagonalen besitzt, müssen $\underline{C}_{11}$ und $\underline{C}_{21}$ Nullmatrizen sein, so daß $\underline{C}$ wie folgt zerfällt

(160) $\underline{C} = \begin{pmatrix} \underline{0} & \underline{C}_{12} \\ \underline{0} & \underline{C}_{22} \end{pmatrix}$.

Für die lineare Form (i) erhält man wegen (155) entsprechend

(161) $\underline{v} = \underline{B}\,\underline{u} = \underline{B}\,\underline{I}\,\underline{u} = \underline{B}\,\underline{P}\,\underline{P}'\,\underline{u} = \underline{C}\,\underline{P}'\,\underline{u}$

oder wegen (iii)

(162) $\underline{v} = \underline{C}\,\underline{z}$.

Indem nun $\underline{z}$ ebenfalls wie $\underline{D}$ und $\underline{C}$ zerlegt wird, gilt

(163) $\underline{v} = \begin{pmatrix} \underline{0} & \underline{C}_{12} \\ \underline{0} & \underline{C}_{22} \end{pmatrix} \begin{pmatrix} \underline{z}_1 \\ \underline{z}_2 \end{pmatrix} = \begin{pmatrix} \underline{C}_{12}\underline{z}_2 \\ \underline{C}_{22}\underline{z}_2 \end{pmatrix}$.

Somit hängt der Wert von $\underline{v}$ allein von dem Teilvektor $\underline{z}_2$ ab. Für die quadratische Form (ii) ergibt sich analog

(164) $\underline{u}'\underline{A}\,\underline{u} = \underline{u}'\underline{I}\,\underline{A}\,\underline{I}\,\underline{u} = \underline{u}'\underline{P}\,\underline{P}'\,\underline{A}\,\underline{P}\,\underline{P}'\underline{u}$

$$= \underline{z}' \underline{D} \underline{z}$$

$$= (\underline{z}_1' \ \underline{z}_2') \left(\begin{array}{c|c} \underline{D}_{11} & \underline{0} \\ \hline \underline{0} & \underline{0} \end{array} \right) \left(\begin{array}{c} \underline{z}_1 \\ \underline{z}_2 \end{array} \right)$$

$$= \underline{z}_1' \underline{D}_{11} \underline{z}_1 \ .$$

Damit hängt die quadratische Form nur von dem Teilvektor $\underline{z}_1$ ab, und der Satz ist bewiesen.

2.6 Übertragung des Satzes auf die Regression

Durch Gegenüberstellung der "wahren" Größen folgt das gewünschte Ergebnis unmittelbar

$$\left. \begin{array}{c} \underline{v} = \underline{B} \ \underline{u} \\ \underline{B}: (q \times n) \end{array} \right\} \text{ entspricht } \left(\begin{array}{c} \hat{\alpha} - \alpha \\ \hat{\beta} - \beta \end{array} \right) = \left(\begin{array}{cccc} w_1 & w_2 & \cdots & w_n \\ v_1 & v_2 & \cdots & v_n \end{array} \right) \left(\begin{array}{c} u_1 \\ u_2 \\ \vdots \\ u_n \end{array} \right),$$

$$q = 2$$

$$\left. \begin{array}{c} \underline{u}' \ \underline{A} \ \underline{u} \\ \underline{A}: (n \times n) \end{array} \right\} \text{ entspricht } \sum_{i=1}^{n} e_i^2 = \sum_{i=1}^{n} \sum_{j=1}^{n} u_i l_{ji} l_{ij} u_j .$$

Da $\underline{A}$ symmetrisch ist, gibt es eine orthogonale Matrix $\underline{P}$. Schließlich ist noch zu zeigen, daß (iv) gilt. Die Bedingung (iv, 1), $\underline{B} \ \underline{A} = \underline{0}$, ist gleichbedeutend mit

(165) $\qquad \underline{B} \ \underline{L}' \ \underline{L} = \underline{0},$

oder ausgeschrieben

$$\begin{pmatrix} w_1 w_2 w_3 \cdots w_n \\ v_1 v_2 v_3 \cdots v_n \end{pmatrix} \begin{pmatrix} l_{11} & l_{21} & \cdots & l_{n1} \\ l_{12} & l_{22} & \cdots & l_{n2} \\ \vdots & \vdots & & \vdots \\ l_{1n} & l_{2n} & \cdots & l_{nn} \end{pmatrix} \begin{pmatrix} l_{11} & l_{12} & \cdots & l_{1n} \\ l_{21} & l_{22} & \cdots & l_{2n} \\ \vdots & \vdots & & \vdots \\ l_{n1} & l_{n2} & \cdots & l_{nn} \end{pmatrix} = \underline{0} \ .$$

Für die einzelnen Komponenten der sich ergebenden Nullmatrix muß gelten

$$(166) \quad \begin{pmatrix} \sum_{i=1}^{n} \sum_{j=1}^{n} w_i l_{ji} l_{jk} \\ \overline{\sum_{i=1}^{n} \sum_{j=1}^{n} v_i l_{ji} l_{jk}} \end{pmatrix} = \begin{pmatrix} 0 & 0 & \ldots & 0 \\ \overline{0} & \overline{0} & \overline{\ldots} & \overline{0} \end{pmatrix}.$$

Die Gültigkeit dieser Gleichheit wird komponentenweise gezeigt, indem in beiden Zeilen sukzessive, zuerst über i und dann über j, summiert wird. Dabei wird jede Komponente auf Null gebracht. Für die j-te Komponente der ersten Zeile beispielsweise gilt

$$(167) \quad \sum_{i=1}^{n} w_i l_{ji} = w_j - \sum_{i=1}^{n} w_i (v_i + w_i X_j)$$

$$= w_j - S_{wv} - X_j S_{ww}$$

$$= \frac{\overline{X}}{S_{xx}} - \frac{X_j}{S_{xx}} + \frac{x_j}{S_{xx}}$$

$$= -\frac{x_j}{S_{xx}} + \frac{x_j}{S_{xx}} = 0 ,$$

wobei $\quad S_{wv} = \sum_{i=1}^{n} w_i v_i, \quad S_{ww} = \sum_{i=1}^{n} w_i^2, \quad S_{xx} = \sum_{i=1}^{n} x_i^2 .$

Damit sind alle Komponenten der ersten Zeile Null. Analog ergibt sich für die zweite Zeile

$$(168) \quad \sum_{i=1}^{n} v_i l_{ji} = v_j - \sum_{i=1}^{n} (v_i + w_i X_j) v_i$$

$$= v_j - S_{vv} - X_j S_{vw}$$

$$= \frac{1}{n} - \frac{\overline{X} x_j}{S_{xx}} - \frac{1}{n} - \frac{\overline{X}^2}{S_{xx}} + \frac{X_j \overline{X}}{S_{xx}}$$

$$= \frac{\overline{X} x_j}{S_{xx}} - \frac{\overline{X}(\overline{X} - X_j)}{S_{xx}}$$

$$= \frac{\overline{X} x_j}{S_{xx}} - \frac{\overline{X} x_j}{S_{xx}} = 0 .$$

Somit sind alle Voraussetzungen des Satzes erfüllt.
Die exakte Kenntnis der Orthogonaltransformation ist nicht nötig,

denn $\sum_{i=1}^{n} e_i^2$ kann nur χ^2-verteilt sein, und, als Folgerung aus dem Satz, maximal mit dem Freiheitsgrad (n-2), nämlich der "Länge" des Vektors $\underline{z}_1$, da $\underline{z}_2$ zwei Positionen, die $\hat{\alpha}$ und $\hat{\beta}$ gehören, beansprucht. Gleichzeitig ist damit die Unabhängigkeit der Schätzwerte $(\hat{\alpha}, \hat{\beta})$ und $\sum_{i=1}^{n} e_i^2$

bewiesen.

2.7 Rückblick

Im Vergleich zu den übrigen Überlegungen ist dieser Satz recht lang. Dafür zeigt er aber im Gegensatz zu sonst anzutreffenden intuitiven Darstellungen, warum durch die Schätzung der beiden Koeffizienten $\hat{\alpha}$ und $\hat{\beta}$ zwei Freiheitsgrade verloren gehen.

Weiterhin macht er explizit, was andere - sonst ausgezeichnete - Bücher, etwa Johnston, implizieren. Johnston beweist nur die Unabhängigkeit der $(\hat{\alpha}, \hat{\beta})$ und der e_i, nicht jedoch der $\sum_{i=1}^{n} e_i^2$.

Im Grunde muß er jedoch auf diesen Satz zurückgreifen. Der gegebene Beweis ist eine Ausführung eines Vorschlages von Ichimura.

Diese Ergebnisse lassen sich für das Kapitel III wörtlich übernehmen.

3. Student's t-Test für die Schätzwerte $\hat{\alpha}$ und $\hat{\beta}$

3.1 Die Verteilungen der beteiligten Größen

Aus den bisherigen Ergebnissen läßt sich ein Test für die einzelnen Schätzwerte $\hat{\alpha}$ und $\hat{\beta}$ entwickeln.

(i) $\hat{\alpha}$ und $\hat{\beta}$ sind normalverteilt mit folgender Kovarianzmatrix

$$(169) \qquad Cov(\hat{\alpha}, \hat{\beta}) = \frac{\sigma^2}{\sum_{i=1}^{n} x_i^2} \begin{pmatrix} \frac{1}{n}\sum_{i=1}^{n} x_i^2 & -\overline{x} \\ \hline -\overline{x} & 1 \end{pmatrix} .$$

(ii) $\sum_{i=1}^{n} e_i^2$ ist χ^2_{n-2}-verteilt, und da die Division durch eine positive Größe die χ^2-Verteilung nicht ändert, folgt

$$\frac{\sum_{i=1}^{n} e_i^2}{\sigma^2} : \chi^2_{n-2} .$$

3.2 Die t-verteilten Testgrößen

Aus der Konstruktion einer nach Student t-verteilten Größe mit r Freiheitsgraden

$$(170) \qquad \tau = \frac{z\sqrt{r}}{v} , \text{ wobei}$$

$\qquad$ (i) $\qquad z : N(0, 1),$

$\qquad$ (ii) $\qquad v : \chi^2_r ,$

$\qquad$ (iii) $\qquad z$ und v unabhängig sind,

folgen wegen (i) und (ii) für den Schätzwert

$$(171) \qquad \tau_{\hat{\alpha}} = \frac{(\hat{\alpha} - \alpha)\sqrt{n-2}}{\sqrt{\frac{\sigma^2 \sum_{i=1}^{n} x_i^2}{n \sum_{i=1}^{n} x_i^2}}} \sqrt{\frac{\sum_{i=1}^{n} e_i^2}{\sigma^2}}$$

$$= (\hat{\alpha} - \alpha) \frac{\sqrt{n \sum_{i=1}^{n} x_i^2}}{\sqrt{\sum_{i=1}^{n} x_i^2}} \frac{\sqrt{n-2}}{\sqrt{\sum_{i=1}^{n} e_i^2}} ,$$

mit (n-2) Freiheitsgraden, und für den Schätzwert $\hat{\beta}$

(172) $$\tau_{\hat{\beta}} = \frac{(\hat{\beta} - \beta)\sqrt{n-2}}{\sqrt{\dfrac{\sigma^2}{\sum_{i=1}^{n} x_i^2}}} \bigg/ \sqrt{\dfrac{\sum_{i=1}^{n} e_i^2}{\sigma^2}}$$

$$= (\hat{\beta} - \beta)\sqrt{\sum_{i=1}^{n} x_i^2} \frac{\sqrt{n-2}}{\sqrt{\sum_{i=1}^{n} e_i^2}} .$$

$\tau_{\hat{\alpha}}$ und $\tau_{\hat{\beta}}$ sind sehr ähnlich konstruiert, wie man aus folgendem sieht

(173) $$\tau_{\hat{\alpha}} = (\hat{\alpha} - \alpha) \cdot C \cdot K,$$

(174) $$\tau_{\hat{\beta}} = (\hat{\beta} - \beta) \cdot K,$$

wobei

(175) $$K = \sqrt{\frac{(n-2) \sum_{i=1}^{n} x_i^2}{\sum_{i=1}^{n} e_i^2}} = \frac{\sqrt{\sum_{i=1}^{n} x_i^2}}{\hat{\sigma}} ,$$

und

$$C = \sqrt{\frac{n}{\sum_{i=1}^{n} x_i^2}} .$$

Durch Berechnung dieser Testgrößen wird das unbekannte σ^2 eliminiert, so daß nur noch zwei der drei unbekannten "wahren" Werte α, β, σ^2 in den Formeln enthalten sind.

3.3 Vertrauensbereiche für die Schätzwerte $\hat{\alpha}$ und $\hat{\beta}$

3.3.1 Der Vertrauensbereich für eine beliebige stochastische Größe

Für die Wahrscheinlichkeit, daß eine stochastische Größe z, deren Verteilung bekannt ist, aus einem vorgegebenen Intervall, dem "Vertrauensbereich" $[\underline{z}, \overline{z}]$, entnommen ist,

$$P[\underline{z} \leq z \leq \overline{z}]$$

lassen sich numerische Werte angeben oder aus Tafeln ablesen, z.B.

$$P[\underline{z} \leq z \leq \overline{z}] \geq 1 - \varepsilon \text{ mit } 0 < \varepsilon < 1.$$

Die Größe ε, die Wahrscheinlichkeit, daß der Wert außerhalb des vorgegebenen Vertrauensbereiches liegt - Irrtumswahrscheinlichkeit genannt - wird im Regelfall als 0.001, 0.01, 0.02 oder 0.05 gewählt. Liegt dann z im Vertrauensbereich $[\underline{z}, \overline{z}]$, so sagt man, die durch z beschriebene Größe sei mit ε signifikant. Aus Zweckmäßigkeitsgründen (Einfachheit, Symmetrie der Verteilung) werden üblicherweise die Ober- und Untergrenzen des Vertrauensbereichs gleich groß gewählt. Nach Wahl eines ε (das sich aus anderen Überlegungen ergeben muß), wird daher ein $\Delta > 0$ so bestimmt, daß gilt

$$P[z - \Delta \leq z \leq z + \Delta] \geq 1 - \varepsilon.$$

Verbreitet ist es, für Δ ein Vielfaches der Varianz zu wählen, etwa $\Delta = \text{var}(z), 2\text{var}(z), 3\text{var}(z), \ldots$. Die Bestimmung von Δ im Fall der t-Verteilung ist trivial. Für vorgegebenes ε und Zahl der Freiheitsgrade ist es tabelliert (beispielsweise bei Kreyszig im Anhang, Tabelle 9b).

Vor Anwendung auf $\tau_{\hat{\alpha}}$ und $\tau_{\hat{\beta}}$ sei auf die grundlegende Interpretation hingewiesen:

Signifikanz bedeutet nicht, daß man mit dem aus den Beobachtungswerten errechneten Wert z die "wahre" Größe gefunden hat. Es bedeutet vielmehr, daß bei hinreichend oft wiederholter Beobachtung - statt der n Beobachtungswerte (X_i, Y_i) betrachtet man die Folge

$$(X_i^k, Y_i^k), \quad i = 1, 2, \ldots, n; \ k = 1, 2, \ldots, N$$

- die N-fach wiederholte Anwendung des ε-Vertrauensbereichs den "wahren" Wert z mit der Wahrscheinlichkeit $(1 - \varepsilon)$ enthalten würde.

3.3.2 Anwendung auf die t-verteilten Größen $\hat{\tau}_\alpha$, $\hat{\tau}_\beta$

Bevor die Vertrauensbereiche

(176) $$P\left[\hat{\tau}_\alpha - \Delta \leq \hat{\tau}_\alpha \leq \hat{\tau}_\alpha + \Delta\right],$$

bzw.

(177) $$P\left[\hat{\tau}_\beta - \Delta \leq \hat{\tau}_\beta \leq \hat{\tau}_\beta + \Delta\right],$$

bestimmt werden können, achte man darauf, daß in $\hat{\tau}_\alpha$, bzw. $\hat{\tau}_\beta$, nur Größen enthalten sein dürfen, die entweder bekannt sind, oder über die Annahmen getroffen worden sind. Dies bedeutet, daß für die unbekannten "wahren" Werte α bzw. β Hypothesen aufzustellen sind, z.B.

(178) $$H : \alpha = \hat{\alpha} \text{ gegen } H_a : \alpha \neq \hat{\alpha},$$

bzw.

(179) $$H : \beta = \hat{\beta} \text{ gegen } H_a : \beta \neq \hat{\beta}.$$

Dies ist ein häufig angewandter und sehr anschaulicher Test. Man testet bei dieser Hypothese $\hat{\tau}_\alpha = 0$, bzw. $\hat{\tau}_\beta = 0$, und bestimmt daher um den Nullpunkt ein symmetrisches Intervall wie folgt

(180) $$P\left[-\Delta \leq \hat{\tau}_\alpha = 0 \leq +\Delta\right],$$

bzw.

(181) $$P\left[-\Delta \leq \hat{\tau}_\beta = 0 \leq +\Delta\right].$$

Läßt sich die Hypothese nicht verwerfen, so rechtfertigt sie die Existenz einer Konstanten - $\hat{\alpha}$ -, bzw. einer unabhängigen Variablen X - $\hat{\beta}$ -. Man testet so, ob es sinnvoll ist, die Konstante, bzw. die unabhängige Variable in die Regression aufzunehmen. Setzt man $\hat{\tau}_\alpha$, $\hat{\tau}_\beta$ in (180) bzw. (181) ein, ergibt sich

(182) $$P\left[-\Delta \leq (\hat{\alpha} - \alpha)CK \leq +\Delta\right],$$

bzw.

(183) $$P\left[-\Delta \leq (\hat{\beta} - \beta) K \leq +\Delta\right]$$

oder, wenn die mittlere Größe jeweils nach dem "wahren" Koeffizienten aufgelöst wird

(184) $$P\left[\hat{\alpha} + \frac{\Delta}{CK} \geq \alpha \geq \hat{\alpha} - \frac{\Delta}{CK}\right],$$

bzw.

(185) $$P\left[\hat{\beta} + \frac{\Delta}{K} \geq \beta \geq \hat{\beta} - \frac{\Delta}{K}\right].$$

4. Der varianzanalytische Ansatz - Snedecor's F-Test

4.1 Die Konstruktion F-verteilter Größen

(i) Wenn $z_i : N(0, 1)$-verteilt ist, dann ist

$$\sum_{i=1}^{n} z_i^2 \equiv z : \chi_n^2\text{-verteilt},$$

(ii) wenn $z : \chi_n^2$-verteilt und $v : \chi_m^2$-verteilt ist, dann ist

$$\frac{z/n}{v/m} = \frac{mz}{nv} : F_{n,m}\text{-verteilt}.$$

Somit lassen sich aus

$$\hat{\alpha}, \hat{\beta}, \text{ und } \frac{\sum_{i=1}^{n} e_i}{\sigma^2}$$

F-verteilte Testgrößen konstruieren.
Drei mögliche Testgrößen lassen sich aus

(i) $$z = \begin{cases} \dfrac{(\hat{\alpha} - \alpha)^2}{\text{var}(\hat{\alpha})} : \chi_1^2\text{-verteilt,} \\ \text{oder} \\ \dfrac{(\hat{\beta} - \beta)^2}{\text{var}(\hat{\beta})} : \chi_1^2\text{-verteilt,} \\ \text{oder} \\ \dfrac{(\hat{\alpha} - \alpha)^2}{\text{var}(\hat{\alpha})} + \dfrac{(\hat{\beta} - \beta)^2}{\text{var}(\hat{\beta})} : \chi_2^2\text{-verteilt,} \end{cases}$$

mit dem gemeinsamen

(ii) $$v = \frac{\sum_{i=1}^{n} e_i^2}{\sigma^2} : \chi_{n-2}^2\text{-verteilt}$$

bilden.

4.2 Der Test der einzelnen Koeffizienten $\hat{\alpha}$ oder $\hat{\beta}$

Die beiden ersten Testgrößen gelten jeweils für einen dieser beiden Koeffizienten.
Für $\hat{\alpha}$ ergibt sich aus (i) mit (ii)

(186) $$f_{\hat{\alpha}} = \frac{(n-2)(\hat{\alpha}-\alpha)^2 n \sum_{i=1}^{n} x_i^2}{(\sum_{i=1}^{n} e_i^2)(\sum_{i=1}^{n} x_i^2)} : F_{1,n-2}\text{-verteilt},$$

und entsprechend für

(187) $$f_{\hat{\beta}} = \frac{(n-2)(\hat{\beta}-\beta)^2 \sum_{i=1}^{n} x_i^2}{\sum_{i=1}^{n} e_i^2} : F_{1,n-2}\text{-verteilt}.$$

Offensichtlich sind dies die Quadrate der nach Student's t-verteilten Größen $\tau_{\hat{\alpha}}$ (171), bzw. $\tau_{\hat{\beta}}$ (172). Dies verdeutlicht das bekannte Ergebnis: Wenn v : t-verteilt, dann ist v^2 : F-verteilt. Somit ist eine Ableitung von Vertrauensbereichen für diese äquivalente Formulierung in der F-Verteilung nicht notwendig.

4.3 Ein Test für das Bestimmtheitsmaß

Prüft man aber im Gegensatz zum t-Test oder zum F-Test nicht auf Gleichheit zwischen den "wahren" und geschätzten Werten, sondern

(188) $$H : \beta = 0 \quad \text{gegen} \quad H_a : \beta \neq 0,$$

so gibt der F-Test eine Prüfung des Bestimmtheitsmaßes R^2.
Die Testgröße $f_{\hat{\beta}}$ wird zu

(189) $$f_{R^2} = \frac{(n-2)\hat{\beta}^2 \sum_{i=1}^{n} x_i^2}{\sum_{i=1}^{n} e_i^2} : F_{1,n-2}\text{-verteilt.}$$

Benutzt man die Zerlegung des Bestimmtheitsmaßes (108), (109), so folgt

(190) $$f_{R^2} = \frac{(n-2) \sum_{i=1}^{n} \hat{y}_i^2}{\sum_{i=1}^{n} e_i^2} = \frac{(n-2)R^2}{1-R^2}.$$

In dieser Form gewinnt das Bestimmtheitsmaß eine mehr als intuitive Bedeutung (siehe Seite 41). Zusammen mit der Hypothese, daß β verschwindet, gibt es eine Prüfgröße, nach der sich entscheiden läßt, ob die durch β vermittelte Beziehung zwischen X und Y vertretbar ist.

Häufig wird ein solcher F-Test als Varianzanalyse bezeichnet und in Tabellenform dargestellt. Für f_{R^2} ergibt sich

Variation	Quadratsumme	Freiheitsgrade
1. durch Regression erklärte Varianz	$\sum_{i=1}^{n} \hat{y}_i^2$	1
2. unerklärte Varianz	$\sum_{i=1}^{n} e_i^2$	n-2
3. Gesamte Varianz	$\sum_{i=1}^{n} y_i^2 = \sum_{i=1}^{n} \hat{y}_i^2 + \sum_{i=1}^{n} e_i^2$	n-1

Eine solche Übersicht kann die Rechnung bzw. das Aufsuchen von Tabellenwerten erleichtern.

Anstatt für f_{R^2} einen F-Vertrauensbereich zu entwickeln, wird erneut auf den t-F-Zusammenhang zurückgegriffen. Man erkennt, daß

$$f_{R^2} \iff \tau_{R^2}$$

gilt, wobei auf

(191) $$H : \beta = 0 \quad \text{gegen} \quad H_a : \beta \neq 0$$

getestet wird, und

(192) $$\tau_{R^2} = \sqrt{\frac{(n-2) \sum_{i=1}^{n} \hat{y}_i^2}{\sum_{i=1}^{n} e_i^2}} ,$$

$$= \hat{\beta} \sqrt{\frac{(n-2) \sum_{i=1}^{n} x_i^2}{\sum_{i=1}^{n} e_i^2}}$$

$$= \hat{\beta} \cdot K, \qquad \text{wegen (175)}.$$

Somit lautet der Vertrauensbereich

(193) $$P\left[- \frac{\Delta}{K} \leq \hat{\beta} \leq + \frac{\Delta}{K} \right] \geq 1-\varepsilon, \quad 0 < \varepsilon < 1,$$

wobei Δ für vorgegebenes ε und $(n-2)$-Freiheitsgrade einer t-Tabelle entnommen wird.
Die besondere Stärke dieses Tests wird erst im k-Variablenmodell $(k > 2)$ klar werden (Kapitel III).
In diesem Zusammenhang sollte die Äquivalenz

    (i)   des t-Tests,

    (ii)   des F-Tests, sowie

    (iii)   der Varianzanalyse

gezeigt werden.
Dieser Test des Bestimmtheitsmaßes hat dazu angeregt, ein "korrigiertes" Bestimmtheitsmaß $\bar{R}^2$ zu definieren

(194) $$\bar{R}^2 = R^2 - \frac{(1-R^2)}{n-2} \quad \text{oder}$$

$$= (1 + \frac{1}{n-2})R^2 - \frac{1}{n-2} ,$$

das die verbliebenen Freiheitsgrade, im Vergleich zu der Zahl der Beobachtungen abzüglich der Zahl der geschätzten Parameter berücksichtigt.

Die Nachteile einer solchen Korrektur sind zweifach

(i) die Eigenschaft von R^2, $0 \leq R^2 \leq 1$, muß nicht mehr erfüllt sein, z.B. für $R^2 = 0$, d.h. $\bar{R}^2 = -\frac{1}{n-2}$,

graphisch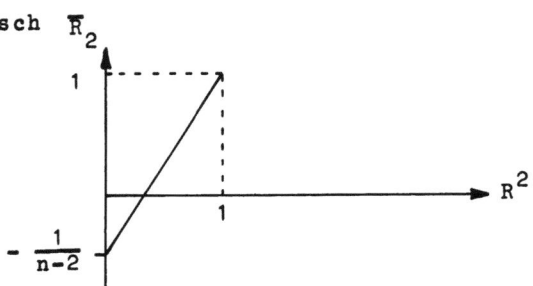

(ii) Die Interpretation ist schwieriger als bei R^2.

4.4 Der gemeinsame Test zweier Koeffizienten

Die aus (i) und (ii) von 4.1 gebildete Testgröße lautet

$$(195) \quad f_{\hat{\alpha},\hat{\beta}} = \frac{(n-2)}{2} \frac{\sum_{i=1}^{n} x_i^2}{\sum_{i=1}^{n} e_i^2} \left(\frac{n(\hat{\alpha}-\alpha)^2}{\sum_{i=1}^{n} x_i^2} + (\hat{\beta}-\beta)^2 \right)$$

$$= \frac{1}{2} K^2 \left[(\hat{\alpha}-\alpha)^2 c^2 + (\hat{\beta}-\beta)^2 \right] : F_{2,n-2}\text{-verteilt},$$

wegen (175).

Wie im Fall des einzelnen Koeffizienten ist wieder eine Hypothese aufzustellen, die z.B. den Koeffizienten gegen Null testen soll

$$(196) \quad H : \alpha = \beta = 0 \quad \text{gegen} \quad H_a : \alpha \neq 0 \text{ oder/und } \beta \neq 0.$$

Dann reduziert sich die Testgröße zu

$$(197) \quad f_{\hat{\alpha},\hat{\beta}} = \frac{1}{2} K^2 (\hat{\alpha}^2 c^2 + \hat{\beta}^2) : F_{2,n-2}\text{-verteilt}.$$

Der Vertrauensbereich für F-verteilte Größen ist nur einseitig. Trotzdem ist die statistische Interpretation die gleiche wie für einen zweiseitigen Vertrauensbereich (siehe Seite 68)

$$(198) \quad P\left[f_{\hat{\alpha},\hat{\beta}} \leq \Delta \right] \geq 1 - \varepsilon, \quad 0 < \varepsilon < 1.$$

5. Übersicht der wichtigsten Beziehungen

5.1 Die Maximum-Likelihood-Schätzwerte

(119) $$\tilde{\alpha} = \hat{\alpha},$$

(120) $$\tilde{\beta} = \hat{\beta},$$

(122) $$\tilde{\sigma}^2 \neq \hat{\sigma}^2, \qquad \tilde{\sigma}^2 = \frac{\sum_{i=1}^{n} e_i^2}{n}.$$

5.2 t-Vertrauensbereich für die einzelnen Koeffizienten bei (n-2)-Freiheitsgraden

(184) $$P\left[\hat{\alpha} - \frac{\Delta}{KC} \leq \alpha \leq \hat{\alpha} + \frac{\Delta}{KC}\right] \geq 1 - \varepsilon, \quad 0 < \varepsilon < 1,$$

(185) $$P\left[\hat{\beta} - \frac{\Delta}{K} \leq \beta \leq \hat{\beta} + \frac{\Delta}{K}\right] \geq 1 - \varepsilon, \quad 0 < \varepsilon < 1,$$

mit $$C = \sqrt{\frac{n}{\sum_{i=1}^{n} x_i^2}} \quad \text{und} \quad K = \sqrt{\frac{(n-2)\sum_{i=1}^{n} x_i^2}{\sum_{i=1}^{n} e_i^2}}.$$

5.3 t-Vertrauensbereich für das Bestimmtheitsmaß bei (n-2)-Freiheitsgraden, bzw. F-Vertrauensbereich für das Bestimmtheitsmaß bei (1, n-2)-Freiheitsgraden

(192) $$\tau_{R^2} = \hat{\beta}K \; : \; t_{n-2}\text{-verteilt,}$$

(193) $$P\left[-\frac{\Delta}{K} \leq \hat{\beta} \leq \frac{\Delta}{K}\right] \geq 1 - \varepsilon, \quad 0 < \varepsilon < 1,$$

bzw.

(190) $$f_{R^2} = \frac{(n-2)R^2}{(1-R^2)} \; : \; F_{1,n-2}\text{-verteilt,}$$

$$P\left[f_{R^2} \leq \Delta\right] \geq 1 - \varepsilon, \quad 0 < \varepsilon < 1.$$

5.4 F-Vertrauensbereich für beide Koeffizienten mit (2, n-2)-Freiheitsgraden

(197) $$f_{\hat{\alpha},\hat{\beta}} = \frac{1}{2}K^2(\hat{\alpha}^2 C^2 + \hat{\beta}^2) \; : \; F_{2,n-2}\text{-verteilt,}$$

(198) $$P\left[f_{\hat{\alpha},\hat{\beta}} \leq \Delta\right] \geq 1 - \varepsilon, \quad 0 < \varepsilon < 1.$$

6. Erste Fortsetzung des Beispiels

6.1 Beispiel 1

Aus dem geschätzten Wert $\hat{\beta}$ ergibt sich für den "wahren" Wert β ein Vertrauensbereich von

$$\hat{\beta} \pm \frac{\Delta}{K}, \quad \text{mit} \quad K = \sqrt{\frac{\sum_{i=1}^{16} x_i^2}{\hat{\sigma}^2}} = 91.59.$$

Für eine vorgegebene Irrtumswahrscheinlichkeit von $\varepsilon = 0.01$ bei 14 Freiheitsgraden lautet der t-Tabellenwert

$$\Delta = 2.9777, \quad \text{so daß} \quad \frac{\Delta}{K} = 0.033 \text{ ist.}$$

Damit gilt

$$P\left[\hat{\beta} - \frac{\Delta}{K} \leq \beta \leq \hat{\beta} + \frac{\Delta}{K}\right] = P\left[0.700 \leq \beta \leq 0.766\right] \geq 0.99.$$

Aus dem geschätzten Wert $\hat{\alpha}$ folgt entsprechend für den "wahren" Wert α ein Vertrauensbereich von

$$\hat{\alpha} \pm \frac{\Delta}{KC}, \quad \text{mit} \quad C = \sqrt{\frac{16}{\sum_{i=1}^{16} x_i^2}} \quad \text{und} \quad \frac{\Delta}{K} = 0.033.$$

Es ist

$$\frac{1}{C} = \sqrt{\frac{11\,211\,148\,630}{16}} = 26\,470.67,$$

so daß mit $\frac{\Delta}{KC} = 860.30$ folgt

$$P\left[\hat{\alpha} - \frac{\Delta}{KC} \leq \alpha \leq \hat{\alpha} + \frac{\Delta}{KC}\right] = P\left[-369.03 \leq \alpha \leq 1351.57\right] \geq 0.99.$$

Für den Test des Bestimmtheitsmaßes ergibt sich entweder der t-Test

$$P\left[-\frac{\Delta}{K} \leq \hat{\beta} \leq +\frac{\Delta}{K}\right] \geq 1 - \varepsilon, \quad 0 < \varepsilon < 1,$$

der mit $\frac{\Delta}{K} = 0.033$ und $\hat{\beta} = 0.733$ zur Ablehnung der Hypothese, $\beta = 0$, führt, oder der F-Test

$$P\left[f_{R^2} \leq \Delta\right] \geq 1 - \varepsilon, \quad 0 < \varepsilon < 1,$$

$$f_{R^2} = \frac{(n-2)R^2}{(1-R^2)} = \frac{14 \cdot 0.997}{0.003}.$$

Im Nenner steht wegen der vorliegenden Rechengenauigkeit eine sehr kleine Zahl. Doch da sich für $F_{1,14}$ mit einem vorgegebenem Signifikanzniveau von $\varepsilon = 0.01$ der Wert $\Delta = 8.86$ ergibt, steht die Ablehnung der Hypothese außer Zweifel.

Somit ist zwischen dem privaten Verbrauch und dem Volkseinkommen eine signifikante Beziehung anzunehmen.
Für den gemeinsamen Test von $\hat{\alpha}$ und $\hat{\beta}$ gilt

$$f_{\hat{\alpha},\hat{\beta}} = \frac{1}{2} K^2 (\hat{\alpha}^2 c^2 + \hat{\beta}^2) : F_{2,14}\text{-verteilt},$$

$$= 2\,259.09.$$

Für die Hypothese muß gelten, daß

$$P\left[f_{\hat{\alpha},\hat{\beta}} \leq \Delta\right] \geq 1 - \varepsilon, \quad 0 < \varepsilon < 1.$$

Für $\varepsilon = 0.01$ und $F_{2,14}$ lautet der Tabellenwert $\Delta = 6.51$, somit ist auch diese Hypothese abzulehnen. Damit ist eine lineare Beziehung, wie sie durch $\hat{\alpha}$ und $\hat{\beta}$ zwischen dem privaten Verbrauch und dem Volkseinkommen vermittelt wird, durchaus annehmbar.

6.2 Beispiel 2

Aus dem geschätzten Wert $\hat{\beta}$ ergibt sich für den "wahren" Wert β ein Vertrauensbereich von

$$\hat{\beta} \pm \frac{\Delta}{K}, \quad \text{mit} \quad K = \sqrt{\frac{\sum_{i=1}^{16} x_i^2}{\hat{\sigma}^2}} = 112.74.$$

Für eine vorgegebene Irrtumswahrscheinlichkeit von $\varepsilon = 0.01$ bei 14 Freiheitsgraden lautet der t-Tabellenwert

$$\Delta = 2.977, \text{ so daß } \frac{\Delta}{K} = 0.026 \text{ ist.}$$

Damit gilt

$$P\left[\hat{\beta} - \frac{\Delta}{K} \leq \beta \leq \hat{\beta} + \frac{\Delta}{K}\right] = P\left[1.043 \leq \beta \leq 1.075\right] \geq 0.99.$$

Aus dem geschätzten Wert $\hat{\alpha}$ folgt entsprechend für den "wahren" Wert α ein Vertrauensbereich von

$$\hat{\alpha} \pm \frac{\Delta}{KC}, \quad \text{mit} \quad C = \sqrt{\frac{16}{\sum_{i=1}^{16} x_i^2}} \quad \text{und} \quad \frac{\Delta}{K} = 0.026.$$

Es ist

$$\frac{1}{C} = \sqrt{\frac{4\,614\,821\,840}{16}} = 16\,983.12,$$

so daß mit $\quad \frac{\Delta}{KC} = 448.35$ folgt

$$P\left[\hat{\alpha} - \frac{\Delta}{KC} \leq \alpha \leq \hat{\alpha} + \frac{\Delta}{KC}\right] = P\left[1726.01 \leq \alpha \leq 2632.71\right] \geq 0.99.$$

Für den Test des Bestimmtheitsmaßes ergibt sich entweder der t-Test

$$P\left[-\frac{\Delta}{K} \leq \hat{\beta} \leq +\frac{\Delta}{K}\right] \geq 1 - \varepsilon, \qquad 0 < \varepsilon < 1,$$

der mit $\frac{\Delta}{K} = 0.026$ und $\hat{\beta} = 1.046$ zur Ablehnung der Hypothese, $\beta = 0$, führt, oder der F-Test

$$P\left[f_{R^2} \leq \Delta\right] \geq 1 - \varepsilon, \qquad 0 < \varepsilon < 1,$$

$$f_{R^2} = \frac{(n-2)R^2}{(1-R^2)} = \frac{14 \cdot 0.999}{0.001}.$$

Im Nenner steht wegen der vorliegenden Rechengenauigkeit eine sehr kleine Zahl. Doch da sich für $F_{1,14}$ mit einem vorgegebenen Signifikanzniveau von $\varepsilon = 0.01$ der Wert $\Delta = 8.86$ ergibt, steht die Ablehnung der Hypothese außer Zweifel.

Somit ist zwischen dem privaten Verbrauch und dem Lohneinkommen eine signifikante Beziehung anzunehmen.

Für den gemeinsamen Test von $\hat{\alpha}$ und $\hat{\beta}$ gilt

$$f_{\hat{\alpha},\hat{\beta}} = \frac{1}{2} K^2(\hat{\alpha}^2 c^2 + \hat{\beta}^2) : F_{2,14}\text{-verteilt},$$

$$= 7\ 099.28.$$

Für die Hypothese muß gelten, daß

$$P\left[f_{\hat{\alpha},\hat{\beta}} \leq \Delta\right] \geq 1 - \varepsilon, \qquad 0 < \varepsilon < 1.$$

Für $\varepsilon = 0.01$ und $F_{2,14}$ lautet der Tabellenwert $\Delta = 6.51$, somit ist auch die Hypothese, daß beide Koeffizienten gleich Null sind, abzulehnen. Damit ist eine lineare Beziehung, wie sie durch $\hat{\alpha}$ und $\hat{\beta}$ zwischen dem privaten Verbrauch und dem Lohneinkommen vermittelt sind, durchaus annehmbar.

E. Erweiterung des Modells um zusätzliche Beobachtungswerte

1. Prognose

   1.1 Das allgemeine Problem der Prognose

   Bisher wurden n vorgegebene Beobachtungswerte (X_i, Y_i), $i = 1, 2, \ldots, n$ analysiert. Häufig schließt sich an eine solche Analyse eine Prognose weiterer Werte an. Mit der Regressionsgleichung

   (199) $\qquad \hat{Y} = \hat{\alpha} + \hat{\beta}X$

   soll für ein vorgegebenes X_o ein $\hat{Y}_o$ vorausgesagt werden, d.h.

   (200) $\qquad \hat{Y}_o = \hat{\alpha} + \hat{\beta}X_o$.

   Zahlreiche Eigenschaften des erörterten Regressionsmodells lassen sich unmittelbar übertragen.

   1.2 Der Prognosewert $\hat{Y}_o$ besitzt die BLUE-Eigenschaft

   1.2.1 Unverzerrtheit des Prognosewertes

   Wendet man auf (200) den bedingten Erwartungsoperator $E(\cdot|X_o)$ an, so gilt

   (201) $\qquad E(\hat{Y}_o|X_o) = E\{(\hat{\alpha} + \hat{\beta}X_o)|X_o\}$

   $\qquad\qquad\qquad = \alpha + \beta X_o$,

   da $\hat{\alpha}$ und $\hat{\beta}$ unverzerrt sind.

   1.2.2 Linearität in den ursprünglichen Beobachtungswerten und kleinste Varianz des Prognosewertes

   Um diese Eigenschaft zu zeigen, nehme man an, daß $\hat{Y}_o$ eine lineare Funktion der ursprünglichen Beobachtungswerte Y_i sei. In einem zweiten Schritt werden dann die linearen Gewichte bestimmt, und gezeigt, daß sie die kleinste Varianz bewirken.
   Die Annahme sei

(202) $$\hat{Y}_o = \sum_{i=1}^{n} l_i Y_i .$$

Da unverändert

(203) $$Y_i = \alpha + \beta X_i + u_i, \quad i = 1, 2, \ldots, n,$$

gilt, folgt aus (202)

(204) $$\hat{Y}_o = \alpha \sum_{i=1}^{n} l_i + \beta \sum_{i=1}^{n} l_i X_i + \sum_{i=1}^{n} l_i u_i,$$

und aus der Unverzerrtheit von $\hat{Y}_o$, sowie aus $E(u_i) = 0$ folgen

(205) $$\sum_{i=1}^{n} l_i = 1,$$

(206) $$\sum_{i=1}^{n} l_i X_i = X_o .$$

Die Varianz von $\hat{Y}_o$ ist definiert als

(207) $$\begin{aligned} var(\hat{Y}_o) &= E\left\{\left[\hat{Y}_o - E(\hat{Y}_o|X_o)\right]^2\right\} \\ &= E\left\{(\sum_{i=1}^{n} l_i Y_i)^2\right\}, \quad \text{wegen (201) und (202)} \\ &= \sigma^2 \sum_{i=1}^{n} l_i^2, \quad \text{wegen A1 und A2.} \end{aligned}$$

Analog dem Fall der Analyse (S. 36) definiere man folgendes Minimierungsproblem für den Fall der Prognose:

Die Größen l_i, $i = 1, 2, \ldots, n$, sind derart zu wählen, daß

(208) $$\sum_{i=1}^{n} l_i^2 \Rightarrow Min, \quad \sum_{i=1}^{n} c_i^2 \Rightarrow Min, \quad (70)$$

unter den Beschränkungen

(209) $\quad\sum_{i=1}^{n} l_i = 1,$ $\quad\quad\sum_{i=1}^{n} c_i = 0,$ (71)

(210) $\quad\sum_{i=1}^{n} l_i X_i = X_o,$ $\quad\sum_{i=1}^{n} c_i X_i = 1.$ (72)

gilt.

Eine unmittelbare Übertragung des früheren Problems gelingt nicht, wie die Gegenüberstellung mit dem rechten Problem zeigt.

Definiert man

(211) $\quad\quad l_{n+1} = -1, \quad X_{n+1} = 0,$

und dividiert durch $X_o \neq 0$, so erhält man

(212) $\quad\quad \left(\frac{1}{X_o}\right)^2 + \sum_{i=1}^{n}\left(\frac{l_i}{X_o}\right)^2 \Longrightarrow \underset{\substack{l_i \\ i=1,2,\ldots,n}}{\text{Min}}$

(213) $\quad\quad \sum_{i=1}^{n} \frac{l_i}{X_o} + \frac{l_{n+1}}{X_o} = 0,$

(214) $\quad\quad \sum_{i=1}^{n} \frac{l_i}{X_o} X_i + \frac{X_{n+1}}{X_o} = 1,$

Setzt man zur Abkürzung

(215) $\quad\quad \frac{l_i}{X_o} = \tilde{c}_i, \quad i = 1, 2, \ldots, n, n+1$

so erhält man, da $\left(\frac{1}{X_o}\right)^2$ für die Minimierung keine Rolle spielt, das äquivalente System

(216) $\quad\quad \sum_{i=1}^{n+1} \tilde{c}_i \Longrightarrow \underset{\substack{\tilde{c}_i \\ i=1,2,\ldots,n}}{\text{Min}}$

$$(217) \quad \sum_{i=1}^{n+1} \tilde{c}_i = 0,$$

$$(218) \quad \sum_{i=1}^{n+1} \tilde{c}_i X_i = 1.$$

Dadurch, daß sich die Minimierung auf $\tilde{c}_1, \tilde{c}_2, \ldots, \tilde{c}_n$ erstreckt, und nicht auf $\tilde{c}_1, \tilde{c}_2, \ldots, \tilde{c}_n, \tilde{c}_{n+1}$ lassen sich die Ergebnisse des Analyse-Falles nicht übertragen. Das System (208) - (210) muß daher direkt gelöst werden, indem man Lagrangesche Multiplikatoren einführt

$$(219) \quad L = \sum_{i=1}^{n} l_i^2 - 2\lambda \left(\sum_{i=1}^{n} l_i - 1 \right) - 2\mu \left(\sum_{i=1}^{n} l_i X_i - X_o \right).$$

Entsprechende Überlegungen wie im Analyse-Fall ergeben

$$(220) \quad l_i = \frac{1}{n} + \frac{(X_o - \overline{X})x_i}{\sum_{i=1}^{n} x_i^2}.$$

Daraus folgt die Linearität des Schätzwertes $\hat{Y}_o$ in den ursprünglichen Beobachtungswerten.
Eingesetzt in (207) erhält man für die Varianz von $\hat{Y}_o$

$$(221) \quad \text{var}(\hat{Y}_o) = \sigma^2 \sum_{i=1}^{n} \left[\frac{1}{n} + \frac{(X_o - \overline{X})x_i}{\sum_{i=1}^{n} x_i^2} \right]^2,$$

$$= \sigma^2 \left[\frac{1}{n} + \frac{2}{n} \sum_{i=1}^{n} \frac{(X_o - \overline{X})x_i}{\sum_{i=1}^{n} x_i^2} + \sum_{i=1}^{n} \frac{(X_o - \overline{X})^2 x_i^2}{\left(\sum_{i=1}^{n} x_i^2 \right)^2} \right],$$

$$= \sigma^2 \left[\frac{1}{n} + \frac{(X_o - \overline{X})^2}{\sum_{i=1}^{n} x_i^2} \right], \text{ da } \sum_{i=1}^{n} x_i = 0$$

$$= \hat{\sigma}^2.$$

Damit sind die BLUE-Eigenschaften des Schätzwertes gezeigt. Ferner hat man das recht plausible Ergebnis erhalten, daß die Varianz des prognostizierten Wertes um so größer ist, je weiter X_o vom Stichprobenmittelwert $\overline{X}$ entfernt ist.

1.3 Übertragung der verteilungsabhängigen Ergebnisse

Die sich aus der Einführung einer Verteilung für die Störvariablen ergebenden Resultate lassen sich ebenfalls übertragen. So wie im Analyse-Fall für $\hat{\alpha}$ und $\hat{\beta}$ die t-verteilten Testgrößen $\tau_{\hat{\alpha}}$ und $\tau_{\hat{\beta}}$ aufgestellt werden konnten, läßt sich im Prognose-Fall die folgende, mit $(n-2)$-Freiheitsgraden t-verteilte Testgröße aufstellen

$$(222) \quad \tau_{\hat{Y}_o} = \frac{\left[\hat{Y}_o - E(\hat{Y}_o)\right]\sqrt{n-2}}{\sqrt{\text{var}(\hat{Y}_o)} \cdot \sqrt{\dfrac{\sum_{i=1}^{n} e_i^2}{\sigma^2}}}$$

$$= (\hat{Y}_o - Y_o) \frac{\sqrt{n}}{\sqrt{\sum_{i=1}^{n} x_i^2 + n(X_o - \overline{X})^2}} \sqrt{\frac{(n-2)\sum_{i=1}^{n} x_i^2}{\sum_{i=1}^{n} e_i^2}}$$

$$= (\hat{Y}_o - Y_o) L K, \quad \text{mit}$$

$$(223) \quad L = \sqrt{\frac{n}{\sum_{i=1}^{n} x_i^2 + n(X_o - \overline{X})^2}}, \quad \text{und}$$

$$K = \sqrt{\frac{(n-2)\sum_{i=1}^{n} x_i^2}{\sum_{i=1}^{n} e_i^2}}.$$

Für die Hypothese

(224) $\qquad H : \hat{Y}_o = Y_o \quad \text{gegen} \quad H_a : \hat{Y}_o \neq Y_o$

folgt entsprechend den Intervallen (184) und (185) der Vertrauensbereich

(225) $\qquad P\left[\hat{Y}_o - \frac{\Delta}{LK} \leq Y_o \leq \hat{Y}_o + \frac{\Delta}{LK}\right] \geq 1 - \varepsilon, \; 0 < \varepsilon < 1 \;.$

Für vorgegebenes Signifikanzniveau ε wird durch diesen Vertrauensbereich entschieden, ob die Hypothese, daß Y_o mit dem "wahren" Wert Y_o übereinstimmt, angenommen oder verworfen werden kann.

1.4 Untersuchung einer zusätzlichen Beobachtung

Anstatt für vorgegebenes X_o die Größe Y_o zu schätzen, sei jetzt ein neuer Beobachtungswert (X_o, Y_o) gegeben. Es muß gefragt werden, ob er der gleichen Grundgesamtheit entnommen ist, für die

(226) $\qquad Y_o = \alpha + \beta X_o + u_o \;.$

gilt. Angenommen, dies ist der Fall, dann gilt

(227) $\qquad \hat{Y}_o = \hat{\alpha} + \hat{\beta} X_o$

und weiter

(228) $\qquad Y_o - \hat{Y}_o = u_o + (\alpha - \hat{\alpha}) + (\beta - \hat{\beta}) X_o,$

Hieraus folgt erstens die Unverzerrtheit

(229) $\qquad E(Y_o - \hat{Y}_o) = 0,$

und zweitens für die Varianz die Beziehung

(230) $\qquad E\{(Y_o - \hat{Y}_o)^2\} = E(u_o^2) + E\{[(\alpha - \hat{\alpha}) + (\beta - \hat{\beta}) X_o]^2\},$
$\qquad\qquad\qquad = \sigma^2 + \hat{\sigma}^2$

$$= \sigma^2 \left[1 + \frac{1}{n} + \frac{(X_o - \overline{X})^2}{\sum_{i=1}^{n} x_i^2} \right], \quad \text{wegen (221)}$$

$$= \hat{\hat{\hat{\sigma}}}^2 .$$

Bis auf die Addition von σ^2 stimmen die beiden Größen $\hat{\hat{\sigma}}^2$ und $\hat{\hat{\hat{\sigma}}}^2$ überein. Analog zu (222) läßt sich eine mit (n-2)-Freiheitsgraden t-verteilte Testgröße aufstellen

(231) $$\tau_{Y_o} = \frac{(Y_o - \hat{Y}_o)}{\hat{\hat{\hat{\sigma}}}} \frac{\sqrt{n-2}}{\sqrt{\frac{\sum_{i=1}^{n} e_i^2}{\sigma^2}}}$$

$$= (Y_o - \hat{Y}_o) M K, \quad \text{mit}$$

(232) $$M = \sqrt{\frac{n}{(n+1) \sum_{i=1}^{n} x_i^2 + n(X_o - \overline{X})^2}} .$$

Für die Hypothese

(233) $$H : Y_o = \hat{Y}_o (\hat{\alpha} = \alpha , \hat{\beta} = \beta)$$

gegen

$$H_a : Y_o \neq \hat{Y}_o (\hat{\alpha} \neq \alpha \text{ und/oder } \hat{\beta} \neq \beta)$$

ergibt sich der Vertrauensbereich

(234) $$P \left[\hat{Y}_o - \frac{\Delta}{MK} \leq Y_o \leq \hat{Y}_o + \frac{\Delta}{MK} \right] \geq 1 - \varepsilon, \quad 0 < \varepsilon < 1 .$$

Falls Y_o innerhalb des Vertrauensbereichs liegt, läßt sich die Hypothese, daß (X_o, Y_o) aus der gleichen Grundgesamtheit stammt, wie die übrigen Beobachtungswerte, nicht verwerfen. Liegt jedoch Y_o außerhalb des Vertrauensbereichs, so muß die Annahme, daß (X_o, Y_o) und (X_i, Y_i) Stichprobenwerte aus der gleichen Grundgesamtheit sind, abgelehnt werden.

1.5 Übersicht der wichtigsten Beziehungen

1.5.1 Prognose der Größe Y_o aus X_o

(200) $$\hat{Y}_o = \hat{\alpha} + \hat{\beta} X_o,$$

(201) $$E(\hat{Y}_o) = \alpha + \beta X_o,$$

(221) $$\text{var}(\hat{Y}_o) = \sigma^2 \left[\frac{1}{n} + \frac{(X_o - \overline{X})^2}{\sum_{i=1}^{n} x_i^2} \right] = \hat{\tilde{\sigma}}^2,$$

(225) $$P\left[\hat{Y}_o - \frac{\Delta}{LK} \leq Y_o \leq \hat{Y}_o + \frac{\Delta}{LK} \right] \geq 1 - \varepsilon, \quad 0 < \varepsilon < 1,$$

(223) $$L = \sqrt{\frac{n}{\sum_{i=1}^{n} x_i^2 + n(X_o - \overline{X})^2}} \quad ,$$

$$K = \sqrt{\frac{(n-2) \sum_{i=1}^{n} x_i^2}{\sum_{i=1}^{n} e_i^2}} \quad .$$

1.5.2 Eine zusätzliche Beobachtung X_o, Y_o

(229) $$E(\hat{Y}_o) = Y_o ,$$

(230) $$\operatorname{var}(\hat{Y}_o) = \sigma^2\left[1 + \frac{1}{n} + \frac{(X_o - \overline{X})^2}{\sum_{i=1}^{n} x_i^2}\right] = \sigma^2 + \hat{\hat{\sigma}}^2 = \hat{\hat{\hat{\sigma}}}^2,$$

(234) $$P\left[\hat{Y}_o - \frac{\Delta}{MK} \leq Y_o \leq \hat{Y}_o + \frac{\Delta}{MK}\right] \geq 1 - \varepsilon, \quad 0 < \varepsilon < 1,$$

(232) $$M = \sqrt{\frac{n}{(n+1)\sum_{i=1}^{n} x_i^2 + n(X_o - \overline{X})^2}} \; .$$

2. Zweite Fortsetzung des Beispiels

Für die vier Zeitreihen (siehe Seite 49) liegen für das 1. Halbjahr 1969 folgenden Beobachtungswerte vor (Wirtschaft und Statistik, Heft 9, Sept. 1969)

Zeitreihe Z1 (privater Verbrauch)   153 78
Zeitreihe Z2 (Volkseinkommen)   207 00
Zeitreihe Z3 (Lohneinkommen)   137 35
Zeitreihe Z4 (Gewinneinkommen)   69 65

2.1 Beispiel 1

Nimmt man an, es liege nur $X_o = 207\,00$ vor, dann läßt sich $\hat{Y}_o$ vorhersagen

$$\hat{Y}_o = \hat{\alpha} + \hat{\beta}X_o = 491.27 + 0.733\, X_o$$
$$= 156\,64.37.$$

Für den unbekannten "wahren" Wert Y_o erhält man den t-Vertrauensbereich

$$P\left[\hat{Y}_o - \frac{\Delta}{LK} \leq Y_o \leq Y_o + \frac{\Delta}{LK}\right] \geq 1 - \varepsilon, \quad 0 < \varepsilon < 1,$$

mit

$$\frac{1}{L} = \sqrt{\frac{\sum_{i=1}^{16} x_i^2 + 16(X_o - \bar{X})^2}{16}} = 9\ 700.69,$$

und

$$K = \sqrt{\frac{(16-2) \sum_{i=1}^{16} x_i^2}{\sum_{i=1}^{16} e_i^2}} = 91.59,$$

sowie $\Delta = 2.977$ für eine t-verteilte Größe mit 14 Freiheitsgraden bei $\varepsilon = 0.01$. Man erhält $\frac{\Delta}{LK} = 320.12$, und für den "wahren" Wert Y_o folgt

$$P\left[15\ 344.25 \leq Y_o \leq 15\ 984.49\right] \geq 0.99.$$

Tatsächlich liegt der beobachtete Wert $Y_o = 153\ 78$ in diesem Bereich.

Nun testet man, ob der beobachtete Wert Y_o der gleichen Grundgesamtheit angehört, aus der die Stichprobe entnommen wurde, aus der die Regression bestimmt wurde. Dazu berechnet man

$$P\left[\hat{Y}_o - \frac{\Delta}{MK} \leq Y_o \leq \hat{Y}_o + \frac{\Delta}{MK}\right] \geq 1 - \varepsilon,\ 0 < \varepsilon < 1.$$

Der einzige Unterschied zum vorhergehenden Test besteht in der Größe M. Man berechnet

$$\frac{1}{M} = \sqrt{\frac{(16+1) \sum_{i=1}^{16} x_i^2 + 16(X_o - \bar{X})^2}{16}} = 36\ 106.92,$$

somit

$$\frac{\Delta}{MK} = 1\ 191.50$$

und der t-Vertrauensbereich lautet

$$P\left[14\ 472.87 \leq Y_o \leq 16\ 855.87\right] \geq 0.99.$$

Der beobachtete Wert Y_o = 153 78 liegt in diesem Bereich. Man kann daher mit einer Irrtumswahrscheinlichkeit von ε = 0.01 annehmen, daß die Beobachtung (X_o, Y_o) aus der gleichen Grundgesamtheit stammt für die sich die lineare Beziehung

$$Y = 491.27 + 0.733\, X$$

ergeben hat.

2.2 Beispiel 2

Nimmt man an, es liege nur X_o = 137 35 vor, dann läßt sich $\hat{Y}_o$ vorhersagen

$$\hat{Y}_o = \hat{\alpha} + \hat{\beta} X_o = 2\,174.36 + 1.049\, X_o$$

$$= 165\,82.38.$$

Für den unbekannten "wahren" Wert Y_o erhält man den v-Vertrauensbereich

$$P\left[\hat{Y}_o - \frac{\Delta}{LK} \leq Y_o \leq \hat{Y}_o + \frac{\Delta}{LK}\right] \geq 1 - \varepsilon,\; 0 < \varepsilon < 1,$$

mit

$$\frac{1}{L} = \sqrt{\frac{\sum\limits_{i=1}^{n} x_i^2 + 16(X_o - \bar{X})^2}{16}} = 6\,439.03,$$

und

$$K = \sqrt{\frac{(16-2)\sum\limits_{i=1}^{16} x_i^2}{\sum\limits_{i=1}^{16} e_i^2}} = 112.74,$$

sowie Δ = 2.977 für eine t-verteilte Größe mit 14 Freiheitsgraden bei ε = 0.01. Man erhält $\frac{\Delta}{LK}$ = 167.41, und für den "wahren" Wert Y_o folgt

$$P\left[16\,414.97 \leq Y_o \leq 16\,749.77\right] \geq 0.99.$$

Tatsächlich liegt der beobachtete Wert Y_o = 153 78 außerhalb dieses Bereiches.

Nun testet man, ob der beobachtete Wert Y_o der gleichen Grundgesamtheit angehört, aus der die Stichprobe entnommen wurde, aus der die Regression bestimmt wurde. Dazu berechnet man

$$P\left[\hat{Y}_o - \frac{\Delta}{MK} \leq Y_o \leq \hat{Y}_o + \frac{\Delta}{MK}\right] \geq 1 - \varepsilon, \ 0 < \varepsilon < 1.$$

Der einzige Unterschied zum vorhergehenden Test besteht in der Größe M. Man berechnet

$$\frac{1}{M} = \sqrt{\frac{(16+1)\sum_{i=1}^{16} x_i^2 + 16(X_o - \overline{X})^2}{16}} = 25\ 154.19,$$

somit

$$\frac{\Delta}{MK} = 654.01$$

und der t-Vertrauensbereich lautet

$$P\left[15\ 928.37 \leq Y_o \leq 17\ 236.39\right] \geq 0.99.$$

Der beobachtete Wert $Y_o = 153\ 78$ liegt außerhalb dieses Bereichs. Man kann daher mit einer Irrtumswahrscheinlichkeit von $\varepsilon = 0.01$ nicht annehmen, daß die Beobachtung (X_o, Y_o) aus der gleichen Grundgesamtheit stammt, für die sich die lineare Beziehung

$$Y = 2\ 174.36 + 1.049\ X$$

ergeben hat.

Der ökonomische Hintergrund für die unterschiedliche Aussage der Tests in den beiden Beispielen 1 und 2 ist im "Zurückbleiben" der Lohneinkommen im Aufschwungjahr 1969 zu sehen ("sozial asymmetrische Konjunkturentwicklung").

Kapitel III

Das allgemeine lineare Regressionsmodell

A. Der lineare Ansatz

Jetzt werde eine lineare Beziehung zwischen einer abhängigen Variablen Y und $(k-1)$ unabhängigen Variablen $X_2, X_3, \ldots, X_k$ sowie einer Störvariablen u angenommen

(1) $$Y = \beta_1 + \sum_{i=2}^{k} \beta_i X_i + u .$$

Im Vergleich zum Zwei-Variablen-Modell wird α durch β_1, und die einzige unabhängige Variable X - mit ihrem Beitrag βX - durch $(k-1)$ unabhängige Variable X_i $(i = 2,3,\ldots,k)$ ersetzt, von denen jede einen Beitrag $\beta_i X_i$ $(i = 2,3,\ldots,k)$ zur Erklärung der abhängigen Variablen Y liefert. Die Ersetzung von α durch β_1 dient nur zur Vereinheitlichung der Bezeichnung, während die Aufnahme weiterer unabhängiger Variabler X_i eine echte Verallgemeinerung mit zusätzlichen Ergebnissen bedeutet. Die n Gleichungen für die n Beobachtungswerte lassen sich in der Form

$$\begin{pmatrix} Y_1 \\ Y_2 \\ \vdots \\ \vdots \\ \vdots \\ Y_n \end{pmatrix} = \begin{pmatrix} 1 & X_{12} & X_{13} & \cdots & X_{1k} \\ 1 & X_{22} & X_{23} & \cdots & X_{2k} \\ \vdots & \vdots & \vdots & & \vdots \\ \vdots & \vdots & \vdots & & \vdots \\ \vdots & \vdots & \vdots & & \vdots \\ 1 & X_{n2} & X_{n3} & \cdots & X_{nk} \end{pmatrix} \begin{pmatrix} \beta_1 \\ \beta_2 \\ \vdots \\ \vdots \\ \vdots \\ \beta_k \end{pmatrix} + \begin{pmatrix} u_1 \\ u_2 \\ \vdots \\ \vdots \\ \vdots \\ u_n \end{pmatrix}$$

oder

(2) $$\underline{Y} = \underline{X}\underline{\beta} + \underline{u} ,$$

darstellen.

Die Aufgabe lautet Schätzwerte $\hat{\beta}_i$ für die Parameter β_i zu bestimmen. Man erhält die Beziehung

(3) $$\underline{Y} = \underline{X}\underline{\hat{\beta}} + \underline{e} ,$$

wobei $\underline{e}$ den Vektor der Residuen

$$e_i = Y_i - \hat{\beta}_1 - \sum_{j=2}^{k} \hat{\beta}_j X_{ij} \qquad (i = 1,2,\ldots,n)$$

bezeichnet. Es sei auf den Unterschied zwischen $\underline{Y} = \underline{X}\underline{\beta} + \underline{u}$ und $\underline{Y} = \underline{X}\underline{\hat{\beta}} + \underline{e}$ hingewiesen. Die erste Beziehung wird von dem unbekannten Koeffizientenvektor $\underline{\beta}$ und dem Vektor der unbekannten Störvariablen $\underline{u}$ gebildet, während durch die zweite Beziehung der Vektor der Schätzwerte $\underline{\hat{\beta}}$ mit dem Vektor der zugehörigen Residuen $\underline{e}$ verbunden wird.

B. Die Methode der kleinsten Quadrate

Bei dieser Methode wird die Summe der quadratischen Abweichungen minimiert.

1. Der Schätzwert für den Koeffizientenvektor $\underline{\beta}$

Man wähle $\hat{\underline{\beta}}$ so, daß

$$(4) \quad \sum_{i=1}^{n} e_i^2 = \underline{e}'\underline{e} = (\underline{Y} - \underline{X}\hat{\underline{\beta}})'(\underline{Y} - \underline{X}\hat{\underline{\beta}}),$$

$$= \underline{Y}'\underline{Y} - \underline{Y}'\underline{X}\hat{\underline{\beta}} - \hat{\underline{\beta}}'\underline{X}'\underline{Y} + \hat{\underline{\beta}}'\underline{X}'\underline{X}\hat{\underline{\beta}}, \text{ weil } \underline{Y}'\underline{X}\hat{\underline{\beta}}$$

eine skalare Größe (Dimension 1x1) und somit gleich ihrer transponierten ist,

$$= \underline{Y}'\underline{Y} - 2\hat{\underline{\beta}}'\underline{X}'\underline{Y} + \hat{\underline{\beta}}'\underline{X}'\underline{X}\hat{\underline{\beta}}$$

ein Minimum wird. Als notwendige, jedoch nicht hinreichende, Bedingung muß die partielle Ableitung nach $\hat{\underline{\beta}}$ gleich Null gesetzt werden, d.h.

$$(5) \quad \frac{\partial}{\partial \hat{\underline{\beta}}} (\underline{e}'\underline{e}) = -2\underline{X}'\underline{Y} + 2\underline{X}'\underline{X}\hat{\underline{\beta}} = 0,$$

$$\underline{X}'\underline{X}\hat{\underline{\beta}} = \underline{X}'\underline{Y} .$$

Um $\hat{\underline{\beta}}$ zu bestimmen, muß die Inverse $(\underline{X}'\underline{X})^{-1}$ existieren (Problem der Multikollinearität, Kapitel IV). Diese Existenz ist gesichert, wenn Rang $(\underline{X}'\underline{X}) = k < n$ ist. Man erhält

$$(6) \quad \hat{\underline{\beta}} = (\underline{X}'\underline{X})^{-1}\underline{X}'\underline{Y}.$$

2. Die Linearität des Schätzvektors

Der für $\underline{\beta}$ erhaltene Schätzvektor $\hat{\underline{\beta}}$ ist eine lineare Funktion der Beobachtungswerte $\underline{Y}$, d.h.

$$(7) \quad \hat{\underline{\beta}} = \underline{L}\underline{Y}, \quad \text{mit} \quad \underline{L} \equiv (X'X)^{-1}X'.$$

3. Die Einführung des Erwartungswertes der Störvariablen
   - Die Unverzerrtheit des Schätzvektors -

Bisher wurden keine Annahmen über das stochastische Verhalten der Störvariablen u getroffen. Jetzt werde

(8) $$E(\underline{u}) = 0$$

gefordert. Man kann zeigen, daß der SELS-Schätzvektor $\hat{\underline{\beta}}$ unverzerrt (unbiased, erwartungstreu) ist. Es gilt

(9) $$\begin{aligned}\hat{\underline{\beta}} &= (\underline{X}'\underline{X})^{-1}\underline{X}'\underline{Y}, \\ &= (\underline{X}'\underline{X})^{-1}\underline{X}'(\underline{X}\underline{\beta} + \underline{u}), \\ &= (\underline{X}'\underline{X})^{-1}\underline{X}'\underline{X}\underline{\beta} + (\underline{X}'\underline{X})^{-1}\underline{X}'\underline{u}, \\ &= \underline{\beta} + (\underline{X}'\underline{X})^{-1}\underline{X}'\underline{u}.\end{aligned}$$

Somit ist $\hat{\underline{\beta}}$ auch eine lineare Funktion der Störvariablen $\underline{u}$. Weil $(\underline{X}'\underline{X})^{-1}\underline{X}'$ keine stochastische Größe ist, erhält man wegen (8) für den Erwartungswert

(10) $$\begin{aligned}E(\hat{\underline{\beta}}) &= \underline{\beta} + (\underline{X}'\underline{X})^{-1}\underline{X}'E(\underline{u}) \\ &= \underline{\beta}.\end{aligned}$$

4. Die Einführung der Kovarianzmatrix der Störvariablen

4.1 Die Kovarianzmatrix der Schätzvektoren

Es gilt

(11) $$\text{Cov}(\hat{\underline{\beta}}) = E\left[(\hat{\underline{\beta}} - \underline{\beta})(\hat{\underline{\beta}} - \underline{\beta})'\right],$$

(12) $$\begin{aligned}(\hat{\underline{\beta}} - \underline{\beta})(\hat{\underline{\beta}} - \underline{\beta})' &= \left[(\underline{X}'\underline{X})^{-1}\underline{X}'\underline{u}\right]\left[(\underline{X}'\underline{X})^{-1}\underline{X}'\underline{u}\right]' \\ &= (\underline{X}'\underline{X})^{-1}\underline{X}'\underline{u}\underline{u}'\underline{X}(\underline{X}'\underline{X})^{-1}.\end{aligned}$$

Setzt man die Kovarianzmatrix der Störvariablen $E(\underline{u}\underline{u}')$ ein, so erhält man

$$(13) \quad E\left[(\hat{\underline{\beta}} - \underline{\beta})(\hat{\underline{\beta}} - \underline{\beta})'\right] = (\underline{X}'\underline{X})^{-1}\underline{X}'E(\underline{u}\underline{u}')\underline{X}(\underline{X}'\underline{X})^{-1}.$$

Dies Ergebnis erfordert, daß Annahmen über die Kovarianzmatrix $E(\underline{u}\underline{u}')$, und somit weitere stochastische Eigenschaften des Vektors $\underline{u}$ festgelegt werden.

4.2 Der Standardfall der positiv-definiten Kovarianzmatrix

Es werde

$$(14) \quad E(\underline{u}\underline{u}') = \sigma^2 \underline{V}$$

angenommen, wobei σ^2 eine positive skalare Größe ist, für die o.B.d.A. angenommen werden kann, daß $\sigma^2 = 1$ ist. $\underline{V}$ sei eine (n×n)-positiv-definite Matrix. In diesem Fall bietet sich eine Transformation mit der nicht-singulären Matrix $\underline{T}$ derart an, daß

$$\underline{Y} = \underline{X}\underline{\beta} + \underline{u}$$

übergeht in

$$\underline{T}\underline{Y} = \underline{T}\underline{X}\underline{\beta} + \underline{T}\underline{u},$$

bzw.

$$(15) \quad \underline{Y}_T = \underline{X}_T\underline{\beta} + \underline{u}_T.$$

Ersetzung der ursprünglichen Variablen durch ihre transformierten Werte ergibt aus (6)

$$(16) \quad \hat{\underline{\beta}}_T = (\underline{X}'\underline{T}'\underline{T}\underline{X})^{-1}\underline{X}'\underline{T}'\underline{T}\underline{Y}.$$

Wie man unmittelbar sieht, ist der transformierte Schätzwert $\underline{\beta}_T$ sowohl eine lineare Funktion der ursprünglichen Beobachtungswerte $\underline{Y}$ und wegen

$$(17) \quad E(\underline{T}\underline{u}) = \underline{T}E(\underline{u}) = 0$$

auch unverzerrt. Für die Kovarianzmatrix der transformierten Schätzvektoren erhält man

$$(\hat{\underline{\beta}}_T - \underline{\beta})(\hat{\underline{\beta}}_T - \underline{\beta})' = \left[(\underline{X}'\underline{T}'\underline{T}\underline{X})^{-1}\underline{X}'\underline{T}'\underline{T}\underline{u}\right]\left[(\underline{X}'\underline{T}'\underline{T}\underline{X})^{-1}\underline{X}'\underline{T}'\underline{T}\underline{u}\right]'$$
$$(\underline{X}'\underline{T}'\underline{T}\underline{X})^{-1}\underline{X}'\underline{T}'\underline{T}\underline{u}\underline{u}'\underline{T}'\underline{T}\underline{X}(\underline{X}'\underline{T}'\underline{T}\underline{X})^{-1},$$

(18) $\quad E\{(\hat{\underline{\beta}}_T - \underline{\beta})(\hat{\underline{\beta}}_T - \underline{\beta})'\} = (\underline{X}'\underline{T}'\underline{T}\underline{X})^{-1}\underline{X}'\underline{T}'\underline{T}E(\underline{u}\underline{u}')\underline{T}'\underline{T}\underline{X}(\underline{X}'\underline{T}'\underline{T}\underline{X})^{-1}.$

Zerlegt man $\underline{V}$ derart, daß

(19a) $\qquad\qquad \underline{V} = (\underline{T}'\underline{T})^{-1}$

gilt, bzw. bestimmt die Transformationsmatrix $\underline{T}$ so, daß

(19b) $\qquad\qquad \underline{T}'\underline{T} = \underline{V}^{-1}$

ist, dann folgt für die Kovarianzmatrix der transformierten Störvariablen

(20) $\quad \underline{T}E(\underline{u}\underline{u}')\underline{T}' = \underline{T}\underline{V}\underline{T}' = \underline{T}(\underline{T}'\underline{T})^{-1}\underline{T}' = \underline{T}\underline{T}^{-1}\underline{T}'^{-1}\underline{T}' = \underline{I},$

und für die Kovarianzmatrix der transformierten Schätzvektoren

(21) $\quad E\{(\hat{\underline{\beta}}_T - \underline{\beta})(\hat{\underline{\beta}}_T - \underline{\beta})'\} = (X'T'TX)^{-1}X'T'TX(X'T'TX)^{-1}$
$$= (X'T'TX)^{-1}$$
$$= (X'V^{-1}X)^{-1}.$$

Die für die Matrix $\underline{V}$ geforderte positive Definitheit ist erforderlich, um

(i) die Zerlegung (19) zu ermöglichen, und

(ii) das Minimum von $\underline{e}'\underline{e}$ nicht zu verändern.

Aus diesem allgemeinen Ergebnis lassen sich die bekannten Teilprobleme ableiten.

4.3 Das klassische Problem (K)

Bei diesem Problem werden die beiden Annahmen der Homoskedastizität (Kapitel II, A1 und A2) gemacht, d.h. alle Varianzen der Störvariablen stimmen überein und sind konstant, $E(u_i^2) = \sigma^2$. Ferner liegt keine Autokorrelation der Störvariablen, $E(u_i u_j) = 0$ für $i \neq j$, vor.

$$(22) \quad E(\underline{u}\underline{u}') = \text{Cov}(\underline{u}) = \begin{pmatrix} \sigma_{kk} & 0 & \cdots & \cdots & 0 \\ 0 & \sigma_{kk} & & & \vdots \\ \vdots & & \ddots & & \vdots \\ \vdots & & & \ddots & 0 \\ 0 & \cdots & \cdots & 0 & \sigma_{kk} \end{pmatrix} = \sigma_{kk}\underline{I}.$$

Somit folgt aus (13)

$$(23) \quad \text{Cov}(\underline{\hat{\beta}}) = (\underline{X}'\underline{X})^{-1}\underline{X}'\sigma_{kk}\underline{I}\underline{X}(\underline{X}'\underline{X})^{-1}$$

$$= (\underline{X}'\underline{X})^{-1}\underline{X}'\underline{X}(\underline{X}'\underline{X})^{-1}, \text{ weil o.B.d.A. } \sigma_{kk}=1,$$

$$= (\underline{X}'\underline{X})^{-1}.$$

Damit erweist sich eine Transformation als überflüssig. Denn ohne sie wird dasselbe Ergebnis erzielt, d.h. das klassische Problem ist bereits in der Form, in die nicht-klassische Probleme durch die Transformation überführt werden.

Für das klassische Problem gelten

$$(8) \quad E(\underline{u}) = 0,$$

$$(21) \quad E(\underline{u}\underline{u}') = I,$$

und für den transformierten Standardfall

$$(17) \quad E(\underline{T}\underline{u}) = \underline{T}E(\underline{u}) = 0,$$

(20) $$E(\underline{T}uu'\underline{T}') = \underline{T}E(\underline{u}\underline{u}')\underline{T}' = \underline{I}.$$

Die Transformation bedeutet daher eine Rückführung auf den klassischen Fall.

4.4 Das Problem der Heteroskedastizität (H)

Es werde weiter fehlende Autokorrelation angenommen, $E(u_i u_j) = 0$ für $i \neq j$ (Kapitel II, A1), doch sollen jetzt die Varianzen verschieden sein, $E(u_i^2) = \sigma_{ii}$ ($i = 1, 2, ..., n$). Dieser heteroskedastische Fall ergibt für die Störvariablen folgende Kovarianzmatrix

(24) $$E(\underline{u}\underline{u}') = \text{Cov}(\underline{u}) = \begin{pmatrix} \sigma_{11} & 0 & \cdots & \cdots & 0 \\ 0 & \sigma_{22} & & & \vdots \\ \vdots & & \ddots & & \vdots \\ \vdots & & & \ddots & 0 \\ 0 & \cdots & \cdots & 0 & \sigma_{nn} \end{pmatrix} = \underline{D}(\sigma_{ii}),$$

wobei $D(\cdot)$ eine Diagonalmatrix bezeichnet. Die Transformation (19) ist offensichtlich

(25) $$\underline{T} = \underline{D}\left(\frac{1}{\sqrt{\sigma_{ii}}}\right), \text{ denn}$$

(26) $$\underline{T}'\underline{T} = \underline{D}'\left(\frac{1}{\sqrt{\sigma_{ii}}}\right)\underline{D}\left(\frac{1}{\sqrt{\sigma_{ii}}}\right) = \underline{D}^2\left(\frac{1}{\sqrt{\sigma_{ii}}}\right) = \underline{D}\left(\frac{1}{\sigma_{ii}}\right),$$

so daß

(27) $$(\underline{T}'\underline{T})^{-1} = \underline{D}(\sigma_{ii}).$$

4.5 Das allgemeine Problem der Autokorrelation (A)

4.5.1 Die Annahmen der Autokorrelation

Beide Annahmen der Homoskedastizität (Kapitel II, A1 und A2) sollen nicht mehr zutreffen. Sowohl die Varianzen wie die Kovarianzen sind untereinander und von Null verschieden, d.h. die Kovarianzmatrix für die Störvariablen lautet

$$(28) \quad E(\underline{u}\underline{u}') = \text{Cov}(\underline{u}) = \begin{pmatrix} \sigma_{11} & \sigma_{12} & \cdots & \sigma_{1n} \\ \sigma_{21} & \sigma_{22} & \cdots & \sigma_{2n} \\ \vdots & \vdots & & \vdots \\ \sigma_{n1} & \sigma_{n2} & \cdots & \sigma_{nn} \end{pmatrix}.$$

4.6 Ein Sonderfall: Der autoregressive Prozeß
4.6.1 Der autoregressive Ansatz

Autokorrelation bedeutet Abhängigkeit der Störvariablen untereinander. Diese Abhängigkeit zahlenmäßig in einer Kovarianzmatrix (28) zu bestimmen, stößt im Regelfall auf große Schwierigkeiten. Für einen Sonderfall gelingt diese Bestimmung. Dazu werde die Abhängigkeit der Störvariablen untereinander durch einen stochastischen Prozeß einfachster Art dargestellt, nämlich durch eine lineare Differenzengleichung mit dem konstanten Koeffizienten ρ

$$(29) \quad u_t = \rho u_{t-1}.$$

Diese Beziehung wird als autoregressiver Prozeß und der Parameter ρ als Autokorrelationskoeffizient bezeichnet. Nun führt man zusätzlich eine neue Störvariable v_t ein, bei der für alle t

$$E(v_t) = 0, \quad E(v_t^2) = \sigma_v^2, \quad E(v_t v_s) = 0 \text{ für } t \neq s$$

gefordert wird. Man erhält so die stochastische, lineare Differenzengleichung erster Ordnung

$$(30) \quad u_t = \rho u_{t-1} + v_t.$$

Solche stochastischen Prozesse heißen auch Markov-Prozesse. Nimmt man $|\rho| < 1$ an, so gilt

(31) $$\lim_{\tau \to \infty} \rho^\tau u_o = 0,$$

d.h. die Lösung wird asymptotisch vom Anfangswert u_o unabhängig. Durch sukzessives Einsetzen ergibt sich

(32) $$\begin{aligned} u_t &= \rho u_{t-1} + v_t \\ &= \rho(\rho u_{t-2} + v_{t-1}) + v_t \\ &= \ldots \ldots \\ &= v_t + \rho v_{t-1} + \rho^2 v_{t-2} + \ldots \\ &= \sum_{\tau=0}^{\infty} \rho^\tau v_{t-\tau} . \end{aligned}$$

4.6.2 Die Bestimmung der stochastischen Eigenschaften der Störvariablen u

4.6.2.1 Der Erwartungswert

Der Erwartungswert von u bleibt unverändert, da wegen $E(v_t) = 0$

(33) $$E(u_t) = 0$$

für alle t folgt.

4.6.2.2 Die Kovarianzmatrix

Da die v_t als voneinander unabhängig vorausgesetzt wurden, erhält man für den Erwartungswert der Quadrate, die Varianzen,

(34) $$\begin{aligned} E(u_t u_t) &= E(v_t^2) + \rho^2 E(v_{t-1}^2) + \rho^4 E(v_{t-2}^2) + \ldots \\ &= (1 + \rho^2 + \rho^4 + \ldots)\sigma_v^2 \\ &= \frac{\sigma_v^2}{1 - \rho^2} \quad \text{für alle t,} \end{aligned}$$

und für den Erwartungswert der Kreuzprodukte, die Kovarianzen,

$$(35) \quad E(u_t u_{t-1}) = E\left[(v_t + \rho v_{t-1} + \rho^2 v_{t-2} + \ldots)(v_{t-1} + \rho v_{t-2} + \rho^2 v_{t-3} + \ldots)\right]$$

$$= E\left\{\left[v_t + \rho(v_{t-1} + \rho v_{t-2} + \ldots)\right](v_{t-1} + \rho v_{t-2} + \ldots)\right\}$$

$$= \rho E(v_{t-1}^2 + \rho v_{t-2}^2 + \ldots),$$

weil die Erwartungswerte der Kreuzprodukte der v-Werte verschwinden,

$$= \rho \frac{\sigma_v^2}{1-\rho}$$

$$= \rho E(u_t u_t).$$

Analog

$$(36) \quad E(u_t u_{t-2}) = \rho^2 E(u_t u_t),$$

und allgemein

$$(37) \quad E(u_s u_t) = \rho^{|t-s|} E(u_t u_t) \quad \text{für } t \neq s.$$

Somit lautet die Kovarianz-Matrix der Störvariablen $\underline{u}$

$$(38) \quad E(\underline{u}\,\underline{u}') = \frac{\sigma_v^2}{1-\rho^2} \begin{pmatrix} 1 & \rho & \rho^2 & \ldots & \rho^{n-1} \\ \rho & 1 & \rho & \ldots & \rho^{n-2} \\ \vdots & & & & \vdots \\ \rho^{n-1} & \rho^{n-2} & \rho^{n-3} & \ldots & 1 \end{pmatrix} = V.$$

Für die Inverse $\underline{V}^{-1}$ erhält man unmittelbar

$$(39) \quad \underline{V}^{-1} = \frac{1}{1-\rho^2} \begin{pmatrix} 1 & -\rho & 0 & \cdots & \cdots & 0 \\ -\rho & 1+\rho^2 & -\rho & \cdots & \cdots & 0 \\ 0 & -\rho & 1+\rho^2 & \cdots & \cdots & 0 \\ \vdots & \vdots & \vdots & \ddots & & \vdots \\ \vdots & \vdots & \vdots & & \ddots & \vdots \\ 0 & 0 & 0 & \cdots & -\rho & 1 \end{pmatrix}.$$

Unter der getroffenen Annahme, daß die Abhängigkeit der Störvariablen u_t untereinander durch die Beziehung (30) beschrieben werden kann, genügt somit die Kenntnis des Parameters ρ zur Transformation auf den klassischen Fall.

4.6.2.3 Eine Näherungslösung für die Transformationsmatrix

Wählt man der Einfachheit halber σ_v^2 gleich der Einheit, dann kann man eine Matrix $\underline{P}$ angeben, welche die Bedingung $\underline{P}'\underline{P} = \underline{V}^{-1}$ fast erfüllt. Dazu wähle man die $[(n-1) \times n]$-Matrix

$$(40) \quad \underline{P} = \begin{pmatrix} -\rho & 1 & 0 & \cdots & 0 & 0 & 0 \\ 0 & -\rho & 1 & \cdots & 0 & 0 & 0 \\ \vdots & \vdots & \vdots & & \vdots & \vdots & \vdots \\ \vdots & \vdots & \vdots & & \vdots & \vdots & \vdots \\ 0 & 0 & 0 & \cdots & -\rho & 1 & 0 \\ 0 & 0 & 0 & \cdots & 0 & -\rho & 1 \end{pmatrix}.$$

Für $\underline{P}'\underline{P}$ erhält man die $(n \times n)$-Matrix

$$(41) \quad \underline{P}'\underline{P} = \begin{pmatrix} \rho^2 & -\rho & 0 & 0 & \cdots & 0 & 0 & 0 \\ -\rho & 1+\rho^2 & -\rho & 0 & \cdots & 0 & 0 & 0 \\ 0 & -\rho & 1+\rho^2 & -\rho & \cdots & 0 & 0 & 0 \\ \vdots & \vdots & \vdots & \vdots & & \vdots & \vdots & \vdots \\ \vdots & \vdots & \vdots & \vdots & & \vdots & \vdots & \vdots \\ 0 & 0 & 0 & 0 & \cdots & -\rho & 1+\rho^2 & -\rho \\ 0 & 0 & 0 & 0 & \cdots & 0 & -\rho & 1 \end{pmatrix}.$$

Vergleicht man $\underline{P}'\underline{P}$ mit $\underline{V}^{-1}$, so stellt man fest, daß sich beide Werte – ausgenommen in einem Proportionalitätsfaktor – nur in dem Element (1,1) unterscheiden. Anstelle des Wertes

1 bei $\underline{V}^{-1}$ erscheint der Wert ρ^2 bei $\underline{P}'\underline{P}$. Dieser Unterschied kommt dadurch zustande, daß man bei der Transformation

(42) $$\underline{PY} = \underline{PX}\beta + \underline{Pu}$$

die Möglichkeit der Verwendung der Größe u_1 verliert, denn die Schätzung des Parameters $\underline{\beta}$ wird nur durch (n-1) transformierte Variable bestimmt, wogegen bei der Schätzung

(43) $$\underline{\beta} = (\underline{X}'\underline{V}^{-1}\underline{X})^{-1}\underline{X}'\underline{V}^{-1}\underline{Y}$$

die durch u_1 vermittelte Information verlorengeht. Die durch $\underline{P}$ erhaltenen transformierten Variablen lauten

(44) $$\begin{pmatrix} Y_2 - \rho Y_1 \\ Y_3 - \rho Y_2 \\ \cdots \\ Y_n - \rho Y_{n-1} \end{pmatrix} \quad \text{und} \quad \begin{pmatrix} X_2 - \rho X_1 \\ X_3 - \rho X_2 \\ \cdots \\ X_n - \rho X_{n-1} \end{pmatrix}.$$

Die Transformation auf den Fall K gelingt zunächst nur für die "richtige" Transformationsmatrix (39). Da jedoch

(45) $$E(\underline{u}_P \underline{u}_P') = E(\underline{Puu}'\underline{P}') = \underline{PVP}' \sim \underline{I}, \quad \text{wegen (39) und (41)}$$

und

(46) $$E(\underline{u}_P) = E(\underline{Pu}) = \underline{P}E(\underline{u}) = 0, \quad \text{wegen (33)}$$

ist, läßt sich das Gelingen auch für das um eine Zeile verkleinerte System (44) annehmen. Die Analyse des mit $\underline{P}$ transformierten System (44) wird sich nur unwesentlich von einem mit der "richtigen" Transformation (39) umgebildeten System unterscheiden.

4.6.3 Die Bestimmung des Autokorrelationskoeffizienten ρ

Zur Durchführung der Transformation (44) muß man ρ kennen. Da dies jedoch meist nicht der Fall ist, werden Annahmen getroffen.

4.6.3.1 Zwei Extremfälle für den Autokorrelationskoeffizienten

Zwei extreme Annahmen sind

(i) $\rho = 0$, d.h. es liegt keine Autokorrelation vor. Der Fall (A) geht in den Fall (H), bzw. (K) über.

(ii) $\rho = 1$, d.h. die Störvariablen stimmen überein, sie sind "voll" autokorreliert (29). Die Schätzung erstreckt sich auf die Differenzen $(Y_{i+1} - Y_i)$, $i = 2, 3, \ldots n$ (44).

Beide Forderungen können nur Grenzfälle sein. Überzeugender ist die folgende iterative Bestimmung von ρ.

4.6.3.2 Ersetzung der Störvariablen durch die Residuen in der Kovarianzmatrix

Da die Störvariablen u_i ($i = 1, 2, \ldots, n$) unbekannt sind, kann man versuchen, die Residuen e_i ($i = 1, 2, \ldots, n$) aus einer Schätzung, z.B. mit $\rho = 0$, als Näherungswerte zu benutzen. Ein Versuch

$$(47) \qquad E(\underline{uu}') \overset{!}{=} E(\underline{ee}') = \underline{ee}' = \underline{V}$$

zu setzen gelingt nicht, da $\underline{V}$ singulär ist. Damit existiert die für die Transformation erforderliche Inverse $\underline{V}^{-1}$ nicht. Die Singularität von $\underline{V}$ erkennt man am einfachsten an der Determinanten von $\underline{V}$. Es gilt

$$(48) \qquad \underline{\tilde{V}} = \begin{pmatrix} e_1^2 & e_1 e_2 & \cdots & e_1 e_n \\ e_2 e_1 & e_2^2 & \cdots & e_2 e_n \\ \cdot & \cdot & \cdots & \cdot \\ \cdot & \cdot & \cdots & \cdot \\ e_n e_1 & e_n e_2 & \cdots & e_n^2 \end{pmatrix},$$

$$(49) \qquad |\tilde{V}| = e_1 \cdot e_2 \cdots e_n \cdot \begin{vmatrix} e_1 & e_1 & \cdots & e_1 \\ e_2 & e_2 & \cdots & e_2 \\ \cdot & \cdot & \cdots & \cdot \\ \cdot & \cdot & \cdots & \cdot \\ e_n & e_n & \cdots & e_n \end{vmatrix} = 0.$$

Damit gelingt eine direkte Gleichsetzung von Störvariablen und Residuen nicht.

4.6.3.3 Ersetzung der Störvariablen durch die Residuen im autoregressiven Prozeß

Dagegen ist ein zweiter Ansatz über den autoregressiven Prozeß (30) erfolgreicher. An Stelle der u_t werden die zugehörigen e_t in (30) eingesetzt, d.h.

$$(50) \qquad e_t = \rho e_{t-1} + v_t, \quad t = 2, 3, \ldots, n.$$

Aus dieser Beziehung läßt sich ρ mit dem SELS-Verfahren schätzen. Die Forderung $\alpha = 0$ dieses Ansatzes wird erfüllt, wenn man annimmt, daß die ursprünglichen Beobachtungswerte bereits von ihren Mittelwerten ($\overline{X}$ bzw. $\overline{Y}$) aus gemessen seien. Somit erübrigt sich der Übergang von X_i nach x_i. Die SELS-Schätzung ergibt

$$(51) \qquad e_t = \hat{\rho} e_{t-1} + \varepsilon_t, \quad t = 2, 3, \ldots, n,$$

mit

$$(52) \qquad \hat{\rho} = \frac{\sum_{t=2}^{n} e_t e_{t-1}}{\sum_{t=2}^{n} e_{t-1}^2},$$

wobei e_t die Residuen der Schätzung sind.

Mit diesem geschätzten Autokorrelationskoeffizienten $\hat{\rho}$ kann die Transformation (44) durchgeführt werden. Sodann kann man eine zweite Schätzung durchführen. Man erhält neue Residuen $e_i^{(2)}$ ($i = 1, 2, \ldots, n$) und einen zweiten Schätzwert $\hat{\rho}^{(2)}$. Diese Iteration kann beliebig oft durchgeführt werden. Sie wird abgebrochen, wenn die transformierten Variablen hinreichend genau den Annahmen des Falles

(K) genügen. Dies wird üblicherweise nach einem Test von von Neumann bzw. Durbin-Watson entschieden.

4.6.4 Der von Neumann - Durbin-Watson Test

John von Neumann empfiehlt eine Testgröße d_N

$$(53) \quad d_N = \frac{\frac{1}{n-1} \sum_{t=2}^{n} (e_t - e_{t-1})^2}{\frac{1}{n} \sum_{t=1}^{n} e_t}$$

$$= \frac{\frac{1}{n-1} \left[\sum_{t=2}^{n} e_{t-1}^2 + \sum_{t=2}^{n} e_{t-1}^2 - 2 \sum_{t=2}^{n} e_t e_{t-1} \right]}{\frac{1}{n} \sum_{t=1}^{n} e_t^2}.$$

Nimmt man an, daß

$$(54) \quad \frac{1}{n-1} \sum_{t=2}^{n} e_t^2 \sim \frac{1}{n-1} \sum_{t=2}^{n} e_{t-1}^2 \sim \frac{1}{n} \sum_{t=1}^{n} e_t^2,$$

gilt, dann erhält man

$$(55) \quad d_N = \frac{2 \left(\sum_{t=1}^{n} e_t^2 - \sum_{t=2}^{n} e_t e_{t-1} \right)}{\sum_{t=1}^{n} e_t^2},$$

und $\hat{\rho}$ wird zu

$$(56) \quad \hat{\rho} = \frac{\sum_{t=2}^{n} e_t e_{t-1}}{\sum_{t=1}^{n} e_t^2}.$$

Schließlich

$$(57) \quad d_N = 2(1 - \hat{\rho}).$$

Daraus ersieht man

    (i)   für $\hat{\rho} = 0$ folgt $d_N = 2$,
    (ii)   für $\hat{\rho} = 1$ folgt $d_N = 0$,
    (iii)   für $0 < \hat{\rho} < 1$ folgt $0 < d_N < 2$,
    (iv)   für $\hat{\rho} = -1$ folgt $d_N = 4$.

Somit ergibt sich der Bereich $0 \leq d_N \leq 4$ für die von Neumann'sche Testgröße, oder genauer

(58) $\qquad$ für $|\rho| < 1$ folgt $0 < d_N < 4$.

Meist wird diese Testgröße in der von Durbin-Watson angegebenen Form verwendet

(59) $$d_W = \frac{\sum\limits_{t=2}^{n} (e_t - e_{t-1})^2}{\sum\limits_{t=1}^{n} e_t^2} = \frac{n-1}{n} d_N.$$

Allgemein wird die Verteilung der Größe d_W nicht nur von n (dem Stichprobenumfang) und k (der Zahl der erklärenden Variablen), sondern auch noch von den Werten der erklärenden Variablen abhängen. Durbin und Watson haben jedoch gezeigt, daß für gegebene Werte von u_t die Verteilung des d_W-Koeffizienten durch zwei Grenzen d_L (L = lower) und d_U (U = upper) beschränkt werden kann, d.h.

$$d_L \leq d_W \leq d_U .$$

Diese Grenzen sind Zufallsvariable, deren Verteilung für jedes Zahlenpaar (n,k) bestimmt werden müssen.

Durbin und Watson haben Prüftabellen entwickelt, die es ermöglichen, mit einer vorgegebenen Irrtumswahrscheinlichkeit ε die Hypothese der Unabhängigkeit zu verwerfen oder nicht. Aus den Tabellen können drei Bereiche für d_W abgelesen werden:

a) Wenn d_W größer ist als der obere Tabellenwert d_U, so kann mit der vorgegebenen Irrtumswahrscheinlichkeit ε die Hypothese der Unabhängigkeit nicht verworfen werden.

b) Liegt der Wert für d_W unter dem unteren Tabellenwert d_L, so ist mit der vorgegebenen Irrtumswahrscheinlichkeit ε die Hypothese der Unabhängigkeit zu verwerfen.

c) Liegt der Wert für d_W zwischen d_L und d_U, so können keine Aussagen bezüglich der Unabhängigkeit der Störvariablen gemacht werden.

Allerdings ist zu beachten, daß die Prüftabellen von Durbin und

Watson nicht angewendet werden können, wenn in der Regressionsgleichung die abhängige Variable als zeitverzögerte erklärende Variable enthalten ist.

4.6.5 Zusammenfassung

Die Transformation eines autoregressiven Prozesses auf den klassischen Fall verläuft in vier Schritten

(i) 1. Iteration
Schätzung von $\hat{\underline{\beta}}$ für die nichttransformierten Beobachtungswerte $Y, X_1, X_2, \ldots, X_k$.

(ii) Durbin-Watson Test auf Autokorrelation
(ii,1) Bestimmung von $\hat{\rho}$ aus den Residuen,
(ii,2) Probe auf Autokorrelation mit Hilfe einer Testtabelle. Liegt Autokorrelation vor?
Falls ja, dann (iii), falls nein, dann (v).

(iii) Transformation der ursprünglichen Zahlenwerte mit dem neuen $\hat{\rho}$.

(iv) Nächste Iteration
Schätzung von $\hat{\underline{\beta}}$ für die transformierten Beobachtungswerte, Rückkehr zu (ii).

(v) Abschluß. Fall (K) ist erreicht.

4.7 Übersicht zu den Transformationen

In den Abschnitten 4.4 bis 4.6 dieses Kapitels wurde gezeigt, daß sich die Fälle der Heteroskedastizität und der Autokorrelation, insbesondere der autoregressive Prozeß, durch Transformationen auf den klassischen Fall zurückführen lässen. Dies bedeutet, daß jeweils zwei Schätzvektoren zur Verfügung stehen, nämlich

ohne Transformation	mit Transformation
$\hat{\underline{\beta}} = (\underline{X}'\underline{X})^{-1}\underline{X}\underline{Y},$	$\hat{\underline{\beta}}_T = (\underline{X}'\underline{V}^{-1}\underline{X})^{-1}\underline{X}'\underline{V}^{-1}\underline{Y},$
$\text{Cov}(\hat{\underline{\beta}}) = (\underline{X}'\underline{X})^{-1}\underline{X}'\underline{V}\underline{X}(\underline{X}'\underline{X})^{-1},$	$\text{Cov}(\hat{\underline{\beta}}_T) = (\underline{X}'\underline{V}^{-1}\underline{X})^{-1}.$

Ob eine solche Transformation sinnvoll ist, kann nur die Einzeluntersuchung eines Problems zeigen.

4.8 Die Eigenschaft bester Schätzwert für den klassischen Fall

Die SELS-Schätzung liefert aus der Menge der linearen, erwartungstreuen Schätzwerte den "besten", d.h. denjenigen, der die kleinste Varianz besitzt.

Angenommen, es sei ein beliebiger linearer Schätzvektor $\hat{\hat{\underline{\beta}}}$ für $\underline{\beta}$ gegeben, z.B.

(60) $$\hat{\hat{\underline{\beta}}} = \underline{LY}.$$

Man muß zeigen, unter welchen Bedingungen $\hat{\hat{\underline{\beta}}}$ ein erwartungstreuer Schätzvektor für $\underline{\beta}$ ist. Es gilt

(61) $$\hat{\hat{\underline{\beta}}} = \underline{L}(\underline{X}\underline{\beta} + \underline{u})$$
$$= \underline{LX}\underline{\beta} + \underline{Lu} \; .$$

(62) $$E(\hat{\hat{\underline{\beta}}}) = \underline{LX}\underline{\beta} + \underline{L}E(\underline{u}), \text{ weil } \underline{LX}\underline{\beta} \text{ nicht stochastisch ist,}$$
$$= \underline{LX}\underline{\beta}, \quad \text{weil } E(\underline{u}) = 0.$$

Damit der Schätzvektor $\hat{\hat{\underline{\beta}}}$ erwartungstreu ist, muß somit $\underline{LX} = \underline{I}$ sein, bzw.

(63) $$\underline{L} = (\underline{X}'\underline{X})^{-1}\underline{X}'$$

Für die Kovarianzmatrix erhält man

(64) $$\text{Cov}(\hat{\hat{\underline{\beta}}}) = E\{(\hat{\hat{\underline{\beta}}} - \underline{\beta})(\hat{\hat{\underline{\beta}}} - \underline{\beta})'\}$$
$$= E\{(\underline{LX}\underline{\beta} + \underline{Lu} - \underline{\beta})(\underline{LX}\underline{\beta} + \underline{Lu} - \underline{\beta})'\}$$
$$= E\{[(\underline{LX} - \underline{I})\underline{\beta} + \underline{Lu}][(\underline{LX} - \underline{I})\underline{\beta} + \underline{Lu}]'\}$$
$$= E\{[(\underline{LX} - \underline{I})\underline{\beta} + \underline{Lu}][\underline{\beta}'(\underline{LX} - \underline{I})' + \underline{u}'\underline{L}']\}$$
$$= E\{(\underline{LX} - \underline{I})\underline{\beta}\underline{\beta}'(\underline{LX}-\underline{I})' + (\underline{LX} - \underline{I})\underline{\beta}\underline{u}'\underline{L}'$$
$$+ \underline{Lu}\underline{\beta}'(\underline{LX}-\underline{I})'$$
$$+ \underline{Lu}\underline{u}'\underline{L}' \}$$
$$= (\underline{LX}-\underline{I})\underline{\beta}\underline{\beta}'(\underline{LX}-\underline{I})' + \underline{L}E(\underline{u}\underline{u}')\underline{L}',$$
$$\text{weil } E(\underline{u}) = 0.$$

Die kleinste Varianz ergibt sich für

(65) $$\underline{L}\underline{X} - \underline{I} = \underline{0}.$$

Diese Bedingung wird für

(66) $$\underline{L} = (\underline{X}'\underline{X})^{-1}\underline{X}'$$

erfüllt. Dies bedeutet aber, daß $\hat{\underline{\beta}}$ gleich dem SELS-Schätzvektor ist. Somit ist der SELS-Schätzvektor $\hat{\underline{\beta}}$ der beste lineare, erwartungstreue Schätzvektor für $\underline{\beta}$. Man sagt, der Schätzvektor besitzt die BLUE-Eigenschaft (= best linear unbiased estimator).

4.9 Die BLUE-Eigenschaften des klassischen Falls und der darauf transformierten Fälle

4.9.1 Die zentrale Rolle des klassischen Modells

Man gelangt zu den gleichen Ergebnissen wie im klassischen Fall (K), wenn man in den Fällen (H) und (A) die ursprünglichen Beobachtungswerte durch ihre transformierten ersetzt. Dies bedeutet, daß für die ursprünglichen Beobachtungswerte die Schätzungen der Kovarianzmatrix nicht die BLUE-Eigenschaft besitzen, d.h. ohne zu transformieren erhält man für Kovarianzmatrizen zu große Werte. Nur für den klassischen Fall (K) und die auf ihn transformierten Fälle besitzen die Schätzwerte die wünschenswerte BLUE-Eigenschaft.

4.9.2 Ein Beispiel für die Wirksamkeit der Transformation

Für das Zwei-Variablen Modell werde der Fall (H) mit folgenden Annahmen untersucht

(67) $\qquad E(u_i) = 0, \qquad i = 1, 2, \ldots, n$

(68) $\qquad E(u_i^2) = \sigma^2 x_i, \qquad i = 1, 2, \ldots, n$

$\qquad E(u_i u_j) = 0, \qquad i \neq j.$

Für die Varianz von $\hat{\beta}_2$ erhält man aus dem nichttransformierten Ansatz (13)

$$(69) \quad \text{var}(\hat{\beta}_2) = \sigma^2 \frac{\sum_{i=1}^{n} x_i^2 (\sum_{i=1}^{n} x_i)^2 - 2n(\sum_{i=1}^{n} x_i^3)(\sum_{i=1}^{n} x_i) + n^2 (\sum_{i=1}^{n} x_i^4)}{\left[n \sum_{i=1}^{n} x_i^2 - (\sum_{i=1}^{n} x_i)^2 \right]^2}$$

und aus dem transformierten Ansatz (21), (27)

$$(70) \quad \text{var}(\hat{\beta}_{2T}) = \frac{\sigma^2 \sum_{i=1}^{n} 1/x_i^2}{n \sum_{i=1}^{n} 1/x_i^2 - (\sum_{i=1}^{n} 1/x_i)^2} \; .$$

Für ein beliebiges Zahlenbeispiel, etwa

i	1	2	3	4	5
X_i	1	2	3	4	5

erhält man

$$(71) \quad \frac{\text{var}(\hat{\beta}_{2T})}{\text{var}(\hat{\beta}_2)} = \frac{0.69}{1.24} = 0.56.$$

Die Anwendung der SELS-Schätzung auf die Originaldaten ergibt einen wesentlich größeren Wert für $\text{var}(\hat{\beta}_2)$. Dagegen beträgt die aus den transformierten Daten errechnete Varianz $\text{var}(\hat{\beta}_{2T})$ nur 56 % von $\text{var}(\hat{\beta}_2)$. Eine SELS-Schätzung auf die Originaldaten hat nur etwa 56 % der Wirkung gegenüber einer Anwendung auf die transformierten Daten. Wird die BLUE-Eigenschaft angestrebt, dann lohnt sich eine Transformation daher stets.

4.10 Der Schätzwert $\hat{\sigma}^2$ für die Varianz der Störvariablen im klassischen Fall

Für den klassischen Fall (K), sowie die durch Transformation hierauf zurückgeführten Fälle (H) und (A), läßt sich ein Schätzwert für die Varianz σ^2 bestimmen. Aus $\underline{Y} = \underline{X}\hat{\underline{\beta}} + \underline{e}$ erhält man

(72) $\underline{e} = \underline{Y} - \underline{X}\hat{\underline{\beta}}$, mit $\underline{Y} = \underline{X}\beta + \underline{u}$ und $\hat{\underline{\beta}} = (\underline{X}'\underline{X})^{-1}\underline{X}'\underline{Y}$

$$= \underline{X}\beta + \underline{u} - \underline{X}\left[(\underline{X}'\underline{X})^{-1}\underline{X}'(\underline{X}\beta + \underline{u})\right]$$

$$= \underline{u} - \underline{X}(\underline{X}'\underline{X})^{-1}\underline{X}'\underline{u}$$

$$= \left[\underline{I}_n - \underline{X}(\underline{X}'\underline{X})^{-1}\underline{X}'\right]\underline{u} .$$

Man hat somit die beobachteten Restglieder $\underline{e}$ als lineare Funktion der unbekannten Störvariablen $\underline{u}$ dargestellt.
Definiert man

(73) $\qquad \underline{M} = \underline{I}_n - \underline{X}(\underline{X}'\underline{X})^{-1}\underline{X}'$,

so kann man zeigen, daß $\underline{M}$ eine symmetrische, idempotente Matrix ist. Es gilt nämlich

(74) $\qquad \underline{M}' = \left[\underline{I}_n - \underline{X}(\underline{X}'\underline{X})^{-1}\underline{X}'\right]'$

$$= \underline{I}_n - \underline{X}(\underline{X}'\underline{X})^{-1}\underline{X}' = \underline{M},$$

(75) $\qquad \underline{M}^2 = \left[\underline{I}_n - \underline{X}(\underline{X}'\underline{X})^{-1}\underline{X}'\right]\left[\underline{I}_n - \underline{X}(\underline{X}'\underline{X})^{-1}\underline{X}'\right]$

$$= \underline{I}_n - 2\underline{X}(\underline{X}'\underline{X})^{-1}\underline{X}' + \underline{X}(\underline{X}'\underline{X})^{-1}\underline{X}'\underline{X}(\underline{X}'\underline{X})^{-1}\underline{X}'$$

$$= \underline{I}_n - \underline{X}(\underline{X}'\underline{X})^{-1}\underline{X}'$$

$$= \underline{M}.$$

Dies bedeutet, daß man für die Quadratsumme der Residuen erhält

(76) $\qquad \sum_{i=1}^{n} e_i^2 = \underline{e}'\underline{e} = (\underline{M}\underline{u})'(\underline{M}\underline{u}) = \underline{u}'\underline{M}'\underline{M}\underline{u} = \underline{u}'\underline{M}\underline{u}$

$$= \underline{u}'\left[\underline{I}_n - \underline{X}(\underline{X}'\underline{X})^{-1}\underline{X}'\right]\underline{u}.$$

Für den Erwartungswert der Quadratsumme der Residuen erhält man

(77) $\quad E(\underline{e}'\underline{e}) = E(\underline{u}'\underline{M}\underline{u})$

$\qquad = E\{\text{spur}(\underline{u}'\underline{M}\underline{u})\}$, weil $\underline{u}'\underline{M}\underline{u}$ eine skalare Größe ist,

$\qquad = E\{\text{spur}(\underline{M}\underline{u}\underline{u}')\}$, weil $\text{spur}(\underline{A}\underline{B}) = \text{spur}(\underline{B}\underline{A})$,

$\qquad = \text{spur}[E(\underline{M}\underline{u}\underline{u}')]$, weil die spur eine lineare Funktion ist,

$\qquad = \text{spur}[\underline{M}E(\underline{u}\underline{u}')]$, weil $\underline{M}$ nicht stochastisch ist,

$\qquad = \text{spur}[\underline{M}\,\sigma^2\underline{I}_n]$, wegen A1 und A2 von Kapitel II,

$\qquad = \sigma^2\,\text{spur}\,\underline{M},\quad$ denn $\text{spur}(c\underline{M}) = c\,\text{spur}\,\underline{M}$.

Folglich muß die Spur der Matrix $\underline{M}$ bestimmt werden. Man erhält

(78) $\quad \text{spur}\,\underline{M} = \text{spur}[\underline{I}_n - \underline{X}(\underline{X}'\underline{X})^{-1}\underline{X}']$

$\qquad = \text{spur}\,\underline{I}_n - \text{spur}[\underline{X}(\underline{X}'\underline{X})^{-1}\underline{X}']$, weil $\text{spur}(\underline{A}+\underline{B}) = \text{spur}\,\underline{A} + \text{spur}\,\underline{B}$,

$\qquad = \text{spur}\,\underline{I}_n - \text{spur}[\underline{X}'\underline{X}(\underline{X}'\underline{X})^{-1}]$, weil $\text{spur}(\underline{A}\underline{B}) = \text{spur}(\underline{B}\underline{A})$,

$\qquad = \text{spur}\,\underline{I}_n - \text{spur}\,\underline{I}_k,\quad$ weil Rang $(\underline{X}'\underline{X}) = k$,

$\qquad = n - k,\quad$ weil $\text{spur}\,I_n = n$.

Somit erhält man

(79) $\qquad\qquad E(\underline{e}'\underline{e}) = \sigma^2(n - k)$,

und als erwartungstreuen Schätzwert erhält man für die Varianz σ^2

(80) $\qquad\qquad \hat{\sigma}^2 = \dfrac{\underline{e}'\underline{e}}{n - k}$.

4.11 Das Bestimmtheitsmaß

4.11.1 Das Bestimmtheitsmaß für die gesamte Regression

Wie im Zwei-Variablen Modell läßt sich ein Bestimmtheitsmaß definieren

(81) $$R^2 = \frac{\hat{Y}'\hat{Y} - n\overline{Y}^2}{Y'Y - n\overline{Y}^2} \; .$$

Nun drückt man die Variablen durch ihre Abweichungen vom Stichprobenmittelwert, also durch Kleinbuchstaben, aus, d.h.

(82) $$y_i = Y_i - \overline{Y}, \quad \text{mit} \quad \overline{Y} = \frac{1}{n} \sum_{i=1}^{n} Y_i,$$

$$x_j = X_j - \overline{X}_j, \quad \text{mit} \quad \overline{X}_j = \frac{1}{n} \sum_{i=1}^{n} X_{ij},$$

$$j = 1, 2, \ldots, k$$

wobei insbesondere $\overline{X}_1 = 1$ wegen $X_{i1} = 1$ ($i = 1, 2, \ldots,$) und somit $x_{i1} = 0$ ist. Man erhält

(84) $$R^2 = \frac{\hat{y}'\hat{y}}{y'y} \; .$$

Für das System der n Gleichungen der n Beobachtungswerte erhält man in Abweichungen vom Stichprobenmittelwert

(85) $$y = \begin{pmatrix} y_1 \\ y_2 \\ \cdot \\ \cdot \\ \cdot \\ y_n \end{pmatrix} = \begin{pmatrix} 0 & x_{12} & x_{13} & \cdots & x_{1k} \\ 0 & x_{22} & x_{23} & \cdots & x_{2k} \\ \cdot & \cdot & \cdot & & \cdot \\ \cdot & \cdot & \cdot & & \cdot \\ \cdot & \cdot & \cdot & & \cdot \\ 0 & x_{n2} & x_{n3} & \cdots & x_{nk} \end{pmatrix} \begin{pmatrix} \beta_1 \\ \beta_2 \\ \cdot \\ \cdot \\ \cdot \\ \beta_k \end{pmatrix} + \begin{pmatrix} u_1 - \overline{u} \\ u_2 - \overline{u} \\ \cdot \\ \cdot \\ \cdot \\ u_n - \overline{u} \end{pmatrix}$$

oder

(86) $$\underline{y} = \underline{x}_1 \underline{\beta}_1 + \underline{u} - \overline{u} \; ,$$

mit

$$\underline{x}_1 = \begin{pmatrix} x_{12} & x_{13} & \cdots & x_{1k} \\ x_{22} & x_{23} & \cdots & x_{2k} \\ \cdot & \cdot & & \cdot \\ \cdot & \cdot & & \cdot \\ \cdot & \cdot & & \cdot \\ x_{n2} & x_{n3} & & x_{nk} \end{pmatrix}, \text{ und } \underline{\beta}_1 = \begin{pmatrix} \beta_2 \\ \beta_3 \\ \cdot \\ \cdot \\ \cdot \\ \beta_k \end{pmatrix}.$$

Hieraus erhält man für den Schätzvektor

(87) $\quad \hat{\underline{\beta}}_1 = (\underline{x}_1'\underline{x}_1)^{-1}\underline{x}_1'\underline{y}$

und das Bestimmtheitsmaß

(88) $\quad R^2 = \dfrac{\hat{\underline{\beta}}_1'\underline{x}_1'\underline{x}_1\hat{\underline{\beta}}_1}{\underline{y}'\underline{y}} = \dfrac{\hat{\underline{\beta}}_1'\underline{x}_1'\underline{x}_1(\underline{x}_1'\underline{x}_1)^{-1}\underline{x}_1\underline{y}}{\underline{y}'\underline{y}} = \dfrac{\hat{\underline{\beta}}_1'\underline{x}_1'\underline{y}}{\underline{y}'\underline{y}}$.

Ebenso gelingt eine Zerlegung

(90) $\quad \underline{y} = \hat{\underline{y}} + \underline{e},$

(91) $\quad \underline{y}'\underline{y} = \hat{\underline{y}}'\hat{\underline{y}} + 2\hat{\underline{y}}'\underline{e} + \underline{e}'\underline{e}.$

Da der zweite Summand wegen (87) verschwindet, d.h.

(92) $\quad \underline{y}'\underline{e} = \hat{\underline{\beta}}_1'\underline{x}_1'\underline{e} = \hat{\underline{\beta}}_1'\underline{x}_1'(\underline{y} - \hat{\underline{\beta}}_1\underline{x}_1),$

folgt

(93) $\quad \underline{y}'\underline{y} = \hat{\underline{y}}'\hat{\underline{y}} + \underline{e}'\underline{e}.$

Damit formt sich R^2 um zu

(94) $\quad R^2 = \dfrac{\underline{y}'\underline{y} - \underline{e}'\underline{e}}{\underline{y}'\underline{y}} = 1 - \dfrac{\underline{e}'\underline{e}}{\underline{y}'\underline{y}}$,

woraus

(95) $\quad\underline{e}'\underline{e} = (1 - R^2)\underline{y}'\underline{y},$

und $\qquad\qquad\qquad\qquad$ mit $0 \leq R^2 \leq 1$

(96) $\quad\hat{\underline{y}}'\hat{\underline{y}} = R^2 \underline{y}'\underline{y}$

folgt.

Bis zu diesem Punkt wurden alle verteilungsfreien Ergebnisse des Zwei-Variablen Modells wiedergewonnen und in größerer Allgemeinheit bestätigt.

4.11.2 Die partiellen Korrelationskoeffizienten

Das Bestimmtheitsmaß in der Definition von (84) umfaßt alle Variablen, $i = 2, 3, \ldots, k$ sowie $i = 1$, da

(97) $\quad \beta_1 = \overline{Y} - \sum_{i=2}^{k} \beta_i \overline{X}_i .$

Da mehr als zwei unabhängige Variable auftreten ($k > 2$), lassen sich zusätzlich "partielle" Bestimmtheitsmaße, bzw. Korrelationskoeffizienten definieren. Dazu werden die Residuen $\underline{e}$ in (94) so bestimmt, daß sie sich jeweils auf eine Auswahl der k unabhängigen und die eine abhängige Variable beziehen. Eine Hierachie von Bestimmtheitsmaßen entsteht z.B. beim Drei-Variablen Modell ($k = 3$)

(i) $\quad R^2$ für die gesamte Beziehung.
Dies ist das bisher behandelte Bestimmtheitsmaß.

(ii) $\quad R^2$ für drei Variable.
Aus den drei unabhängigen Variablen werden zwei ausgewählt. Man erhält für die partiellen Bestimmtheitsmaße und die zugehörigen Regressionsansätze

$$R^2_{Y,X_1,X_2} : Y = \beta_1 + \beta_2 X_2,$$

$$R^2_{Y,X_2,X_3} : Y = \phantom{\beta_1 + {}} \beta_2 X_2 + \beta_3 X_3 ,$$

$$R^2_{Y,X_1,X_3} : Y = \beta_1 + \beta_3 X_3 .$$

(iii) R^2 für zwei Variable.

Aus den drei unabhängigen Variablen wird eine ausgewählt. Man erhält für die partiellen Bestimmtheitsmaße und die zugehörigen Regressionsansätze

$$R^2_{Y,X_1} : Y = \beta_1,$$

$$R^2_{Y,X_2} : Y = \beta_2 X_2,$$

$$R^2_{Y,X_3} : Y = \beta_3 X_3.$$

Eine weitere Verallgemeinerung kann man erhalten, wenn man partielle Korrelationskoeffizienten auch für Beziehungen zwischen den unabhängigen Variablen definiert, z.B.

$$R^2_{X_2,X_3} : X_2 = \gamma X_3$$

Allgemein läßt sich zeigen, daß

(98)
$$R^2 = \sum_{j=2}^{k} R^2_{Y,X_j}$$

gilt, wobei R^2 das bisher behandelte Bestimmtheitsmaß für die gesamte Regression ist, und

(99)
$$R^2_{Y,X_j} = \frac{(\sum_{i=1}^{n} y_i x_{ij})^2}{\sum_{i=1}^{n} y_i^2 \sum_{i=1}^{n} x_{ij}^2} = \hat{\hat{\beta}}_j \frac{\sum_{i=1}^{n} y_i x_{ij}}{\sum_{i=1}^{n} y_i^2} ,$$

$$j = 2, 3, \ldots, k$$

die partiellen Bestimmtheitsmaße für die Beziehung

(100) $Y = \hat{\hat{\alpha}}_j + \hat{\hat{\beta}}_j X_j + e_j,$ $j = 2, 3, \ldots, k,$

die dem Zwei-Variablen Modell nachgebildet wurden.

Wegen (II, 21)

$$\hat{\hat{\beta}}_j = \frac{\sum_{i=1}^{n} y_i x_{ij}}{\sum_{i=1}^{n} x_{ij}^2}$$

erhält man für den Vektor der Schätzwerte

$$\begin{pmatrix} \hat{\hat{\beta}}_2 \\ \hat{\hat{\beta}}_3 \\ \vdots \\ \hat{\hat{\beta}}_j \end{pmatrix} = \begin{pmatrix} \frac{1}{\sum_{i=1}^{n} x_{i2}^2} & 0 & \cdots & \cdots & 0 \\ 0 & \frac{1}{\sum_{i=1}^{n} x_{i3}^2} & & & \vdots \\ \vdots & & \ddots & & 0 \\ 0 & \cdots & \cdots & 0 & \frac{1}{\sum_{i=1}^{n} x_{ik}^2} \end{pmatrix} \underline{x}_1' \underline{y}.$$

Dabei ist die Diagonalmatrix dann gleich $(\underline{x}_1' \underline{x}_1)^{-1}$, wenn

$$\sum_{i=1}^{n} x_{ij} x_{jm} = 0$$

für alle j und m, mit $j \neq m$ und $j, m = 2, 3, \ldots, k$ ist.

Mit (99) erhält man für die Summe aller partiellen Bestimmtheitsmaße

(101) $$\frac{1}{\underline{y}'\underline{y}} \sum_{j=2}^{k} \hat{\hat{\beta}}_j \sum_{i=1}^{n} y_i x_{ij} = \frac{(\underline{x}_1'\underline{x}_1)^{-1} \underline{x}_1' \underline{y} \underline{x}_1' \underline{y}}{\underline{y}'\underline{y}} = R^2, \text{ wegen (88)}.$$

Dies bedeutet, daß die Summe der partiellen Bestimmtheitsmaße R^2_{Y, X_j} dann gleich dem gesamten Bestimmtheitsmaß R^2 ist, wenn die Summe der Kreuzprodukte, d.h. die partiellen Bestimmtheitsmaße

$R^2_{X_j, X_m}$, verschwinden.

Die Hinzunahme einer weiteren unabhängigen Variablen erhöht somit das Bestimmtheitsmaß. Aus (98) und (99) lassen sich daher diejenigen Variablen bestimmen, die das Bestimmtheitsmaß am stärksten erhöhen würden.

Ohne zusätzliche Annahmen lassen sich keine weiteren Ergebnisse ableiten, so daß eine Übersicht über den bisher erreichten Stand sowie die Anwendung auf unser Beispiel gebracht werden sollen.

5. Übersicht der wichtigsten Beziehungen

$$(1) \qquad Y = \beta_1 + \sum_{i=2}^{k} \beta_i X_i + u,$$

$$(2) \qquad \underline{Y} = \underline{X}\underline{\beta} + u,$$

$$(3) \qquad \underline{Y} = \underline{X}\hat{\underline{\beta}} + e,$$

$$(6) \quad \hat{\underline{\beta}} = (\underline{X}'\underline{X})^{-1}\underline{X}'\underline{Y}, \qquad (16) \quad \hat{\underline{\beta}}_T' = (\underline{X}'\underline{V}^{-1}\underline{X})^{-1}\underline{X}'\underline{V}^{-1}\underline{Y},$$

$$(13) \quad \mathrm{Cov}(\hat{\underline{\beta}}) = (\underline{X}'\underline{X})^{-1}\underline{X}'\underline{V}\underline{X}(\underline{X}'\underline{X})^{-1} \qquad (21) \quad \mathrm{Cov}(\hat{\underline{\beta}}_T) = (\underline{X}'\underline{V}^{-1}\underline{X})^{-1}.$$

Fallunterscheidung für $E(\underline{uu}')$ positiv-definit

	$E(u_i u_j)$ $i=j$	$E(u_i u_j)$ $i \neq j$	Bemerkungen
(K)	σ^2	0	klassisches Modell (Homoskedastizität)
(H)	σ_{ii} $i = 1, 2, \ldots, n$	0	Heteroskedastizität
(A)	beliebig	beliebig	Autokorrelation (allgemein)
	$u_t = \rho u_{t-1}$		autoregressiver Prozeß

(80) $$\hat{\sigma}^2 = \frac{e'e}{n-k},$$

(81, 84, 94) $$R^2 = \frac{\hat{Y}'\hat{Y} - n\overline{Y}^2}{Y'Y - n\overline{Y}^2} = \frac{\hat{y}'\hat{y}}{y'y} = 1 - \frac{e'e}{y'y}, \quad 0 \leq R^2 \leq 1.$$

(95) $$\underline{e}'\underline{e} = (1 - R^2)\underline{y}'\underline{y},$$

(96) $$\underline{\hat{y}}'\underline{y} = R^2 \underline{y}'\underline{y}.$$

6. Dritte Fortsetzung des Beispiels

Der private Verbrauch hängt sowohl vom Lohneinkommen als auch vom Gewinneinkommen ab. Mit Y werden wieder die Werte von Z1 und mit X_2 bzw. X_3 die Werte von Z3 bzw. Z4 bezeichnet.
Mit Hilfe eines Regressionsprogramms (Programm EVA, Institut für Ökonometrie und Unternehmensforschung der Universität Bonn, Fortran II, IBM 7090) wurde berechnet

$$\hat{\underline{\beta}} = \begin{pmatrix} 2\,052.795 \\ 1.027 \\ 0.051 \end{pmatrix} = (\underline{X}'\underline{X})^{-1}\underline{X}'\underline{Y}.$$

Die geschätzte Beziehung lautet daher

$$Y = 2\,052.795 + 1.027\, X_2 + 0.051\, X_3,$$

mit $R^2 = 0.999$.

Im Vergleich zum Beispiel auf Seite 51 zeigt sich, daß die Hinzunahme einer weiteren Variablen, dem Gewinneinkommen (Einkommen aus Unternehmertätigkeit und Vermögen) die Güte der Schätzung kaum ändert.

Man erhält

$$(\underline{X}'\underline{X})^{-1} = \begin{pmatrix} 0.7212 \cdot 10^{-1} & 0.9701 \cdot 10^{-5} & -0.2451 \cdot 10^{-4} \\ -0.1502 \cdot 10^{-3} & 0.1968 \cdot 10^{-8} & 0.1167 \cdot 10^{-7} \\ 0.2594 \cdot 10^{-3} & -0.4474 \cdot 10^{-8} & -0.1756 \cdot 10^{-7} \end{pmatrix}$$
$$\quad\quad\quad\quad\quad x_1 \quad\quad\quad\quad x_2 \quad\quad\quad\quad x_3$$

mit

$$(\underline{X}'\underline{X}) = \begin{pmatrix} 1.600 \cdot 10^{1} & 2.537 \cdot 10^{5} & 1.463 \cdot 10^{5} \\ 3.537 \cdot 10^{5} & 4.615 \cdot 10^{9} & 2.574 \cdot 10^{9} \\ 1.463 \cdot 10^{5} & 2.574 \cdot 10^{9} & 1.499 \cdot 10^{9} \end{pmatrix}$$
$$\quad\quad\quad\quad\quad x_1 \quad\quad\quad\quad x_2 \quad\quad\quad\quad x_3$$

und

$$\hat{\sigma}^2 = \frac{e'e}{14} = 46\,395.1$$

$$\hat{\sigma} = \quad\quad\quad 215.395.$$

C. Die Maximum Likelihood Methode

1. Die Einführung einer Verteilung für die Störvariablen

Sobald über die Störvariablen nicht nur die beiden ersten Momente bekannt sind, sondern die stochastischen Eigenschaften durch eine Dichtefunktion, bzw. Verteilung beschrieben sind, lassen sich Maximum Likelihood Schätzwerte bestimmen. Es sei daran erinnert, daß sich bei Kenntnis hinreichend vieler Momente jede Verteilung bestimmen läßt (Loève).

2. Der Sonderfall der normalverteilten Störvariablen im klassischen Modell

Analog zum Zwei-Variablen-Modell wird bezüglich der Verteilung der Störvariablen die Annahme der Normalverteilung getroffen

$$u_i : N(0,\sigma^2) \qquad \text{für alle } i \; ,$$

d.h. außer den Annahmen des klassischen Falls

(8) $\qquad E(\underline{u}) = \underline{0} \quad \text{und} \quad E(\underline{u}\underline{u}') = \sigma^2 \underline{I} \qquad$ (21)

wird eine Dichte

$$p(u_i) = \frac{1}{(2\pi\sigma^2)^{1/2}} \exp\left(-\frac{u_i^2}{2\sigma^2}\right)$$

angenommen.

Die zu maximierende Likelihood Funktion lautet dann

$$L = \frac{1}{(2\pi\sigma^2)^{n/2}} \exp\left(-\frac{\underline{u}'\underline{u}}{2\sigma^2}\right) .$$

3. Die Übereinstimmung mit den SELS-Ergebnissen

Um das Maximum zu bestimmen, betrachtet man wie im Kapitel II die Funktion

$$L^* = \ln L = -\frac{n}{2}\ln(2\pi) - \frac{n}{2}\ln(\sigma^2) - \frac{1}{2\sigma^2}(\underline{u}'\underline{u}) .$$

Mit der verallgemeinerten Definition der Störvariablen

(102) $$\underline{u} = \underline{Y} - \underline{X}\underline{\beta}$$

erhält man

(103) $$L^* = -\frac{n}{2}\ln(2\pi) - \frac{n}{2}\ln(\sigma^2) - \frac{1}{2\sigma^2}(\underline{Y} - \underline{X}\underline{\beta})'(\underline{Y} - \underline{X}\underline{\beta}) .$$

Die notwendigen, jedoch nicht hinreichenden Bedingungen für ein Maximum ergeben

(104) $$\frac{\partial L}{\partial \underline{\beta}} = 0 = \frac{1}{\sigma^2}(-\underline{X}\underline{Y} + \underline{X}'\underline{X}\underline{\tilde{\beta}}) ,$$

(105) $$\underline{\tilde{\beta}} = (\underline{X}'\underline{X})^{-1}\underline{X}\underline{Y} ,$$

weil $\sigma^2 > 0$ und die Existenz der Inversen $(\underline{X}'\underline{X})^{-1}$ gesichert ist. Letzteres folgt aus der Voraussetzung

(106) $$\text{Rang}(\underline{X}'\underline{X}) = k < n .$$

Der Vergleich von (6) und (105) zeigt, daß der SELS-Schätzwert mit dem ML-Schätzwert übereinstimmt

(107) $$\underline{\tilde{\beta}} = \underline{\hat{\beta}} .$$

Daher werden für die Schätzwerte wieder die "^"-Bezeichnungen verwendet. Ebenso gelten die BLUE-Eigenschaften auch für die ML-Schätzwerte.

4. Zusätzliche Ergebnisse

4.1 Der verzerrte Schätzwert $\tilde{\sigma}^2$ für die Varianz der Störvariablen

Wie im Zwei-Variablen-Modell setzt man die partielle Ableitung von L^* nach σ^2 gleich Null und erhält für den ML-Schätzwert

(108) $$\frac{\partial L^*}{\partial \sigma^2} = 0 = -\frac{n}{2\tilde{\sigma}^2} + \frac{1}{2\tilde{\sigma}^4}(\underline{Y} - \underline{X}\underline{\hat{\beta}})'(\underline{Y} - \underline{X}\underline{\hat{\beta}}) ,$$

(109)
$$\tilde{\sigma}^2 = \frac{1}{n}(\underline{Y} - \underline{X}\hat{\underline{\beta}})'(\underline{Y} - \underline{X}\hat{\underline{\beta}}) = \frac{e'e}{n}.$$

Wie im Zwei-Variablen-Modell erhält man das erste von der SELS-Schätzung abweichende Ergebnis. Der Vergleich mit $\hat{\sigma}^2$ (80) läßt sofort die Verzerrung (biasedness) des ML-Schätzwertes $\tilde{\sigma}^2$ erkennen.

4.2 Die Normalverteilung des Schätzvektors $\hat{\underline{\beta}}$

Bereits bei der SELS-Schätzung wurde gezeigt, daß $\hat{\underline{\beta}}$ eine lineare Funktion der normalverteilten Störvariablen ist (9). Somit ist auch $\hat{\underline{\beta}}$ normalverteilt mit dem Erwartungswert (10) und der Kovarianzmatrix (13)

(110)
$$\hat{\underline{\beta}} : N(\underline{\beta}, \sigma^2 (\underline{X}'\underline{X})^{-1}).$$

Nun soll aus (110) ein Test für $\hat{\underline{\beta}}$ entwickelt werden, der sich nur auf beobachtbare Größen stützt. Da σ^2 aber unbekannt ist, kann es für die folgenden Überlegungen nicht o.B.d.A. gleich eins gesetzt werden. Es muß vielmehr durch beobachtbare Größen ersetzt werden. Dies geschieht über die Residuen.

D. Statistische Prüfverfahren für den Schätzvektor $\hat{\underline{\beta}}$

1. Ableitungen der χ^2-Verteilung mit (n-k)-Freiheitsgraden für die Summe der quadratischen Abweichungen

Wie im Zwei-Variablen-Modell ist die χ^2-Verteilung der Summe der quadratischen Abweichungen offensichtlich. Aus der Bestimmung von σ^2 läßt sich sodann der Freiheitsgrad dieser Verteilung bestimmen. Unter Benutzung von

(76) $\qquad \underline{e}'\underline{e} = \underline{u}'\underline{M}\underline{u}$

und

(78) $\qquad \text{spur}(\underline{M}) = n-k$

folgt

(111) $\qquad \text{Rang}(\underline{M}) = k < n$.

Daher gibt es eine orthogonale Matrix $\underline{P}$ mit $\underline{P}' = \underline{P}^{-1}$, die $\underline{M}$ diagonalisiert

(112) $\qquad \underline{P}'\underline{M}\underline{P} = \underline{I}_{n-k}$

mit

(113) $\underline{I}_{n-k} = \begin{pmatrix} 1 & 0 & \cdots & & \vdots & \cdots & 0 \\ 0 & 1 & & & \vdots & & \\ \vdots & & \ddots & & \vdots & & \\ & & & 1 & \vdots & & \\ \cdots & \cdots & \cdots & \cdots & \vdots & \cdots & \cdots \\ & & & & \vdots & 0 & 0 \\ 0 & \cdots & \cdots & \cdots & \vdots & 0 & 0 \end{pmatrix}$

mit Spaltenaufteilung $n-k$ und k, Zeilenaufteilung $n-k$ und k.

Transformiert man die Störvariablen nun mit dieser Orthogonalmatrix

(114) $$\underline{z} = \underline{P}'\underline{u} \quad \text{oder} \quad \underline{u} = \underline{P}\underline{z},$$

so folgt aus (76)

(115) $$\underline{e}'\underline{e} = \underline{z}'\underline{P}'\underline{M}\underline{P}\underline{z} = \underline{z}'\underline{I}_{n-k}\underline{z} = \sum_{i=1}^{n-k} z_i^2,$$

Wegen der Diagonalisierung liefern nur die ersten (n-k)-Komponenten von $\underline{z}$ einen positiven Beitrag

(116) $$\underline{e}'\underline{e} = (\underline{z}_1' \underline{z}_1') \, \underline{P}'\underline{M}\underline{P} \begin{pmatrix} \underline{z}_1 \\ \underline{z}_2 \end{pmatrix}$$

mit

$$(\underbrace{\underline{z}_1}_{n-k} \mid \underbrace{\underline{z}_2}_{k}).$$

Somit

(117) $$\underline{e}'\underline{e} = \underline{z}_1'\underline{I}_{n-k}\underline{z}_1 .$$

Da die z_i als lineare Funktionen der Störvariablen normalverteilt sind, ist ihre (n-k)-fache Quadratsumme nach Definition χ^2_{n-k}-verteilt, folglich

(118) $$\underline{e}'\underline{e} : \chi^2_{n-k} .$$

Da die Division durch eine positive skalare Größe die Form der χ^2-Verteilung nicht ändert, gilt ebenso

(119) $$\frac{\underline{e}'\underline{e}}{\sigma^2} : \chi^2_{n-k} .$$

2. Einschub: Die idempotente Matrix $\underline{M}$

Die Ergebnisse

(47) $$E(\underline{ee}') \neq E(\underline{uu}')$$

(80) $$\hat{\sigma}^2 = \frac{\text{spur}(\underline{ee}')}{n-k} = \frac{\underline{e}'\underline{e}}{n-k}$$

lassen sich auch über die Matrix $\underline{M}$ und die $\underline{z}$-Zerlegung ableiten. Aus der Definition der Matrix $\underline{M}$ (73) folgt

(120) $E(\underline{ee}') = E(\underline{u}\underline{M}\underline{u}')$

$= E(\underline{uu}') - E(\underline{u}\underline{X}(\underline{X}'\underline{X})^{-1}\underline{X}'\underline{u}')$

$= E(\underline{uu}') - E(\underline{u}\underline{X}\underline{X}^{-1}\underline{X}'^{-1}\underline{X}'\underline{u}')$, weil Transponieren und Invertieren eines Matrixproduktes vertauschbar sind,

$= E(\underline{uu}') - E(\underline{u}(\underline{I}-\underline{I}_{n-k})\underline{u}')$, wegen (106),

und somit

(121) $\underline{I}-\underline{I}_{n-k} = \begin{pmatrix} 0 & 0 & & & & & & 0 \\ 0 & & \ddots & & & & & \\ & & & \ddots & & & & \\ & & & & & & & \\ & & & & & 1 & & \\ & & & & & & \ddots & 0 \\ 0 & & & & & & 0 & 1 \end{pmatrix} \begin{array}{l} \left.\begin{array}{c} \\ \\ \\ \end{array}\right\} n-k \\ \left.\begin{array}{c} \\ \\ \end{array}\right\} k \end{array}$

$\underbrace{}_{n-k} \underbrace{}_{k}$

Schließlich

(122) $E(\underline{ee}') = \sigma^2 \underline{I} - \sigma^2(\underline{I} - \underline{I}_{n-k})$

$= \sigma^2 \underline{I}_{n-k}$.

Für $\underline{I}_{n-k}$ existiert jeoch keine Inverse, wie in (48) und (49) gezeigt wurde.

Ebenso ergibt sich unmittelbar der Schätzwert $\hat{\sigma}^2$ für die Varianz der Störvariablen

(123) $\qquad \text{spur}\left[E(\underline{ee}')\right] = (n-k)\sigma^2$.

Setzt man

(124) $\qquad \text{spur}(\underline{ee}') = (n-k)\hat{\sigma}^2$,

so erhält man den unverzerrten Schätzwert $\hat{\sigma}^2$, weil aus

(125) $\quad E\{\text{spur}(\underline{ee}')\} = \text{spur}\left[E(\underline{ee}')\right] = E(\underline{e}'\underline{e}) = (n-k)\sigma^2$

die Beziehung (80) folgt.

3. Die Unabhängigkeit der Verteilung des Schätzvektors $\underline{\beta}$ von der Verteilung der Quadratsumme der Residuen

Diese Unabhängigkeit folgt unmittelbar durch Übertragung des in Kapitel II, Abschnitt D.2, bewiesenen Satzes. Dazu müssen lediglich die dort eingeführten Matrizen $\underline{A}$ und $\underline{B}$ neu identifiziert werden.

Aus (76) erkennt man

(126) $\qquad \underline{A} \stackrel{\wedge}{=} \underline{M}$

und aus (9) und (116-117)

(127) $\qquad \underline{B} \stackrel{\wedge}{=} (\underline{X}'\underline{X})^{-1}\underline{X}$,

mit

(128) $\qquad \underline{Bu} = \begin{pmatrix} \hat{\beta}_1 - \beta_1 \\ \hat{\beta}_2 - \beta_2 \\ \cdot \cdot \cdot \cdot \\ \cdot \cdot \cdot \cdot \\ \hat{\beta}_k - \beta_k \end{pmatrix}$.

Die in (112) definierte Matrix $\underline{P}$ bewirkt die im Satz geforderte Orthogonaltransformation von $\underline{A}$ und es ist

(129)
$$\begin{aligned}
\underline{BA} &= (\underline{X}'\underline{X})^{-1}\underline{X}'(\underline{I}-\underline{X}(\underline{X}'\underline{X})^{-1}\underline{X}') \\
&= (\underline{X}'\underline{X})^{-1}\underline{X}' - (\underline{X}'\underline{X})^{-1}\underline{X}'\underline{X}(\underline{X}'\underline{X})^{-1}\underline{X}' \\
&= (\underline{X}'\underline{X})^{-1}\underline{X}' - (\underline{X}'\underline{X})^{-1}\underline{X}' = 0 \; .
\end{aligned}$$

Damit sind alle Voraussetzungen des Satzes erfüllt.

4. Der Übergang zu t-verteilten Testgrößen für den Schätzvektor

Wie im Zwei-Variablen-Modell verwendet man die Definition einer t-verteilten Größe mit r Freiheitsgraden

(130) $$\tau = \frac{m\sqrt{r}}{x} \; , \text{ wobei}$$

(131)   (i) $m : N(0,1)$,
(132)   (ii) $x^2 : \chi^2_r$
(133)   (iii) m und x^2 voneinander unabhängig sind.

Sodann ordnet man

$$\hat{\beta}_i \Longleftrightarrow m \quad \text{und} \quad x^2 \Longleftrightarrow \frac{\underline{e}'\underline{e}}{n-k}$$

zu, und erhält komponentenweise

(134) $$\tau_{\hat{\beta}i} = \frac{\frac{\hat{\beta}_i - E(\hat{\beta}_i)}{\sqrt{\text{var}(\hat{\beta}_i)}}\sqrt{n-k}}{\sqrt{\underline{e}'\underline{e}/\sigma^2}} \; : \; t_{n-k} \; .$$

Aus (10) folgt

(135) $$E(\hat{\beta}_i) = \beta_i$$

und wegen

(136) $\text{var}(\hat{\beta}_i)$ = Hauptdiagonalelement von $\text{Cov}(\hat{\underline{\beta}})$

      = $\sigma^2 a_{ii}$,

wobei a_{ii} das i-te Hauptdiagonalelement von $(X'X)^{-1}$ bezeichnet, vereinfacht sich (135) zu

(137) $\tau_{\hat{\beta}_i} = \dfrac{(\hat{\beta}_i - \beta_i)\sqrt{n-k}}{\sqrt{a_{ii}}\sqrt{\underline{e}'\underline{e}}} \; : \; t_{n-k}$.

Damit hat man das unbekannte σ^2 eliminiert. Alle Tests des Zwei-Variablen-Modells übertragen sich jetzt unmittelbar.

4.1 Vertrauensbereiche aus den t-verteilten Testgrößen

Wie im Zwei-Variablen-Modell erhält man unter der Hypothese, daß der "wahre" Koeffizient β_i verschwindet, d.h.

(138) $H : \beta_i = 0$ gegen $H_a : \beta_i \neq 0$,

für eine vorgegebene Irrtumswahrscheinlichkeit ε folgenden Vertrauensbereich für den "wahren" Koeffizienten

(139) $P\left[\hat{\beta}_i - \Delta\hat{\sigma}\sqrt{a_{ii}} \leq \beta_i \leq \hat{\beta}_i + \Delta\hat{\sigma}\sqrt{a_{ii}}\right] \geq 1 - \varepsilon, \; 0 < \varepsilon < 1$,

wobei der Wert von Δ für vorgegebenes ε und $(n-k)$ Freiheitsgrade einer Tabelle der t-Verteilung entnommen wird. Der einzige formale Unterschied zum Zwei-Variablen-Modell ist die Ersetzung von $\text{var}(\alpha)$, bzw. $\text{var}(\beta)$ durch den allgemeineren Ausdruck a_{ii}.

4.2 Abschließende Bemerkung zum t-Test

Man beachte, daß die Beschränkung auf den klassischen Fall nicht so einschränkend ist, wie sie zunächst erscheinen mag, denn die Fälle (H) und (A) können durch Transformationen auf den klassischen Fall zurückgeführt werden, und sind auf diese Weise auch testfähig.

5. Der varianzanalytische Ansatz - Snedecor's F-Test

5.1 Die Konstruktion F-verteilter Größen

Für mehr als zwei unabhängige Variable folgen aus diesem Ansatz wesentlich weiterführende Ergebnisse. Zunächst erinnere man sich an die Definition F-verteilter Größen (Kapitel II, D.4.1)

(140) (i)   wenn z_i : $N(0,1)$-verteilt ist, dann ist

(141) $$\sum_{i=1}^{n} z_i^2 = z : \chi_n^2\text{-verteilt},$$

(142) (ii) wenn z : χ_n^2-verteilt und v : χ_m^2-verteilt ist, dann ist

(143) $$\frac{z/n}{v/m} = \frac{zm}{vn} : F_{n,m}\text{-verteilt} .$$

Somit lassen sich aus dem Schätzvektor $\underline{\beta}$ und den Residuen $\underline{e}$ F-verteilte Testgrößen konstruieren.

Folgende Analogien gelten

(144) 1. $$z_i = \frac{\hat{\beta}_i - E(\hat{\beta}_i)}{\sqrt{\text{var}(\hat{\beta}_i)}} : N(0,1) ,$$

(145) 2. $$z = \sum_{i \in (1,2,\ldots,l)} \left(\frac{\hat{\beta}_i - E(\hat{\beta}_i)}{\sqrt{\text{var}(\hat{\beta}_i)}} \right)^2 : \chi_l^2 ,$$

wobei l eine Auswahl aus den k möglichen Koeffizienten $\hat{\beta}_i$ andeuten soll. Für l = 1 wird ein Koeffizient, für l = 2 werden zwei Koeffizienten, ..., für l = s werden s Koeffizienten, ..., und für l = k werden alle Koeffizienten in die Summe aufgenommen. Somit ergeben sich χ^2-verteilte Größen, mit 1,2,...,s,... oder k Freiheitsgraden.

$$(146) \quad 3. \quad \frac{\underline{e}'\underline{e}}{\sigma^2} = \frac{\sum_{i=1}^{n} e_i^2}{\sigma^2} : \chi_{n-k}^2 \ .$$

Entsprechend der Auswahlmöglichkeiten aus $\underline{z}$ ergeben sich die mit l und (n-k) Freiheitsgraden verteilten F-Größen

$$(147) \quad \frac{n-k}{l} \frac{\sum\limits_{i \in (1,2,\ldots,l)} \left(\frac{\hat{\beta}_i - E(\hat{\beta}_i)}{\sqrt{\mathrm{var}(\hat{\beta}_i)}} \right)^2}{\underline{e}'\underline{e} / \sigma^2} : F_{l,n-k}$$

Zunächst sollen wie im Zwei-Variablen-Modell der Test eines einzelnen Koeffizienten und der Test des Bestimmtheitsmaßes gebracht werden. Danach wird der für das Zwei-Variablen-Modell nur angedeutete Test für mehrere Koeffizienten behandelt.

5.2 Der Test eines einzelnen Koeffizienten $\hat{\beta}_i$

Falls l = 1 gewählt wird, d.h. nur ein Summand im Zähler der Größe (145) auftritt

$$(148) \quad f_{\hat{\beta}_i} = \frac{\frac{n-k}{1} \left(\frac{\hat{\beta}_i - E(\hat{\beta}_i)}{\sqrt{\mathrm{var}(\hat{\beta}_i)}} \right)^2}{\underline{e}'\underline{e} / \sigma^2} : F_{1,n-k} \ ,$$

ergibt sich mit (10) und (23) das Quadrat der mit (n-k)-Freiheitsgraden t-verteilten Größe

$$(149) \quad \tau_{\hat{\beta}_i} = \frac{(n-k)(\hat{\beta}_i - \beta_i)^2}{a_{ii} \, \underline{e}'\underline{e}} \ .$$

Dies stimmt mit dem Ergebnis des Zwei-Variablen-Modells völlig überein, wie bereits im Abschnitt 4.1 dieses Kapitels festgestellt wurde.

5.3 Ein Test für das Bestimmtheitsmaß

Eliminiert man in der Zählersumme des Ausdrucks (147) nur den Koeffizienten für die Konstante X_1, so erhält man

$$(150) \qquad \frac{n-k}{k-1} \frac{\sum_{i=2}^{k} \left(\frac{\hat{\beta}_i - E(\hat{\beta}_i)}{\sqrt{\text{var}(\hat{\beta}_i)}} \right)^2}{\underline{e}'\underline{e} / \sigma^2} : F_{k-1,n-k} .$$

Durch Einsetzen des Erwartungswertes (1o) und der Varianz (23) erhält man

$$(151) \qquad \frac{n-k}{k-1} \frac{\sum_{i=2}^{k} \left(\frac{\hat{\beta}_i - \beta_i}{\sqrt{a_{ii}}} \right)^2}{\underline{e}'\underline{e}} : F_{k-1,n-k} .$$

Wird nun die Hypothese aufgestellt, daß alle Koeffizienten verschwinden, d.h.

$$(152) \qquad H : \beta_i = 0 \quad \text{gegen} \quad H_a : \beta_i \neq 0 ,$$

$$i=2,3,\ldots,k \qquad \text{für mindestens ein } i$$

dann geht (151) über in

$$(153) \qquad \frac{n-k}{k-1} \frac{\sum_{i=2}^{k} \left(\frac{\hat{\beta}_i}{\sqrt{a_{ii}}} \right)^2}{\underline{e}'\underline{e}} = \frac{n-k}{k-1} \frac{\hat{\underline{\beta}}_1^{*'} \hat{\underline{\beta}}_1^{*}}{\underline{e}'\underline{e}} .$$

Der Unterschied zwischen $\hat{\beta}_i$ und $\hat{\beta}_i / \sqrt{a_{ii}}$ liegt in der Division durch die Diagonalelemente von $(\underline{x}_1' \underline{x}_1)^{-1}$.

Sei

$$
(154) \qquad \hat{\underline{\beta}}_1^* = \begin{pmatrix} \hat{\beta}_2 / \sqrt{a_{22}} \\ \hat{\beta}_3 / \sqrt{a_{33}} \\ \vdots \\ \hat{\beta}_k / \sqrt{a_{kk}} \end{pmatrix}
$$

und $\underline{D}(\cdot)$ eine Diagonalmatrix, dann ist

$$(155) \qquad \hat{\underline{\beta}}_1^* = \underline{D}(1/\sqrt{a_{ii}})\hat{\underline{\beta}}_1 \;,$$

d.h. zwischen $\hat{\underline{\beta}}_1^*$ und $\hat{\underline{\beta}}_1$ besteht eine lineare, umkehrbare Transformation. Wenn $\hat{\underline{\beta}}_1$ verschwindet, muß auch $\hat{\underline{\beta}}_1^*$ verschwinden und umgekehrt. Anstatt nur die Hauptdiagonale von $(x_1'x_1)^{-1}$ zu benutzen, gilt dies offensichtlich allgemein. Für den Test sind $\hat{\underline{\beta}}_1^*$ und jedes $\hat{\underline{\beta}}_1^{**} = \underline{L}\hat{\underline{\beta}}_1$ gleichwertig, solange nur die eindeutige Umkehrbarkeit gewährleistet ist, z.B. auch

$$(156) \qquad \hat{\underline{\beta}}_1^{*'}\hat{\underline{\beta}}_1^*$$

mit dem linken Vektor

$$(157) \qquad \hat{\underline{\beta}}_1^{**} = \underline{L}_1\hat{\underline{\beta}}_1 = \underline{I}\hat{\underline{\beta}}_1$$

und dem rechten Vektor

$$(158) \qquad \hat{\underline{\beta}}_1^{***} = \underline{L}_2\hat{\underline{\beta}}_1 = (\underline{x}_1'\underline{x}_1),$$

so daß als Zähler in der Testgröße

$$(159) \qquad \hat{\underline{\beta}}_1^{**'}\hat{\underline{\beta}}_1^{***}$$

benutzt werden kann. Somit erhält man aus (156)

$$(160) \qquad \hat{\underline{\beta}}_1'(\underline{x}_1'\underline{x}_1)\hat{\underline{\beta}}_1 = \hat{\underline{\beta}}_1'(\underline{x}_1'\underline{x}_1)(\underline{x}_1'\underline{x}_1)^{-1}\underline{x}_1'\underline{y}$$

$$= \hat{\underline{\beta}}_1'\underline{x}_1'\underline{y} \;.$$

Aus der Analyse des Bestimmtheitsmaßes folgt wegen (88) und (95) für (153)

(161) $\quad f_{R^2} = \frac{n-k}{k-1} \frac{\hat{\underline{\beta}}_1' \underline{x}_1 \underline{y}}{\underline{e}'\underline{e}} = \frac{n-k}{k-1} \frac{R^2 \underline{y}'\underline{y}}{(1-R^2)\underline{y}'\underline{y}} = \frac{n-k}{k-1} \frac{R^2}{1-R^2} : F_{k-1, n-k}$.

Damit ist ein Test für das Bestimmtheitsmaß gewonnen, nämlich der Vertrauensbereich

(162) $\quad P\left[f_{R^2} \leq \Delta\right] \geq 1 - \varepsilon, \quad 0 < \varepsilon < 1$.

Wenn f_{R^2} kleiner ist als der aus einer Tabelle für die F-Verteilung mit (k-1,n-k)-Freiheitsgraden entnommene Wert Δ, kann die Hypothese, daß alle Koeffizienten verschwinden, bzw. das Bestimmtheitsmaß gleich Null ist, mit der vorgegebenen Irrtumswahrscheinlichkeit ε akzeptiert werden. Wenn die Schranke überschritten wird, müssen beide Hypothesen verworfen werden.

Wie im Zwei-Variablen-Modell läßt sich dieser Test in einer varianzanalytischen Tabelle darstellen

Variation	Quadratsumme	Freiheitsgrade
1. durch $x_2, x_3, \ldots, x_k$ erklärte Varianz	$\hat{\underline{y}}'\hat{\underline{y}} = \hat{\underline{\beta}}_1 \underline{x}_1 \underline{y} = \underline{y}'\underline{y} R^2$	k-1
2. unerklärte Varianz	$\underline{e}'\underline{e} = \hat{\underline{y}}'\hat{\underline{y}}(1-R^2)$	n-k
3. gesamte Varianz	$\underline{y}'\underline{y} = \hat{\underline{y}}'\hat{\underline{y}} + \underline{e}'\underline{e}$	n-1

Anders als im Zwei-Variablen-Modell, bei dem nur ein Koeffizient β in $\underline{\beta}_1$ enthalten ist, sind dieser Test und der t-Test für das Verschwinden aller β_i (i=2,3,...,k) nicht identisch. Weder stimmen die Quadratsumme der t-verteilten Größe $\tau_{\hat{\beta}_i}$ (137) mit (151) überein – eine Korrektur durch die Freiheitsgrade 1/(k-1) kommt hinzu –, noch sind die Vertrauensbereiche identisch – dort sind es (k-1) Vertrauensbereiche, hier nur einer.

Die Bildung von f_{R^2} hat dazu angeregt, ein sog. korregiertes Bestimmtheitsmaß zu definieren. Statt

(94) $$R^2 = 1 - \frac{e'e}{\underline{y}'\underline{y}}$$

wird definiert

(163) $$\bar{R}^2 = 1 - \frac{n-1}{n-k}\frac{e'e}{\underline{y}'\underline{y}} = 1 - (1-R^2)\frac{n-1}{n-k}$$

$$R^2 - \frac{k-1}{n-k}(1-R^2) \ .$$

Der zweite Summand wird im Zähler und Nenner mit der Anzahl der Freiheitsgrade gewichtet (vgl. II, 194).

Dies ist zwar ein wesentlich abstrakteres Maß als das Bestimmtheitsmaß. Da es jedoch die Anzahl der Freiheitsgrade berücksichtigt eignet es sich, wenn mehrere Gleichungen miteinander verglichen werden sollen, für Aussagen, in denen die Zahl der erklärenden Variablen und die Größe der Stichprobe verschieden sind.

5.4 Der gemeinsame Test für mehrere Koeffizienten

5.4.1 Hinzufügen einer zusätzlichen unabhängigen Variablen

Erstreckt sich die Zählersumme in (147) bzw. (153) im vorangegangenen Test für ein Bestimmtheitsmaß auf die ersten $k-2$ Variablen, d.h. $X_2, X_3, \ldots, X_{k-1}$, mit

(164) $$f_{X_2, X_3, \ldots, X_{k-1}} = \frac{n-k}{k-2} \frac{\sum_{i=2}^{k-1}(\hat{\beta}_i/\sqrt{a_{ii}})^2}{e'e}$$

$$= \frac{n-k}{k-2} \frac{\sum_{i=2}^{n}\hat{\beta}_i^{*2}}{e'e} \ , \quad \text{mit } \hat{\beta}_i^{*2} = \hat{\beta}_i/\sqrt{a_{ii}} \ .$$

Da die ausgeschlossene Variable X_k o.B.d.A. eine beliebige sein kann, bieten sich zwei Testgrößen an

$$f_{X_2,X_3,\ldots,X_{k-1}} : F_{k-2,n-k}, \text{ sowie}$$

$$f_{X_k} : F_{1,n-k},$$

oder in Anlehnung an den Test für das Bestimmtheitsmaß

(165) $\qquad f_{R^2(k-2)} : F_{k-2,n-k}, \quad \hat{=} (164)$

(166) $\qquad f_{R^2(1)} : F_{1,n-k}, \quad \hat{=} (148)$

(167) $\qquad f_{R^2(k-1)} : F_{k-1,n-k}. \quad \hat{=} (153)$

Die Größe $f_{R^2(1)}$ gibt an, wieviel die ausgeschlossene Variable X_k zur Erklärung der abhängigen Variablen beiträgt, wenn man X_k in die Regression einbezieht.

Üblicherweise wird auch diese Rechnung in einer varianzanalytischen Tabelle dargestellt

	Variation	Quadratsumme	Freiheitsgrade	
Zähler	1. durch $X_2,X_3,\ldots,X_{k-1}$ erklärte Varianz	$\sum_{i=2}^{k-1} \hat{\beta}_i^{*2}$	k-2	$: F_{k-2,n-k}$
Zähler	2. durch X_k erklärte Varianz	$\hat{\beta}_k^{*2}$	1	$: F_{1,n-k}$
Zähler	3. durch $X_2,X_3,\ldots,X_k$ erklärte Varianz	$\sum_{i=2}^{k} \hat{\beta}_i^{*2}$	k-1	$: F_{k-1,n-k}$
Nenner	4. unerklärte Varianz (Residuen)	$\underline{e}'\underline{e}$	n-k	
Nenner	5. gesamte Varianz	$\underline{y}'\underline{y}$		

Aus diesem Tableau lassen sich $f_{R^2(k-2)}$, $f_{R^2(1)}$ und $f_{R^2(k-1)}$ schnell ermitteln, und mit den jeweiligen Schranken der zugehörigen F-Verteilung prüfen.

Wie unter (152) erläutert, wird auf das Verschwinden der Koeffizienten getestet. Kann die Hypothese verworfen werden, so geben die (k-1) Variablen eine akzeptable Erklärung der abhängigen Variablen Y. Kann die Hypothese dagegen nicht verworfen werden, empfiehlt sich die Hinzunahme einer weiteren unabhängigen Variablen. Dazu wählt man eine Variable, für die die einzelne Hypothese $\beta_i = 0$ verworfen werden kann. Die Hinzunahme dieser Variablen als k-te Variable zu den bisherigen (k-1) Variablen könnte dann zur Verwerfung der Hypothese führen.

Schematisch:

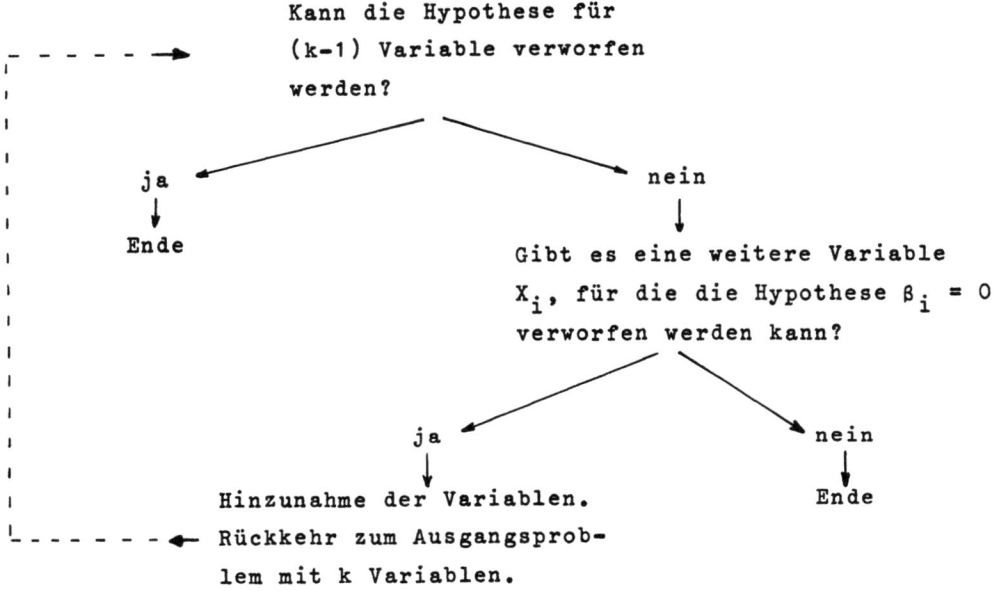

5.4.2 Hinzufügen mehrerer zusätzlicher unabhängiger Variabler

Anstatt eine einzige zusätzliche Variable auf ihre Aufnahme in die Regression zu prüfen, kann man eine ganze Gruppe prüfen. Seien $X_2, X_3, \ldots, X_r$ bereits in der Regression enthalten, so soll über die Aufnahme von $X_{r+1}, X_{r+2}, \ldots, X_k$ entschieden werden, d.h.

$$f_{R^2(r-1)} \quad : \quad F_{r-1,n-k},$$

$$f_{R^2(k-r)} \quad : \quad F_{k-r,n-k},$$

$$f_{R^2(k-1)} \quad : \quad F_{k-1,n-k},$$

sind zu prüfen. Die Größen lassen sich wieder in einer varianzanalytischen Tabelle zusammenfassen

	Variation	Quadratsumme	Freiheitsgrade	
Zähler	1. durch $X_2, X_3, \ldots, X_r$ erklärte Varianz	$\sum_{i=2}^{r} \hat{\beta}_i^{*2}$	$r-1$	$: F_{r-1,n-k}$
	2. durch $X_{r+1}, X_{r+2}, \ldots, X_k$ erklärte Varianz	$\sum_{i=r+1}^{k} \hat{\beta}_i^{*2}$	$k-r$	$: F_{k-r,n-k}$
	3. durch $X_2, X_3, \ldots, X_k$ erklärte Varianz	$\sum_{i=2}^{k} \hat{\beta}_i^{*2}$	$k-1$	$: F_{k-1,n-k}$
Nenner	4. unerklärte Varianz (Residuen)	$\underline{e}'\underline{e}$	$n-k$	
	5. gesamte Varianz	$\underline{y}'\underline{y}$		

Anstatt eine einzige Variable auf ihre Aufnahme in die Regression zu testen, werden jetzt Gruppen von unabhängigen Variablen getestet.

Schematisch:

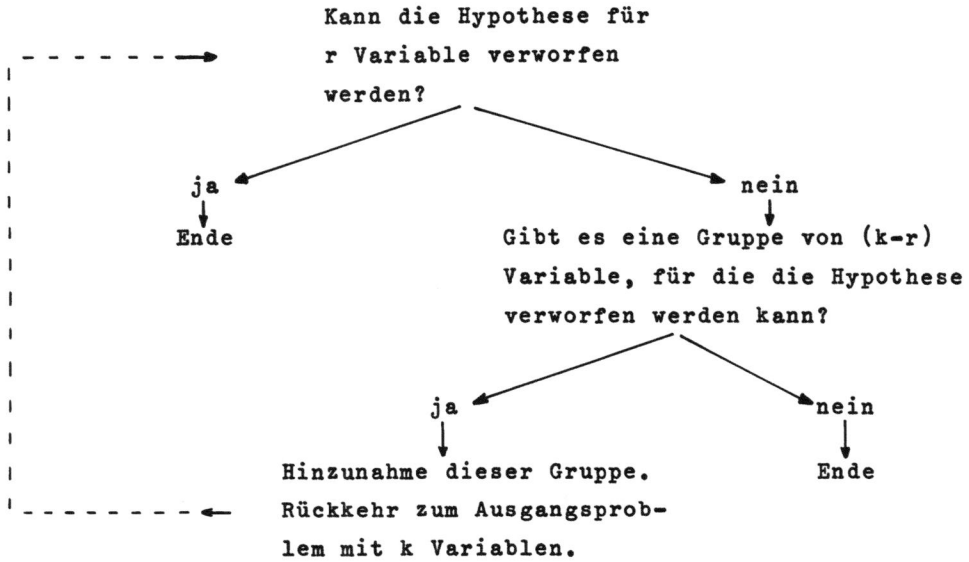

6. Übersicht der wichtigsten Beziehungen

(110) $\hat{\underline{\beta}} : N(\underline{\beta}, \sigma^2(\underline{X}'\underline{X})^{-1})$

(119) $\dfrac{\underline{e}'\underline{e}}{\sigma^2} : \chi^2_{n-k}$,

(137) $\tau_{\hat{\beta}_i} = \dfrac{(\hat{\beta}_i - \beta_i)\sqrt{n-k}}{\sqrt{a_{ii}}\sqrt{\underline{e}'\underline{e}}} : t_{n-k}$,

(139) $P\left[\hat{\beta}_i - \Delta\hat{\sigma}\sqrt{a_{ii}} \leq \beta_i \leq \hat{\beta}_i + \Delta\hat{\sigma}\sqrt{a_{ii}}\right] \geq 1 - \varepsilon,\ 0 < \varepsilon < 1,$

(147) $\dfrac{n-k}{l}\ \dfrac{\sum\limits_{i\in(1,2,\ldots,l)}\left(\dfrac{\hat{\beta}_i - E(\hat{\beta}_i)}{\sqrt{\mathrm{var}(\hat{\beta}_i)}}\right)^2}{\underline{e}'\underline{e}/\sigma^2} : F_{l,n-k}$

$$(149) \quad f_{\hat{\beta}_i} = \frac{n-k}{1} \frac{(\hat{\beta}_i - \beta_i)^2}{a_{ii} \, \underline{e}'\underline{e}} \quad : \quad F_{1,n-k},$$

$$(161) \quad f_{R^2} = \frac{n-k}{k-1} \frac{R^2}{1-R^2} \quad : \quad F_{k-1,n-k},$$

$$(162) \quad P\left\{ f_{R^2} \leq \Delta \right\} \geq 1 - \varepsilon, \quad 0 < \varepsilon < 1.$$

7. Vierte Fortsetzung des Beispiels

Für den t-verteilten Vertrauensbereich der drei "wahren" Koeffizienten β_i, $i = 1,2,3$, erhält man bei einer vorgegebenen Irrtumswahrscheinlichkeit von $\varepsilon = 0.01$ und 13 Freiheitsgraden mit dem Tabellenwert $\Delta = 3.012$ innerhalb der Rechengenauigkeiten

i	$\hat{\beta}_i \pm \Delta \, \hat{\sigma} \sqrt{a_{ii}}$	$\sqrt{a_{ii}}$
1	2 052.795 ± 17.432	$0.2687 \cdot 10^{-1}$
2	1.027 ± 0.000	$0.1404 \cdot 10^{-4}$
3	0.051 ± 0.861	$1.3270 \cdot 10^{-4}$

Für den Test des Bestimmtheitsmaßes erhält man

$$f_{R^2} = \frac{n-k}{k-1} \frac{R^2}{1-R^2} = \frac{16-3}{3-1} \frac{0.999}{0.001} = 6\,493.5 \, .$$

Da $f_{R^2} : F_{2,13}$-verteilt ist, lautet für eine vorgegebene Irrtumswahrscheinlichkeit von $\varepsilon = 0.01$ der zugehörige Tabellenwert $\Delta = 6.70$. Somit ist die Hypothese, daß das Bestimmtheitsmaß gleich Null ist, zu verwerfen. Die Beziehung zwischen dem privatem Verbrauch und dem Lohn- und Gewinneinkommen ist mit einem Signifikanzniveau von $\varepsilon = 0.01$ gesichert.

Die varianzanalytische Darstellung der Hinzunahme der zweiten unabhängigen Variablen, dem Gewinneinkommen, ergibt folgende Tabelle

Variation	Quadratsumme	Freiheitsgrade
durch X_2 erklärte Varianz	$\left\|\dfrac{\beta_2}{\sqrt{a_{22}}}\right\|^2 = 5.3592 \cdot 10^8$	1
durch X_3 erklärte Varianz	$\left(\dfrac{\beta_3}{\sqrt{a_{33}}}\right)^2 = 1.4976 \cdot 10^5$	1
durch X_2 und X_3 erklärte Varianz	$\left\|\dfrac{\beta_2}{\sqrt{a_{22}}}\right\|^2 + \left\|\dfrac{\beta_3}{\sqrt{a_{33}}}\right\|^2 = 5.3607 \cdot 10^8$	2
unerklärte Varianz	$\underline{e}'\underline{e} = 6.0314 \cdot 10^5$	13
gesamte Varianz	$\underline{y}'\underline{y} = 6.5121 \cdot 10^8$	

Damit erhält man für eine Irrtumswahrscheinlichkeit von $\varepsilon = 0.01$

$$f_{X_2} = \frac{(\beta_2/\sqrt{a_{22}})^2}{\hat{\sigma}^2} = \frac{5.3592 \cdot 10^8}{4.6395 \cdot 10^4} = 1.1551 \cdot 10^4 \quad : F_{1,13},$$

mit dem kritischen Wert $\Delta = 9.07$,

$$f_{X_3} = \frac{(\beta_3/\sqrt{a_{33}})^2}{\hat{\sigma}^2} = \frac{1.4976 \cdot 10^5}{4.6395 \cdot 10^4} = 3.227 \quad : F_{1,13},$$

mit dem kritischen Wert $\Delta = 9.07$,

$$f_{X_2,X_3} = \frac{(\beta_2/\sqrt{a_{22}})^2 + (\beta_3/\sqrt{a_{33}})^2}{2\hat{\sigma}^2} = \frac{5.3607 \cdot 10^8}{9.2790 \cdot 10^4} = 5.7825 \cdot 10^3 \quad : F_{2,13},$$

mit dem kritischen Wert $\Delta = 6.70$.

Da f_{X_3} kleiner ist als der zugehörige Tabellenwert, ist die Hypothese, daß der Koeffizient ungleich Null ist, zu verwerfen. Die Hinzunahme des Gewinneinflusses ist somit nicht gesichert, obwohl zusammen mit dem Lohneinfluß (f_{X_2,X_3}) die Hypothese nicht verworfen werden kann, d.h. sowohl die Abhängigkeit des privaten Verbrauchs vom Lohneinkommen allein (f_{X_2}) als auch die Abhängigkeit des privaten Verbrauchs vom Lohn- und Gewinneinkommen (f_{X_2,X_3}) ist mit dem vorgegebenem Signifikanzniveau $\varepsilon = 0.01$ gesichert.

Der Wert für die Durbin-Watson Statistik beträgt 1.2730. Die zugehörigen kritischen Werte für 16 Beobachtungen und zwei erklärende Variablen lauten für eine vorgegebene Irrtumswahrscheinlichkeit $\varepsilon = 0.05$

$$d_L = 0.98 \quad \text{und} \quad d_U = 1.54.$$

Da der beobachtete Wert zwischen diesen beiden Grenzen liegt, kann mit der vorgegebenen Irrtumswahrscheinlichkeit keine Entscheidung über die Autokorrelation getroffen werden.

Für eine vorgegebene Irrtumswahrscheinlichkeit von $\varepsilon = 0.01$ lauten die beiden kritischen Werte

$$d_L = 0.74 \quad \text{und} \quad d_U = 1.25,$$

so daß die Hypothese der Autokorrelation nicht verworfen werden kann.

E. Erweiterung des Modells um zusätzliche Beobachtungswerte

1. Prognose

1.1 Das allgemeine Problem der Prognose

Für die unabhängige Variable liege eine zusätzliche Beobachtung $\underline{X}'_o = (X_{o1}, X_{o2}, \ldots, X_{ok})$ vor. Es muß geprüft werden, ob die aus der Regression erhaltene Schätzgerade

$$\hat{Y}_i = \hat{\beta}_1 + \sum_{j=2}^{k} \hat{\beta}_j X_{ij}, \qquad i = 1, 2, \ldots, n$$

zur Prognose von Y_o verwendet werden kann, d.h.

$$(168) \qquad \hat{Y}_o = \hat{\beta}_1 + \sum_{j=2}^{k} \hat{\beta}_j X_{oj}.$$

Viele Eigenschaften des Zwei-Variablen Modells übertragen sich unmittelbar.

1.2 BLUE-Eigenschaften des Prognosewertes $\hat{Y}_o$

1.2.1 Unverzerrtheit des Prognosewertes

Wendet man auf (168) den bedingten Erwartungsoperator $E(\cdot|X_o)$ an, so folgt

$$(169) \qquad E(\hat{Y}_o) = \beta_1 + \sum_{j=2}^{k} \beta_j X_{oj},$$

da die Schätzwerte $\hat{\beta}_j$, $j = 1, 2, \ldots, k$, unverzerrt sind.

1.2.2 Linearität und kleinste Varianz des Prognosewertes

Definitionsgemäß gilt

$$(170) \qquad \operatorname{var}(\hat{Y}_o) = E\left[\hat{Y}_o - E(\hat{Y}_o)\right]^2,$$

$$= E\left[(\hat{\beta}_1 - \beta_1) + \sum_{j=2}^{k} (\hat{\beta}_j - \beta_j)X_{oj}\right]^2, \text{ wegen (168) und (169)}$$

$$= E\left\{\left[(\hat{\underline{\beta}} - \underline{\beta})'\underline{X}_o\right]^2\right\}$$

$$= E\left\{\underline{X}_o'(\hat{\underline{\beta}} - \underline{\beta})(\hat{\underline{\beta}} - \underline{\beta})'\underline{X}_o\right\}$$

$$= \underline{X}_o'E\left\{(\hat{\underline{\beta}} - \underline{\beta})(\hat{\underline{\beta}} - \underline{\beta})'\right\}\underline{X}_o$$

$$= \underline{X}_o'\mathrm{Cov}(\hat{\underline{\beta}})\underline{X}_o.$$

Mit (64) ergibt sich das gewünschte Ergebnis sofort.

1.3 Übertragung der verteilungsabhängigen Ergebnisse

Ebenso wie die verteilungsunabhängigen Ergebnisse des Zwei-Variablen Modells übertragen sich auch die verteilungsabhängigen Ergebnisse. Bei Annahme einer Normalverteilung für die Störvariablen ergibt sich eine mit (n-k)-Freiheitsgraden t-verteilte Testgröße

$$(171) \qquad \tau_{\hat{Y}_o} = \frac{\hat{Y}_o - E(\hat{Y}_o)}{\sqrt{\mathrm{var}(\hat{Y}_o)}} \bigg/ \sqrt{\frac{\underline{e}'\underline{e}}{(n-k)\sigma^2}} \; : \; t_{n-k}$$

$$= \frac{\hat{Y}_o - Y_o}{\sqrt{\underline{X}_o'\mathrm{Cov}(\hat{\underline{\beta}})\underline{X}_o}} \sqrt{\frac{(n-k)\sigma^2}{\underline{e}'\underline{e}}}$$

$$= (\hat{Y}_o - Y_o)M,$$

mit

$$(172) \qquad M = \sqrt{\frac{(n-k)\sigma^2}{\underline{X}_o'\mathrm{Cov}(\hat{\underline{\beta}})\underline{X}_o \underline{e}'\underline{e}}} \; .$$

Analog zu (139) ergibt sich der Vertrauensbereich

$$(173) \qquad P\left[\hat{Y}_o - \frac{\Delta}{M} \leq Y_o \leq \hat{Y}_o + \frac{\Delta}{M}\right] \geq 1 - \varepsilon, \quad 0 < \varepsilon < 1.$$

Mit einer vorgegebenen Irrtumswahrscheinlichkeit ε liegt der "wahre" Wert Y_o zwischen den durch den Tabellenwert Δ vermittelten Schranken.

1.4 Untersuchung einer zusätzlichen Beobachtung

Anstatt bei vorgegebenen unabhängigen Variablen $\underline{X}'_o = (X_{o1}, X_{o2}, \ldots, X_{ok})$ die Größe Y_o zu schätzen, sei jetzt eine vollständige neue Beobachtung $(X_{o1}, X_{o2}, \ldots, X_{ok}, Y_o)$ gegeben.

Es soll geprüft werden, ob dieser Beobachtungswert derselben Grundgesamtheit entnommen wurde, für die aus gegebenen n Beobachtungswerten eine Regression bestimmt wurde, d.h. es soll die Gültigkeit der folgenden linearen Beziehung

(174) $\qquad Y_o = \underline{\beta}'\underline{X}_o + u_o,$ bzw.

(175) $\qquad Y_o = \hat{\underline{\beta}}'\underline{X}_o + e_o,$ bzw.

(176) $\qquad \hat{Y}_o = \hat{\underline{\beta}}'\underline{X}_o$

getestet werden.

Man erhält für Erwartungswert und Varianz von $\hat{Y}_o$

(177) $\qquad E(Y_o - \hat{Y}_o) = E(u_o) + (\underline{\beta} - \hat{\underline{\beta}})'\underline{X}_o = 0,$

(178) $\qquad \text{var}(\hat{Y}_o) = E\{(\hat{Y}_o - Y_o)^2\}$

$\qquad\qquad\qquad = E\{u_o^2 + \underline{X}'_o(\hat{\underline{\beta}}-\underline{\beta})(\hat{\underline{\beta}}-\underline{\beta})'\underline{X}_o - 2u_o\underline{X}'_o(\hat{\underline{\beta}}-\underline{\beta})\}$

$\qquad\qquad\qquad = E\{u_o^2\} + \underline{X}'_o E\{(\hat{\underline{\beta}}-\underline{\beta})(\hat{\underline{\beta}}-\underline{\beta})'\}\underline{X}_o + 0$

$\qquad\qquad\qquad = \sigma^2 + \underline{X}'_o \text{Cov}(\hat{\underline{\beta}})\underline{X}_o.$

Ferner kann man eine mit (n-k)-Freiheitsgraden t-verteilte Testgröße konstruieren

$$(179) \quad \tau_{\hat{Y}_o} = \frac{(Y_o - \hat{Y}_o)}{\sqrt{\operatorname{var}(\hat{Y}_o)}} \Bigg/ \sqrt{\frac{\underline{e}'\underline{e}}{(n-k)\sigma^2}} \; : \; t_{n-k}$$

$$= \frac{(Y_o - \hat{Y}_o)\sqrt{(n-k)\sigma^2}}{\sqrt{\underline{e}'\underline{e}\left[\sigma^2 + \underline{X}_o'\operatorname{Cov}(\hat{\underline{\beta}})\underline{X}_o\right]}}$$

$$= (Y_o - \hat{Y}_o)L,$$

mit

$$(180) \quad L = \sqrt{\frac{(n-k)\sigma^2}{\underline{e}'\underline{e}\left[\sigma^2 + \underline{X}_o'\operatorname{Cov}(\hat{\underline{\beta}})\underline{X}_o\right]}} \; .$$

Der dazugehörige Vertrauensbereich ergibt sich zu

$$(181) \quad P\left[\hat{Y}_o - \frac{\Delta}{L} \le Y_o \le \hat{Y}_o + \frac{\Delta}{L}\right] \ge 1 - \varepsilon, \quad 0 < \varepsilon < 1.$$

Falls das beobachtete Y_o nicht innerhalb dieses Vertrauensbereiches liegt, ist die Hypothese, daß die neue Beobachtung $(X_{o1}, X_{o2}, \ldots, X_{ok}, Y_o)$ der gleichen Grundgesamtheit entstammt mit der vorgegebenen Irrtumswahrscheinlichkeit ε zu verwerfen.

1.5 Übersicht der wichtigsten Beziehungen

1.5.1 Prognose der Größe Y_o aus $X_{o1}, X_{o2}, \ldots, X_{ok}$

$$(168) \quad \hat{Y}_o = \hat{\beta}_1 + \sum_{j=2}^{k} \hat{\beta}_j X_{oj} ,$$

$$(169) \quad E(\hat{Y}_o) = \beta_1 + \sum_{j=2}^{k} \beta_j X_{oj} ,$$

(170) $$\operatorname{var}(\hat{Y}_o) = \underline{X}'_o \operatorname{Cov}(\hat{\underline{\beta}}) \underline{X}_o,$$

(173) $$P\left[\hat{Y}_o - \frac{\Delta}{M} \leq Y_o \leq \hat{Y}_o + \frac{\Delta}{M}\right] \geq 1 - \varepsilon, \qquad 0 < \varepsilon < 1,$$

(172) $$M = \sqrt{\frac{(n-k)\sigma^2}{\underline{X}'_o \operatorname{Cov}(\hat{\underline{\beta}}) \underline{X}_o \underline{e}'\underline{e}}}.$$

1.5.2 Eine zusätzliche Beobachtung

(177) $$E(\hat{Y}_o) = Y_o,$$

(178) $$\operatorname{var}(\hat{Y}_o) = \sigma^2 + \underline{X}'_o \operatorname{Cov}(\hat{\underline{\beta}}) \underline{X}_o,$$

(181) $$P\left[\hat{Y}_o - \frac{\Delta}{L} \leq Y_o \leq \hat{Y}_o + \frac{\Delta}{L}\right] \geq 1 - \varepsilon, \quad 0 < \varepsilon < 1.$$

(180) $$L = \sqrt{\frac{(n-k)\sigma^2}{\underline{e}'\underline{e}\left[\sigma^2 + \underline{X}'_o \operatorname{Cov}(\hat{\underline{\beta}}) \underline{X}_o\right]}}.$$

2. Fünfte Fortsetzung des Beispiels

Für den zu prognostizierenden Wert Y_o aus X_{o1}, X_{o2}, X_{o3} erhält man

$$\hat{Y}_o = 2\,052.795 + 1.027 \cdot 137\,35 + 0.051 \cdot 69\,65$$
$$= 165\,13,$$

mit dem zugehörigen t-Vertrauensbereich für den "wahren" Wert Y_o von

$$\hat{Y}_o \pm \frac{\Delta}{M} = 165\,13 \pm 297,$$

wobei

$$\frac{1}{M} = \sqrt{\frac{\underline{X}_o' \text{Cov}(\hat{\underline{\beta}}) \underline{X}_o e'e}{\sigma^2 (n-k)}} = \sqrt{\underline{X}_o' (\underline{X}'\underline{X})^{-1} \underline{X}_o \hat{\sigma}^2}$$

$$\approx \sqrt{9\ 743} \approx 98{,}7,$$

mit $\underline{X}_o'$ = (1, 137 35, 69 65) und Δ = 3.012 bei 13 Freiheitsgraden und einer vorgegebenen Irrtumswahrscheinlichkeit von ε = 0.01. Beim Vorliegen einer vollständigen Beobachtung

$$(X_{o1},\ X_{o2},\ X_{o3},\ Y_o) = (\ 1,\ 137\ 35,\ 69\ 65,\ 153\ 78)$$

erhält man für den "wahren" Wert den t-Vertrauensbereich

$$\hat{Y}_o \pm \frac{\Delta}{L} = 165\ 13 \pm 714,$$

wobei

$$\frac{1}{L} = \sqrt{\frac{e'e \left[\sigma^2 + \underline{X}_o' \text{Cov}(\hat{\underline{\beta}}) \underline{X}_o \right]}{(n-k)\sigma^2}}$$

$$= \sqrt{\hat{\sigma}^2 \left[1 + \underline{X}_o' (\underline{X}'\underline{X})^{-1} \underline{X}_o \right]}$$

$$\approx \sqrt{56\ 138.1} \approx 236.9 \approx 237,$$

und Δ = 3.012 bei 13 Freiheitsgraden und einer vorgegebenen Irrtumswahrscheinlichkeit von ε = 0.01 sind.
Tatsächlich liegt jedoch der wahre Wert Y_o außerhalb dieser Bereiche. Somit ist die Hypothese, die neue Beobachtung gehöre zur gleichen Stichprobe wie die Beobachtungen, aus denen die Regression bestimmt wurde, zu verwerfen.

Kapitel IV

Multikollinearität

1. Existenz und Folgen der Multikollinearität

Notwendig für die Bildung der Schätzwerte $\hat{\underline{\beta}}$, $\text{Cov}(\hat{\underline{\beta}})$ und $\hat{\sigma}^2$ (III,6, 13,80) war die Existenz der Inversen $(\underline{X}'\underline{X})^{-1}$, bzw. $(\underline{x}'_1\underline{x}_1)^{-1}$. Setzt man zur Abkürzung

(1) $\quad S_{x_s x_t} = \sum_{i=1}^{n} x_{is} x_{it}$, $\quad s,t = 2,3,\ldots,k$,

so lautet $(\underline{x}'_1\underline{x}_1)$ ausgeschrieben

(2) $\quad (\underline{x}'_1\underline{x}_1) = \begin{pmatrix} S_{x_2 x_2} & S_{x_2 x_3} & \cdots & S_{x_2 x_k} \\ S_{x_3 x_2} & S_{x_3 x_3} & \cdots & S_{x_3 x_k} \\ \vdots & & & \vdots \\ S_{x_k x_2} & S_{x_k x_3} & \cdots & S_{x_k x_k} \end{pmatrix}$.

Es werde nun angenommen, daß zwischen einigen unabhängigen Variablen eine exakte lineare Beziehung bestehe. O.B.d.A. soll etwa gelten

(3) $\quad X_3 = \beta_{31} + \beta_{32} X_2$,

bzw.

(4) $\quad x_3 = \beta_{32} x_2$.

Dann geht die Matrix $(\underline{x}'_1\underline{x}_1)$ aus (2) über in

(5) $\quad (\underline{x}'_1\underline{x}_1) = \begin{pmatrix} S_{x_2 x_2} & \beta_{32} S_{x_2 x_2} & S_{x_2 x_4} & \cdots & S_{x_2 x_k} \\ \beta_{32} S_{x_2 x_2} & \beta_{32}^2 S_{x_2 x_2} & \beta_{32} S_{x_2 x_4} & \cdots & \beta_{32} S_{x_2 x_k} \\ S_{x_4 x_2} & \beta_{32} S_{x_k x_2} & S_{x_4 x_4} & \cdots & S_{x_4 x_k} \\ \vdots & & & & \vdots \\ S_{x_k x_2} & \beta_{32} S_{x_k x_2} & S_{x_k x_4} & \cdots & S_{x_k x_k} \end{pmatrix}$.

Bezeichnet man die Zeilen der Matrix (5) mit $Z_2, Z_3, \ldots, Z_k$ und die Spalten mit $S_2, S_3, \ldots, S_k$, so gilt allgemein für diejenigen Variablen s und t, zwischen denen eine lineare Abhängigkeit besteht,

(6) $\qquad Z_s = \beta_{st} Z_t \quad \text{und} \quad S_s = \beta_{st} S_t$.

Dies bedeutet aber, daß

(7) $\qquad \det(\underline{x}_1' \underline{x}_1) = 0$

ist, und somit die Inverse $(\underline{x}_1' \underline{x}_1)^{-1}$, bzw. $(\underline{X}'\underline{X})^{-1}$, nicht existiert. Damit sind aber auch die Schätzwerte $\hat{\underline{\beta}}$, $\text{Cov}(\hat{\underline{\beta}})$ und $\hat{\sigma}^2$ nicht definiert. Die durch diese Erscheinung hervorgerufene Unmöglichkeit einer Schätzung wird als "offene" Form der Multikollinearität bezeichnet. Man kann sie dadurch beseitigen, daß man von den linear verbundenen unabhängigen Variablen soviele aus dem Modellansatz unberücksichtigt läßt, bis ein linear unabhängiges System von Normalgleichungen übrigbleibt. Dabei ist es allerdings oft schwierig zu entscheiden, welche der unabhängigen Variablen ausgeschaltet werden sollen. Eine solche Entscheidung wird überwiegend von sachlich ökonomischen Gesichtspunkten zu treffen sein.

In der Praxis wird die "offene" Form der Multikollinearität kaum anzutreffen sein, sondern nur die "versteckte" Form. Bei ihr ist zwar die lineare Abhängigkeit zwischen den unabhängigen Variablen vorhanden, sie läßt sich jedoch nicht exakt als lineare Funktion ausdrücken. Statt (3) oder (4) gilt etwa

(8) $\qquad x_3 = \beta_{31} + \beta_{32} x_2 + \varepsilon$,

bzw.

(9) $\qquad x_3 = \beta_{32} x_2 + (\varepsilon - \bar{\varepsilon})$,

wobei ε eine Störvariable mit großer Varianz ist. Man kann sagen, die unabhängigen Variablen würden nur "lose" zusammenhängen. Bei dieser "versteckten" Form der Multikollinearität ist die Determinante der Normalengleichungen nicht gleich Null, sondern nur sehr klein. Man erhält eine Inverse $(\underline{x}_1' \underline{x}_1)^{-1}$ mit großen Elementen. Damit erhält man für alle Schätzwerte, in denen diese Inverse enthalten ist, viel zu große Werte, die sich sachlich, d.h. ökonomisch, nicht rechtfertigen lassen.

Zwar lassen sich Schätzwerte für die Koeffizienten bestimmen, doch sind diese Schätzungen mit großen Standardabweichungen behaftet. Dadurch werden alle sich an die Schätzung anschließenden Überlegungen, insbesondere die Tests, zweifelhaft.

Multikollinearität ist eine sehr unangenehme Eigenschaft, deren Existenz unbedingt geprüft werden sollte. Doch bestehen hier noch theoretisch ungelöste Schwierigkeiten.

2. Erkennen der Multikollinearität

2.1 Kenntnis der Multikollinearität

Ein in der Praxis kaum anzutreffender Zustand wäre die Kenntnis, welche unabhängigen Variablen multikollinear sind. In diesem Fall könnte man die jeweils abhängigen Variablen, z.B. die Variable X_3 in (3) oder x_3 in (4), unberücksichtigt lassen und das verbleibende Modell schätzen.

2.2 Fehlende Kenntnis der Multikollinearität

2.2.1 Übergroße Kovarianzwerte

Üblicherweise fehlt eine genaue Kenntnis der Multikollinearität. Ein erstes Anzeichen für ihr Vorhandensein sind zu große Werte der Kovarianzmatrix $Cov(\hat{\underline{\beta}})$. Dabei muß allerdings beachtet werden, daß Multikollinearität nicht der einzige Grund für diese großen Werte zu sein braucht.

2.2.2 Vergleich der partiellen Bestimmtheitsmaße

Liegt keine Multikollinearität vor, dann verschwinden, wie aus (4) und der Analyse der partiellen Bestimmtheitsmaße (III, 98 - 101) ersichtlich, alle $S_{x_s x_t}$ für $s \neq t$. Das Bestimmtheitsmaß für die gesamte Beziehung ist gleich der Summe der einfachen partiellen Bestimmtheitsmaße

(10) $$R^2 = \sum_{j=2}^{k} R^2_{YX_j}$$ (vgl. III,98).

Man kann somit ein zweites globales Kriterium zum Erkennen von Multikollinearität durch die Differenz

$$(11) \quad M = R^2 - \sum_{j=2}^{k} R^2_{YX_j}$$

angeben. Je kleiner diese Differenz, desto kleiner ist der Einfluß der Multikollinearität.

2.3 Genauere Tests auf Multikollinearität

Die Aussagen der Bestimmtheitsmaße lassen sich zwar verfeinern, ohne jedoch das Problem der Multikollinearität theoretisch befriedigend zu lösen. Zwei weitere Verfahren zur Ermittlung der Multikollinearität seien daher noch kurz erwähnt.

2.3.1 Frisch's Büschelkartenanalyse

Bei der Büschelkartenanalyse (bunch map analysis, confluence analysis) werden aus der Gesamtheit aller möglichen Bestimmtheitsmaße zwischen allen Variablen möglicherweise alle berechnet und graphisch miteinander verglichen. An Hand dieses Vergleichs entscheidet man, welche der unabhängigen Variablen in die Regression aufgenommen und welche aus ihr gestrichen werden sollen. Eine ausführliche Darstellung findet sich bei Menges [Menges, Seite 146 - 154]. Das Verfahren ist ein rein graphisches und überläßt dem persönlichen Urteil einen viel zu großen Spielraum.

2.3.2 Tintner's Eigenwertmethode

Dieses Verfahren analysiert die Matrix (2). Die Multikollinearität äußert sich in den Werten außerhalb der Hauptdiagonalen. Bestimmt man die Eigenwerte dieser Matrix, so wird - grob gesprochen - die Matrix auf die Hauptdiagonale zusammengeschoben. Tintner transformiert die Ausgangsmatrix einmal, wobei er annimmt, daß sich jede unabhängige Variable aus einem "wahren" Wert und einem Beobachtungsfehler (Kapitel V) zusammensetzt. Sodann werden die Eigenwerte dieser transformierten Matrix bestimmt. Nun läßt sich eine Testgröße für die Zahl der innerhalb der (k-1) unabhängigen Variablen bestehenden linearen Beziehungen angeben. Es kann jedoch keine Angabe über die Multikollinearitäten als solche gewonnen werden. Außerdem wird die Annahme über die Zusammensetzung der unabhängigen Variablen aus einem "wahren" Wert und einem Beobachtungsfehler mit den zugehörigen stochastischen Eigenschaften, insbesondere Varianz der Beobachtungsfehler, benötigt. Für eine ausführliche Beschreibung sei auf Tintner [Tintner, Seite 259 - 265] verwiesen.

3. Sechste Fortsetzung des Beispiels

Für ein Beispiel

$$Y = \beta_1 + \beta_2 X_2 + \beta_2 X_3$$

mit zwei erklärenden Variablen ist die Frage der Multikollinearität schnell zu beantworten, indem man beide mögliche Beziehungen zwischen den erklärenden Variablen gegenüberstellt, d.h.

$$X_2 = \beta_{21} + \beta_{23} X_3, \quad \text{bzw.} \quad X_3 = \beta_{31} + \beta_{32} X_2.$$

Mit der Bezeichnung X_2 für das Lohneinkommen und X_3 für das Gewinneinkommen erhält man

$$X_2 = -4\,930.247 + 2.273\, X_3,$$
$$R^2 = 0.974,$$

wobei β_{21} mit einer vorgegebenen Irrtumswahrscheinlichkeit von $\varepsilon = 0.01$ und β_{23} mit einer vorgegebenen Irrtumswahrscheinlichkeit von $\varepsilon = 0.05$ signifikant von Null verschieden sind.
Die umgekehrte Beziehung

$$X_3 = 2\,347.813 + 0.429\, X_2,$$
$$R^2 = 0.974,$$

ist ebenso gut gesichert, wobei beide Koeffizienten mit einer vorgegebenen Irrtumswahrscheinlichkeit von $\varepsilon = 0.01$ signifikant von Null verschieden sind.
Dies bedeutet aber, daß im vorliegenden Beispiel eine hohe versteckte Multikollinearität zwischen den erklärenden Variablen besteht.

Kapitel V

Verzögerte Variable

1. Der allgemeine Fall verzögerter Variablen

Anstatt die abhängige Variable Y_i (bzw. Y_t, um die Zeitabhängigkeit zum Ausdruck zu bringen) durch k voneinander verschiedene unabhängige Variable $X_{i1}, X_{i2}, \ldots, X_{ik}$ zu erklären, wird Y_t durch eine unabhängige Variable zu verschiedenen Zeitpunkten erklärt

(1) $\quad Y_t = \alpha + \beta_0 X_t + \beta_1 X_{t-1} + \beta_2 X_{t-2} + \ldots + \beta_k X_{t-k} + \ldots + u_t.$

Noch allgemeiner können es zwei oder auch mehrere Gruppen von verzögerten Variablen sein. Außerdem braucht die Folge der Verzögerungen nicht lückenlos zu sein, z.B.

(2) $\quad Y_t = \alpha + \beta_0 X_{1,t} + \beta_1 X_{1,t-1} + \gamma_0 X_{2,t} + \gamma_3 X_{2,t-3} + u_t.$

Dabei wird allerdings immer angenommen, daß die Störvariable u_t und die erklärenden Variablen $X_{i,t}$ voneinander stochastisch unabhängig sind.

2. Ein einfacher Fall der Verzögerung

2.1 Der Ansatz

Der einfachste Fall der Verzögerung ist

(3) $\quad\quad\quad\quad Y_t = \alpha + \beta Y_{t-1} + u_t.$

Dabei sollen sich wie im allgemeinen Ansatz (1) u_t und Y_{t-1} nicht gegenseitig beeinflussen. Bei der Analyse dieses Falles muß man zwei Fälle unterscheiden.

2.2 Ein nicht-stochastischer Anfangswert Y_1

Für gegebenes Y_1 hängt die Folge der Beobachtungen allein von den (n-1) Störvariablen $u_2, u_3, \ldots, u_n$ ab.

Für identisch normal-verteilte, homoskedastische Störvariablen lautet die Likelihoodfunktion

$$(4) \quad L_1 = (2\pi\sigma^2)^{-\frac{n-1}{2}} \exp\left\{-(2\sigma^2)^{-1} \sum_{t=2}^{n} e_t^2\right\}$$

$$= (2\pi\sigma^2)^{-\frac{n-1}{2}} \exp\left\{-(2\sigma^2)^{-1} \sum_{t=2}^{n} (Y_t - \alpha - \beta Y_{t-1})^2\right\}.$$

Durch Nullsetzen der partiellen Ableitungen nach α und β erhält man die Normalgleichungen des SELS-Ansatzes

$$(5) \quad \sum_{t=2}^{n} Y_t = \hat{\alpha}(n-1) + \hat{\beta} \sum_{t=2}^{n} Y_{t-1},$$

$$(6) \quad \sum_{t=2}^{n} Y_t Y_{t-1} = \hat{\alpha} \sum_{t=2}^{n} Y_{t-1} + \hat{\beta} \sum_{t=2}^{n} Y_{t-1}^2.$$

Wie im allgemeinen Regressionsmodell erhält man bei Anwendung des Maximum-Likelihood Verfahrens bei Normalverteilung der Störvariablen die SELS-Schätzwerte für α und β. Dieses Ergebnis gilt aber nur, solange der Anfangswert Y_1 nicht stochastisch ist.

2.3 Ein stochastischer Anfangswert Y_1

2.3.1 Mittelwert und Varianz der Beobachtung

Wenn der Anfangswert Y_1 stochastisch ist, kann das vorhergehende Ergebnis nur als Vergleichsbasis verwendet werden.

Eine realistische Annahme nimmt Y_1 wie $Y_2, Y_3, \ldots, Y_n$ als eine stochastische Größe an. Durch sukzessives Einsetzen ergibt sich mit der zusätzlichen Voraussetzung, daß sich der Prozeß beliebig weit zurückverfolgen läßt.

$$(7) \quad Y_t = \frac{\beta}{1-\beta} + \sum_{\tau=0}^{\infty} \beta^\tau u_{t-\tau}.$$

Damit Y_t endlich bleibt, muß

(8) $$|\beta| < 1$$

gelten. Aus $E(u_i) = 0$ folgt

(9) $$E(Y_t) = \frac{\alpha}{1-\beta}$$

und für die Varianz

(10) $$\begin{aligned}\operatorname{var}(Y_t) &= E\left\{(Y_t - \frac{\alpha}{1-\beta})^2\right\} \\ &= E\left\{(\sum_{\tau=0}^{\infty} \beta^{\tau} u_{t-\tau})^2\right\} \\ &= \sigma^2 \sum_{\tau=0}^{\infty} \beta^{2\tau}, \text{ wegen der Homoskedastizität} \\ &\qquad\qquad\qquad\qquad\text{(II, A1 und A2)} \\ &= \frac{\sigma^2}{1-\beta^2} \:.\end{aligned}$$

2.3.2 Die Likelihood-Funktion

Aus

(11) $$u_t : N(0, \sigma^2)$$

folgt

(12) $$Y_t : N(\frac{\alpha}{1-\beta}, \frac{\sigma^2}{1-\beta^2}).$$

Die Wahrscheinlichkeit der Wahl des Anfangswertes Y_1 werde durch

(13) $$p(Y_1) = \sqrt{\frac{1-\beta^2}{2\pi\sigma^2}} \left\{\exp - \frac{1-\beta^2}{2\sigma^2} (Y_1 - \frac{\alpha}{1-\beta})^2\right\}$$

gegeben. Die der Beziehung (4) gegenüberzustellende Likelihoodfunktion lautet dann

$$(14) \quad L_2 = \prod_{t=1}^{n} p(Y_t) = \prod_{t=2}^{n} p(Y_t|Y_1) p(Y_1)$$

$$= p(Y_1) \prod_{t=2}^{n} p(u_t|Y_1)$$

$$= p(Y_1) L_1.$$

2.3.3 Die Schätzgleichungen

Setzt man die partiellen Ableitungen gleich Null, so erhält man im Vergleich zu den SELS-Normalgleichungen ein korrigiertes System

$$(15) \quad \frac{\partial L_2}{\partial \alpha} = \frac{\partial p(Y_1)}{\partial \alpha} L_1 + p(Y_1) \frac{\partial L_1}{\partial \alpha} = 0,$$

$$(16) \quad \frac{\partial L_2}{\partial \beta} = \frac{\partial p(Y_1)}{\partial \beta} L_1 + p(Y_1) \frac{\partial L_1}{\partial \beta} = 0.$$

Logarithmiert man (14)

$$(17) \quad L_2^* = \ln\left[p(Y_1)\right] + L_1^*,$$

so erhält man das System in der Form

$$(18) \quad \frac{\partial L_2^*}{\partial \alpha} = \frac{\partial \ln p(Y_1)}{\partial \alpha} + \frac{\partial L_1^*}{\partial \alpha} = 0,$$

$$(19) \quad \frac{\partial L_2^*}{\partial \beta} = \frac{\partial \ln p(Y_1)}{\partial \beta} + \frac{\partial L_1^*}{\partial \beta} = 0.$$

Für den Schätzwert der Varianz $\hat{\sigma}^2$ folgt entsprechend

$$(20) \quad \frac{\partial L_2^*}{\partial \sigma^2} = \frac{\partial \ln p(Y_1)}{\partial \sigma^2} + \frac{\partial L_1^*}{\partial \sigma^2} = 0.$$

Führt man diese Differentiation aus, so folgt

$$(21) \quad \sum_{t=2}^{n} Y_t = \hat{\hat{\alpha}}(n-1) + \hat{\hat{\beta}} \sum_{t=2}^{n} Y_{t-1} + (1+\hat{\hat{\beta}})(\frac{\hat{\hat{\alpha}}}{1-\hat{\hat{\beta}}} - Y_1),$$

$$(22) \quad \sum_{t=2}^{n} Y_t Y_{t-1} = \hat{\hat{\alpha}} \sum_{t=2}^{n} Y_{t-1} + \hat{\hat{\beta}} \sum_{t=2}^{n} Y_{t-1}^2 + (\frac{\hat{\hat{\alpha}}}{1-\hat{\hat{\beta}}} - Y_1)(\hat{\hat{\beta}} Y_1 + \frac{\hat{\hat{\alpha}}}{1-\hat{\hat{\beta}}})$$

$$+ \frac{\hat{\hat{\beta}} \hat{\hat{\sigma}}^2}{1-\hat{\hat{\beta}}^2}$$

$$(23) \quad \hat{\hat{\sigma}}^2 = \frac{1}{n} \left[\sum_{t=2}^{n} (Y_t - \hat{\hat{\alpha}} - \hat{\hat{\beta}} Y_{t-1})^2 + (Y_1 - \frac{\hat{\hat{\alpha}}}{1-\hat{\hat{\beta}}})^2 (1 - \hat{\hat{\beta}}^2) \right]$$

2.3.4 Konsistenz der Schätzwerte

Für ein nicht-stochastisches Y_1 stimmen die Systeme $[(21), (22)]$ mit $[(5), (6)]$ überein, da dann

$$(24) \quad E(Y_1) = Y_1 = \frac{\alpha}{1-\beta} \text{ und } \frac{\sigma^2}{1-\beta^2} = \text{var}(Y_1) = 0.$$

Für ein stochastisches Y_1 ergibt sich ein Unterschied durch die in $\hat{\hat{\alpha}}$ und $\hat{\hat{\beta}}$ nicht-linearen Zusatzgrößen. Wendet man auf beide Systeme, nämlich den SELS-Ansatz $[(5), (6)]$, sowie dem ML-Ansatz $[(21), (22)]$ - unter Vernachlässigung von (23) - den Erwartungsoperator an, so geht (21) wegen (24) in (5) über. In (22) bleibt jedoch im Vergleich zu (6) noch eine zusätzliche Größe übrig. Somit ist der SELS-Ansatz verzerrt. Ferner ist die Varianz der Störvariablen in den Schätzgleichungen (21), (22) für α und β enthalten. Dagegen ließen sich im allgemeinen Fall die Schätzwerte für α und β unabhängig von σ^2 schätzen (II, 13, 14; III, 6).

Unverzerrtheit ist eine Eigenschaft, die nicht von der Zahl der Beobachtungswerte abhängt. Ist die Unverzerrtheit nicht gesichert, so kann man eine weitere Annahme bezüglich der Struktur des Schätzproblems für α, β, σ^2 treffen. Durch Erhöhen der Zahl der Beobachtungswerte kann man bezüglich der Schätzwerte die der Unverzerrtheit verwandte Eigenschaft der Konsistenz erzielen. Diese Vorgehen braucht nicht allgemein zu gelingen.

Während die Erwartungstreue besagt, daß man im "Mittel" den wahren Koeffizienten schätzt, sofern man nur die Schätzung mit verschiedenen Zufallstichproben genügend oft wiederholt, besagt die Konsistenz, daß ein Schätzwert $\hat{\beta}$ sich dem "wahren" Wert β nur dann annähert, wenn die Zahl der Beobachtungswerte gegen unendlich strebt, formal

(25) $$\lim_{n \to \infty} \hat{\beta} = \beta$$

oder

(26) $$P\left[|\hat{\beta} - \beta| < \varepsilon\right] = 1 \text{ für beliebiges } \varepsilon > 0 \text{ und } n \to \infty,$$

oder

(27) $$\text{plim } \hat{\beta} = \beta.$$

Ohne Beweis sei der Satz angeführt:
Die SELS-Schätzwerte $\hat{\alpha}$ und $\hat{\beta}$ sind konsistent.
Ein Beweis findet sich beispielsweise bei Grenander-Rosenblatt, pp 111 - 114.

Dies bedeutet, daß für n gegen unendlich das Schätzsystem [(21), (22)] in das Schätzsystem [(5), (6)] übergeht, d.h. die nicht-linearen Zusatzgrößen in [(21), (22)] werden unendlich klein. Außerdem geht die Abhängigkeit von der Varianz der Störvariablen verloren. Nicht mehr gleichzeitig mit $\hat{\hat{\alpha}}, \hat{\hat{\beta}}$ sondern nach $\hat{\hat{\alpha}}, \hat{\hat{\beta}}$ wird $\hat{\hat{\sigma}}^2$ geschätzt. Weiter folgt aus der Konsistenz von $\hat{\hat{\alpha}}$ und $\hat{\hat{\beta}}$ diejenige für $\hat{\hat{\sigma}}^2$.

2.3.5 Eine typische Situation in ökonomischen Problemen

Dieser Unterschied zwischen SELS- und ML-Schätzwerten beleuchtet eine typische Situation in nahezu allen ökonomischen Problemen. Die vorhandenen Zeitreihen sind meist sehr kurz. Daher sind verzerrte Schätzwerte zu erwarten. Erst mit wachsender Zahl der Beobachtungen würde diese Verzerrung verschwinden, was sich aber fast nie verwirklichen läßt. Überlegungen an anderen Sonderfällen verzögerter Variabler zeigen, daß dies ein allgemeines Problem verzögerter Variabler ist.

3. Das Modell von Koyck
   - Geometrisch abnehmender Einfluß der Vergangenheit -

3.1 Der Ansatz

Für die allgemeine Beziehung (1) werde angenommen, daß die Konstante Null sei (bzw. alle Werte werden von den Mittelwerten gemessen) und für den k-ten Koeffizienten gelte

(28) $\qquad \beta_k = \beta \lambda^k$, mit $0 < \lambda < 1$.

Je weiter die Vergangenheit zurückliegt, desto schwächer ist ihr Einfluß, den sie ausübt. Somit folgt aus (1) und (28)

(29) $\qquad Y_t = \beta X_t + \beta \lambda X_{t-1} + \beta \lambda^2 X_{t-2} + \ldots + u_t.$

Bildet man nun λY_{t-1} und zieht es von Y_t ab, so erhält man

(30) $\qquad Y_t - \lambda Y_{t-1} = \beta X_t + u_t - \lambda u_{t-1},$

bzw.

(31) $\qquad Y_t = \beta X_t + \lambda Y_{t-1} + u_t - \lambda u_{t-1}.$

Der große Vorteil dieser Beziehung gegenüber der ursprünglichen besteht darin, daß man jetzt nur noch zwei erklärende Variable besitzt und somit auch nur zwei Parameter zu schätzen braucht.

3.2 Aufbau der Schätzsysteme

Bildet man eine "neue" Störvariable

(32) $$u_t^* = u_t - \lambda u_{t-1}$$

und wendet auf

(33) $$Y_t = \beta X_t + \lambda Y_{t-1} + u_t^*$$

die Methode der kleinsten Quadrate an, so ergeben sich die Normalgleichungen

(34) $$\hat{\beta} \sum_{t=2}^{n} X_t^2 + \hat{\lambda} \sum_{t=2}^{n} X_t Y_{t-1} = \sum_{t=2}^{n} Y_t X_t,$$

(35) $$\hat{\beta} \sum_{t=2}^{n} X_t Y_{t-1} + \hat{\lambda} \sum_{t=2}^{n} Y_{t-1} = \sum_{t=2}^{n} Y_t Y_{t-1}.$$

Multipliziert man (31) mit X_t sowie (31) mit Y_{t-1}, und summiert beide über t, dann ergibt sich ein zweites, sehr ähnliches System

(36) $$\beta \sum_{t=2}^{n} X_t^2 + \lambda \sum_{t=2}^{n} X_t Y_{t-1} + \sum_{t=2}^{n} (u_t - \lambda u_{t-1}) X_t = \sum_{t=2}^{n} Y_t X_t,$$

(37) $$\beta \sum_{t=2}^{n} X_t Y_{t-1} + \lambda \sum_{t=2}^{n} Y_{t-1}^2 + \sum_{t=2}^{n} (u_t - \lambda u_{t-1}) Y_t = \sum_{t=2}^{n} Y_t Y_{t-1}.$$

Bildet man dieselben Systeme für ein unverzögertes Drei-Variablen Modell, so erhält man für die Normalgleichungen

(38) $$\hat{\beta}_2 \sum_{t=1}^{n} X_{t2}^2 + \hat{\beta}_3 \sum_{t=1}^{n} X_{t2} X_{t3} = \sum_{t=1}^{n} Y_t X_{t2},$$

(39) $$\hat{\beta}_2 \sum_{t=1}^{n} X_{t2} X_{t3} + \hat{\beta}_3 \sum_{t=1}^{n} X_{t3}^2 = \sum_{t=1}^{n} Y_t X_{t3},$$

und für den gliedweisen Aufbau ergibt sich aus dem Ansatz

(40) $$Y_t = \beta_2 X_{t2} + \beta_3 X_{t3} + u_t,$$

(41) $$\beta_2 \sum_{t=1}^{n} X_{t2}^2 + \beta_3 \sum_{t=1}^{n} X_{t2}X_{t3} + \sum_{t=1}^{n} u_t X_{t2} = \sum_{t=1}^{n} Y_t X_{t2},$$

(42) $$\beta_2 \sum_{t=1}^{n} X_{t2}X_{t3} + \beta_3 \sum_{t=1}^{n} X_{t3}^2 + \sum_{t=1}^{n} u_t X_{t3} = \sum_{t=1}^{n} Y_t X_{t3}.$$

3.3 Vergleich der Schätzsysteme

Aus dem Vergleich dieser beiden Doppelsysteme wird das Schätzproblem unmittelbar deutlich.

Im unverzögerten Drei-Variablen Modell tritt die Störvariable nur einfach auf. Bildet man in (38) und (39), sowie (40) und (41) den Erwartungswert, gehen beide Systeme unter der alleinigen Annahme

(43) $$E(u_i) = 0$$

ineinander über. Die Schätzwerte sind somit unverzerrt.

In dem Doppelsystem [(34), (35)] und [(36), (37)] des verzögerten Modells treten die Störvariablen jedoch nicht nur einfach, sondern auch in den Produkten Y_{t-1}^2, $u_t Y_{t-1}$, $u_{t-1} Y_{t-1}$, $Y_t Y_{t-1}$ auf. Bildet man in beiden Systemen die Erwartungswerte, kann man sie nicht mehr ineinander überführen. Für die Normalgleichungen ergibt sich

(44) $$E\left\{\hat{\beta} \sum_{t=2}^{n} X_t^2\right\} + E\left\{\hat{\lambda} \sum_{t=2}^{n} X_t Y_{t-1}\right\} = E\left\{\sum_{t=2}^{n} Y_t X_t\right\},$$

(45) $$E\left\{\hat{\beta} \sum_{t=2}^{n} X_t Y_{t-1}\right\} + E\left\{\hat{\lambda} \sum_{t=2}^{n} Y_{t-1}^2\right\} = E\left\{\sum_{t=2}^{n} Y_t Y_{t-1}\right\}.$$

Wegen (43) ergibt sich für (36) und (37)

$$(46) \quad \beta \sum_{t=2}^{n} X_t^2 + \lambda E\left\{\sum_{t=2}^{n} X_t Y_{t-1}\right\} + 0 = E\left\{\sum_{t=2}^{n} Y_t X_t\right\},$$

$$(47) \quad \beta E\left\{\sum_{t=2}^{n} X_t Y_{t-1}\right\} + \lambda E\left\{\sum_{t=2}^{n} Y_{t-1}^2\right\} + E\left\{\sum_{t=2}^{n} (u_t - \lambda u_{t-1}) Y_{t-1}\right\}$$

$$= E\left\{\sum_{t=2}^{n} Y_t Y_{t-1}\right\}.$$

Solange

$$E\left\{\sum_{t=2}^{n} (u_t - \lambda u_{t-1}) Y_{t-1}\right\}$$

nicht verschwindet, können die SELS-Schätzwerte $\hat{\beta}$ und $\hat{\lambda}$ nicht unverzerrt sein. Dies würde aber bedeuten, daß die einzelnen Summanden

$$(48) \quad E\left\{(u_t - \lambda u_{t-1}) Y_{t-1}\right\} = E\left\{(u_t - \lambda u_{t-1})(\beta X_{t-1} + \lambda \beta X_{t-2} + \beta \lambda^2 X_{t-3} + \ldots + u_{t-1})\right\}$$

$$= E(u_t u_{t-1}) - \lambda E(u_{t-1}^2)$$

wegen (43) gleich Null sein müßten. Dies ist aber nicht zu erwarten. Somit sind die Schätzwerte verzerrt.

3.4 Nichtkonsistenz des Schätzsystems

Auch die schwächere Eigenschaft der Konsistenz ist für die Schätzwerte $\hat{\beta}$ und $\hat{\lambda}$ nicht erfüllt.

Man betrachte wieder die Doppelsysteme [(34), (35)] und [(36), (37)]. Auf beide Systeme wendet man zunächst den plim-Operator und danach den Erwartungsoperator an. Man erhält für die Normalgleichungen (34) und (35)

(49) $\quad \text{plim}(\hat{\beta}) \sum_{t=2}^{n} X_t^2 + \text{plim}(\hat{\lambda}) E\{\sum_{t=2}^{n} X_t Y_{t-1}\} = E\{\sum_{t=2}^{n} Y_t X_t\},$

(50) $\quad \text{plim}(\hat{\beta}) E\{\sum_{t=2}^{n} X_t Y_{t-1}\} + \text{plim}(\hat{\lambda}) E\{\sum_{t=2}^{n} Y_{t-1}^2\} = E\{\sum_{t=2}^{n} Y_t Y_{t-1}\},$

und für (36) und (37)

(51) $\quad \beta \sum_{t=2}^{n} X_t^2 + \lambda E\{\sum_{t=2}^{n} X_t Y_{t-1}\} + 0 = E\{\sum_{t=2}^{n} Y_t X_t\},$

(52) $\quad \beta E\{\sum_{t=2}^{n} X_t X_{t-1}\} + \lambda E\{\sum_{t=2}^{n} Y_{t-1}^2\} + E\{\sum_{t=2}^{n} (u_t - \lambda u_{t-1}) Y_{t 1}\} =$

$$= E\{\sum_{t=2}^{n} Y_t Y_{t-1}\}.$$

Im allgemeinen Fall sind die SELS-Schätzwerte somit nicht einmal konsistent.

Im Sonderfall des autoregressiven Prozesses (III, 4.6)

(53) $\quad u_t = \rho u_{t-1} + \varepsilon_t, \quad \text{mit } \rho = \lambda$

verschwindet der dritte Summand in (52), da wegen (48) gilt

(54) $\quad E(u_t u_{t-1}) - \rho E(u_{t-1}^2) = \rho \sigma^2 - \rho \sigma^2 = 0.$

Dagegen ergeben sich konsistente Schätzwerte für den allgemeinen Fall $\rho \neq \lambda$ erst nach folgender Modifikation

3.5 Koyck'sche Korrektur des Schätzsystems

(i) Für die Kovarianz $E(u_t u_{t-1})$ wird aus dem autoregressiven Prozeß (53), den "neuen" Störvariablen (32), sowie den Residuen

(55) $$e_t^* = Y_t - \hat{\beta}X_t - \hat{\lambda}Y_{t-1}$$

ein Schätzwert gewonnen. Dabei bedeuten $\hat{\beta}$ und $\hat{\lambda}$ die SELS-Schätzwerte aus (34) und (35).

(ii) Das Schätzsystem (34), (35) wird korrigiert

(56) $$\begin{aligned} u_t^* &= u_t - \lambda u_{t-1}, \\ &= Y_t - \beta X_t - \lambda Y_{t-1}, \\ &= e_t^* - (\beta - \hat{\beta})X_t - (\lambda - \hat{\lambda})Y_{t-1}, \end{aligned}$$

(57) $$\begin{aligned} u_t^{*2} &= u_t^2 - 2\lambda u_t u_{t-1} + \lambda^2 u_{t-1}^2 \\ &= e_t^{*2} + (\beta - \hat{\beta})^2 X_t^2 + (\beta - \hat{\beta})(\lambda - \hat{\lambda})X_t Y_{t-1} \\ &\quad + (\lambda - \hat{\lambda})(\beta - \hat{\beta})X_t Y_{t-1} + (\lambda - \hat{\lambda})^2 Y_{t-1}^2 \\ &\quad - 2(\beta - \hat{\beta})X_t e_t^* - 2(\lambda - \hat{\lambda})Y_{t-1}e_t^*. \end{aligned}$$

Bildet man auf beiden Seiten den Erwartungswert, so folgt einmal

(58) $$\begin{aligned} E(u_t^{*2}) &= E(u_t^2) - 2\lambda E(u_t u_{t-1}) + \lambda^2 E(u_{t-1}^2) \\ &= \sigma^2 - 2\lambda \rho \sigma^2 + \lambda^2 \sigma^2 \\ &= \sigma^2 (1 - 2\lambda \rho + \lambda^2), \end{aligned}$$

und zum anderen

$$\begin{aligned} &= E\{e_t^{*2} + (\beta - \hat{\beta})^2 X_t^2 + (\beta - \hat{\beta})(\lambda - \hat{\lambda})X_t Y_{t-1} \\ &\quad + (\lambda - \hat{\lambda})(\beta - \hat{\beta})X_t Y_{t-1} + (\lambda - \hat{\lambda})^2 Y_{t-1}^2\}. \end{aligned}$$

Aus dem gliedweisen Vergleich von (49) mit (51) folgt

(59) $$\text{plim}(\beta - \hat{\beta})E(X_t^2) + \text{plim}(\lambda - \hat{\lambda})E(X_t Y_{t-1}) = 0$$

und dem von (50) mit (52)

(60) $$\text{plim}(\lambda - \hat{\lambda})E(X_t Y_{t-1}) + \text{plim}(\lambda - \hat{\lambda})E(Y_{t-1}^2) = (\lambda - \rho)E(u_{t-1}^2)$$
$$= (\lambda - \rho)\sigma^2.$$

Damit erhält man

(61) $$\text{plim } E(u_t^{*2}) = E(u_t^{*2})$$
$$= \sigma^2(1 - 2\lambda\rho + \lambda^2)$$
$$= E(e_t^{*2}) + \text{plim}(\lambda - \hat{\lambda})(\lambda - \rho)\sigma^2.$$

Nach σ^2 aufgelöst ergibt dies

(62) $$\sigma^2 = \frac{E(e_t^{*2})}{(1 - 2\lambda\rho + \lambda^2) - (\lambda - \rho)\text{plim}(\lambda - \hat{\lambda})}$$

$$= \frac{E(e_t^{*2})}{1 - \lambda\rho + (\lambda - \rho)\text{plim } \hat{\lambda}}.$$

Dieser Schätzwert wird in (48) substituiert und dann unter Berücksichtigung von (53) in (46) und (47) substituiert. Man erhält

(63) $$\beta \sum_{t=2}^{n} X_t^2 + \lambda E\left\{\sum_{t=2}^{n} X_t Y_{t-1}\right\} = E\left\{\sum_{t=2}^{n} Y_t X_t\right\},$$

$$(64) \quad \beta E\left\{\sum_{t=2}^{n} X_t Y_{t-1}\right\} + \lambda E\left\{\sum_{t=2}^{n} Y_{t-1}^2\right\} + \frac{(\rho-\lambda) E\left\{\sum_{t=2}^{n} e_t^{*2}\right\}}{(1-2\lambda\rho+\lambda^2)-(\lambda-\rho)\text{plim}(\lambda-\hat{\lambda})}$$

$$= E\left\{\sum_{t=2}^{n} Y_t Y_{t-1}\right\}.$$

Im Vergleich zu den SELS-Normalgleichungen (44) und (45) erscheint in den Gleichungen eine additive Korrekturgröße

$$(65) \quad E\left\{\beta \sum_{t=2}^{n} X_t^2\right\} + E\left\{\lambda \sum_{t=2}^{n} X_t Y_{t-1}\right\} = E\left\{\sum_{t=2}^{n} Y_t X_t\right\},$$

$$(66) \quad E\left\{\beta \sum_{t=2}^{n} X_t Y_{t-1}\right\} + E\left\{\lambda \sum_{t=2}^{n} Y_{t-1}^2\right\} = E\left\{\sum_{t=2}^{n} Y_t Y_{t-1}\right\} +$$

$$+ \frac{(\lambda-\rho) E\left\{\sum_{t=2}^{n} e_t^{*2}\right\}}{1-\lambda\rho+(\lambda-\rho)\text{plim } \hat{\lambda}}.$$

Nun führt man die Schätzwerte $\hat{\hat{\beta}}$ und $\hat{\hat{\lambda}}$ ein und erhält

$$(67) \quad E\left\{\hat{\hat{\beta}} \sum_{t=2}^{n} X_t^2\right\} + E\left\{\hat{\hat{\lambda}} \sum_{t=2}^{n} X_t Y_{t-1}\right\} = E\left\{\sum_{t=2}^{n} Y_t X_t\right\},$$

$$(68) \quad E\left\{\hat{\hat{\beta}} \sum_{t=2}^{n} X_t Y_{t-1}\right\} + E\left\{\hat{\hat{\lambda}} \sum_{t=2}^{n} Y_{t-1}^2\right\} = E\left\{\sum_{t=2}^{n} Y_t X_t\right\}$$

$$+ \frac{(\hat{\hat{\lambda}}-\rho) E\left\{\sum_{t=2}^{n} e_t^{*2}\right\}}{1-\hat{\hat{\lambda}}\rho+(\hat{\hat{\lambda}}-\rho)\text{plim } \hat{\hat{\lambda}}}.$$

Der Vergleich der beiden Doppelsysteme $[(67), (68)]$ und $[(44), (45)]$ zeigt, daß diese Schätzwerte konsistent sind, im Gegensatz zu den SELS-Schätzwerten.

Vor Anwendung des plim-Operators und des Erwartungsoperators lautet somit das Schätzsystem

$$(69) \qquad \hat{\hat{\beta}} \sum_{t=2}^{n} X_t^2 + \hat{\hat{\lambda}} \sum_{t=2}^{n} X_t Y_{t-1} = \sum_{t=2}^{n} Y_t X_t,$$

$$(70) \qquad \hat{\hat{\beta}} \sum_{t=2}^{n} X_t Y_{t-1} + \hat{\hat{\lambda}} \sum_{t=2}^{n} Y_{t-1}^2 = \sum_{t=2}^{n} Y_t X_t + \frac{(\hat{\hat{\lambda}}-\rho) \sum_{t=2}^{n} e_t^{*2}}{1-\hat{\lambda}\rho+(\hat{\hat{\lambda}}-\rho)\hat{\lambda}} .$$

3.6 Zusammenfassung

Bei vorgegebenem ρ verläuft das Schätzverfahren zweistufig, nämlich

(i) Mit der Methode der kleinsten Quadrate bestimme man aus $[(44), (45)]$ bzw. $[(34), (35)]$ den Schätzwert $\hat{\lambda}$, sowie die Residuen e_t^*.

(ii) Aus dem "konsistenten" System $[(67), (68)]$ bzw. $[(69), (70)]$ bestimme man $\hat{\hat{\beta}}$ und $\hat{\hat{\lambda}}$.

Kapitel VI

Beobachtungsfehler in den Variablen

1. Die Einführung von Beobachtungsfehlern in den Ansatz

Der Einfachheit halber werde das Zwei-Variablen-Modell betrachtet. Zwischen den fehlerfrei beobachtbaren "wahren" Werten X^* und Y^* bestehe der lineare Zusammenhang

(1) $\qquad Y^* = \alpha + \beta X^* + u$,

wobei u eine homoskedastische Störvariable ist.
Tatsächlich können jedoch nur die Werte X und Y beobachtet werden, die gegenüber den "wahren" Werten mit gewissen Beobachtungsfehlern behaftet sind. Diese beobachtbaren Größen setzen sich aus dem "wahren" Wert (*) und einem Beobachtungsfehler (**) zusammen

(2) $\qquad Y = Y^* + Y^{**}$,

(3) $\qquad X = X^* + X^{**}$.

Aus diesen beobachtbaren Größen (X,Y) sollen dann Schätzwerte für die Koeffizienten α und β, sowie für die "wahren" Größen X^* und Y^* bestimmt werden.

2. Inkonsistente SELS-Schätzungen

2.1 Vergleich der Schätzsysteme

Man substituiert (2) und (3) in (1) und wendet die Methode der kleinsten Quadrate auf

(4) $\qquad Y = \alpha + \beta X + Y^{**} - \beta X^{**} + u$

an. Durch Nullsetzen der partiellen Ableitungen nach α, β und X erhält man die Normalgleichungen

(5) $\qquad \sum_{i=1}^{n} Y_i = \hat{\alpha} n + \hat{\beta} \sum_{i=1}^{n} (X_i - X_i^{**}) + \sum_{i=1}^{n} Y_i^{**}$,

(6) $\sum_{i=1}^{n} Y_i X_i = \hat{\alpha} \sum_{i=1}^{n} (X_i - X_i^{**}) + \hat{\beta} \sum_{i=1}^{n} (X_i - X_i^{**})^2 + \sum_{i=1}^{n} Y_i^{**} X_i - \sum_{i=1}^{n} (Y_i - Y_i^{**}) X_i^{**}$,

(7) $\sum_{i=1}^{n} (Y_i - \hat{\alpha} - \hat{\beta} X_i - Y_i^{**} + \hat{\beta} X_i^{**}) \hat{\beta} = 0.$

Ein zweites System in den "wahren" Koeffizienten erhält man, wenn man (4) nacheinander mit 1, $(X_i - X_i^{**})$ und β multipliziert und dann über alle i summiert

(8) $\sum_{i=1}^{n} Y_i = \alpha n + \beta \sum_{i=1}^{n} (X_i - X_i^{**}) + \sum_{i=1}^{n} Y_i^{**} + \sum_{i=1}^{n} u_i$,

(9) $\sum_{i=1}^{n} Y_i X_i = \alpha \sum_{i=1}^{n} (X_i - X_i^{**}) + \beta \sum_{i=1}^{n} (X_i - X_i^{**})^2 + \sum_{i=1}^{n} Y_i^{**} X_i -$

$- \sum_{i=1}^{n} (Y_i - Y_i^{**}) X_i^{**} + \sum_{i=1}^{n} u_i (X_i - X_i^{**})$,

(10) $\sum_{i=1}^{n} (Y_i - \alpha - \beta X_i + \beta X_i^{**} - Y_i^{**}) \beta = \beta \sum_{i=1}^{n} u_i$.

Nun wendet man auf beide Systeme den Erwartungsoperator an. Dabei berücksichtigt man die folgenden Annahmen

(11) $E(u_i) = 0, \quad E(X_i^{**}) = 0, \quad E(Y_i^{**}) = 0$

(12) $\text{Cov}(u_i, X_i^{**}, Y_i^{**}) = \begin{pmatrix} \sigma^2 & 0 & 0 \\ 0 & \sigma^2_{X^{**}} & 0 \\ 0 & 0 & \sigma^2_{Y^{**}} \end{pmatrix}$.

Man erhält

(13) $E\{\sum_{i=1}^{n} Y_i\} = n E(\hat{\alpha}) + E\{\hat{\beta} \sum_{i=1}^{n} X_i\}$ \qquad aus (5),

$$(14) \quad E\left\{\sum_{i=1}^{n} Y_i\right\} = n\alpha + \beta \sum_{i=1}^{n} X_i \qquad \text{aus (8)},$$

$$(15) \quad E\left\{\sum_{i=1}^{n}(Y_i - \hat{\alpha} - \hat{\beta}X_i - Y_i^{**} + \hat{\beta}X_i^{**})\hat{\beta}\right\} = 0 \qquad \text{aus (7)},$$

$$(16) \quad E\left\{\sum_{i=1}^{n}(Y_i - \alpha - \beta X_i - Y_i^{**} + \beta X_i^{**})\beta\right\} = 0 \qquad \text{aus (10)},$$

$$(17) \quad E\left\{\sum_{i=1}^{n} X_i Y_i\right\} = E\left\{\hat{\alpha}\sum_{i=1}^{n}(X_i - X_i^{**})\right\} + E\left\{\hat{\beta}\sum_{i=1}^{n}(X_i - X_i^{**})^2\right\}$$
$$\text{aus (6)},$$
$$- E\left\{\sum_{i=1}^{n}(Y_i - Y_i^{**})X_i^{**}\right\}$$

und

$$(18) \quad E\left\{\sum_{i=1}^{n} X_i Y_i\right\} = \alpha E\left\{\sum_{i=1}^{n}(X_i - X_i^{**})\right\} + \beta E\left\{\sum_{i=1}^{n}(X_i - X_i^{**})^2\right\}$$
$$\text{aus (9)}$$
$$- E\left\{\sum_{i=1}^{n}(Y_i - Y_i^{**})X_i^{**}\right\}.$$

Wären die Beobachtungsfehler (X_i^{**}, Y_i^{**}) bekannt, erhielte man unverzerrte Schätzwerte für $\hat{\alpha}$ und $\hat{\beta}$. Da jedoch nur die Werte (X_i, Y_i) beobachtet werden können, muß eine SELS-Schätzung in den beobachteten Größen, die zu den Normalgleichungen

$$(19) \quad \sum_{i=1}^{n} Y_i = \hat{\hat{\alpha}} n + \hat{\hat{\beta}} \sum_{i=1}^{n} X_i \, ,$$

$$(20) \quad \sum_{i=1}^{n} X_i Y_i = \hat{\hat{\alpha}} \sum_{i=1}^{n} X_i + \hat{\hat{\beta}} \sum_{i=1}^{n} X_i^2 \, ,$$

führt, verzerrt sein.

Der Vergleich der entsprechenden Gleichungen zeigt, daß (13) und (14) mit

$$(21) \qquad E(Y_i) = nE(\hat{\hat{\alpha}}) + E(\hat{\hat{\beta}}) \sum_{i=1}^{n} X_i ,$$

übereinstimmen. Dagegen fehlt in der (17) und (18) entsprechenden Beziehung

$$(22) \qquad E\left\{\sum_{i=1}^{n} X_i Y_i\right\} = E\left\{\hat{\hat{\alpha}} \sum_{i=1}^{n} X_i\right\} + E\left\{\hat{\hat{\beta}} \sum_{i=1}^{n} X_i^2\right\},$$

das Glied

$$(23) \quad \beta E\left\{\sum_{i=1}^{n}(-2X_i X_i^{**} + X_i^{**2})\right\} - E\left\{\sum_{i=1}^{n}(Y_i - Y_i^{**})X_i^{**}\right\} = n\beta\sigma_{X^{**}}^2 .$$

Daraus erkennt man, daß die Schätzung nicht nur verzerrt, sondern auch inkonsistent ist. Wenn die Zahl der Beobachtungswerte n vergrößert wird, verschwindet die Verzerrung nicht, sondern sie wird mit wachsendem n ebenfalls größer.

2.2 Der Schätzwert für β.

Aus (19) und (20) ergibt sich für $\hat{\hat{\beta}}$

$$(24) \quad \hat{\hat{\beta}} = \frac{\sum_{i=1}^{n}(X_i - \overline{X})(Y_i - \overline{Y})}{\sum_{i=1}^{n}(X_i - \overline{X})^2}$$

$$= \left[\sum_{i=1}^{n}(X_i^* - \overline{X}^*)(Y_i^* - \overline{Y}^*) + \sum_{i=1}^{n}(X_i^* - \overline{X}^*)(Y_i^{**} - \overline{Y}^{**})\right.$$

$$\left. + \sum_{i=1}^{n}(Y_i^* - \overline{Y}^*)(X_i^{**} - \overline{X}^{**}) + \sum_{i=1}^{n}(X_i^{**} - \overline{X}^{**})(Y_i^{**} - \overline{Y}^{**})\right] \Big/$$

$$\left[\sum_{i=1}^{n}(X_i^* - \overline{X}^*)^2 + 2\sum_{i=1}^{n}(X_i^* - \overline{X}^*)(X_i^{**} - \overline{X}^{**})\right.$$

$$+ \sum_{i=1}^{n} (X_i^{**} - \overline{X}^{**})^2 \Big].$$

Ersetzt man wegen (1) im ersten Summanden des Zählers

$$(Y_i^* - \overline{Y}^*) \quad \text{durch} \quad \beta(X_i^* - \overline{X}^*)$$

und wendet den Erwartungs- und plim-Operator an, so folgt wegen (11) und (12)

$$(25) \quad \text{plim } E(\hat{\hat{\beta}}) = \frac{\beta \sum_{i=1}^{n} (X_i^* - \overline{X}^*)^2}{\sum_{i=1}^{n} (X_i^* - \overline{X}^*)^2 + \sum_{i=1}^{n} (X_i^{**} - \overline{X}^{**})^2}$$

$$= \frac{\beta}{1 + \sigma_{X^{**}}^2 / s_{X^*}^2}$$

wobei

$$(26) \quad s_{X^*}^2 = \sum_{i=1}^{n} (X_i^* - \overline{X}^*)^2$$

gesetzt wurde.

Damit ergibt sich, daß der aus den beobachteten Werten geschätzte SELS-Schätzwert $\hat{\hat{\beta}}$ inkonsistent ist.

3. Maximum-Likelihood Schätzwerte

3.1 Der Ansatz bei Normalverteilung

Wird neben den beiden Voraussetzungen über Mittelwert und Varianz der Störvariablen und Beobachtungsfehler (11) und (12) noch angenommen, daß

(27)
$$u_i : N(0, \sigma^2),$$
$$X_i^{**} : N(0, \sigma_{X^{**}}^2),$$
$$Y_i^{**} : N(0, \sigma_{Y^{**}}^2),$$

gilt, dann ist ein Maximum-Likelihood-Ansatz möglich. Für die Verteilung der beobachteten Größen gilt

(28) $\quad X_i = X_i^* + X_i^{**} : N(X_i^*, \sigma_{X^{**}}^2),$

(29) $\quad Y_i = \alpha + \beta_i X_i^* + u_i + Y_i^{**} : N(\alpha+\beta_i X_i^*, \sigma^2 + \sigma_{Y^{**}}^2).$

Dann lautet die Likelihood Funktion

(30) $\quad L = (2\pi\sigma_{X^{**}}^2)^{-\frac{n}{2}} \exp\left\{-\frac{1}{2\sigma_{X^{**}}^2} \sum_{i=1}^{n} (X_i - X_i^*)^2\right\} \cdot$

$$\cdot \left[2\pi(\sigma^2 + \sigma_{Y^{**}}^2)\right]^{-\frac{n}{2}} \exp\left\{-\frac{1}{(2(\sigma^2+\sigma_{Y^{**}}^2)} \sum_{i=1}^{n} (Y_i-\alpha-\beta_i X_i^*)^2\right\},$$

bzw.

(31) $\quad \ln L = L^* = \text{const} - \frac{n}{2} \ln(\sigma_{X^{**}}^2) + \ln(\sigma^2 + \sigma_{Y^{**}}^2) -$

$$- \frac{1}{2\sigma_{X^{**}}^2}\left[\sum_{i=1}^{n} (X_i - X_i^*)^2 - \frac{1}{2(\sigma^2+\sigma_{Y^{**}}^2)} \sum_{i=1}^{n} (Y_i-\alpha-\beta_i X_i^*)^2\right].$$

Durch Nullsetzen der partiellen Ableitungen nach den unbekannten Größen - σ^2, $\sigma_{Y^{**}}^2$, $\sigma_{X^{**}}^2$, X_i^*, α, β - ergeben sich die folgenden Beziehungen

(32) $\quad \dfrac{\partial L^*}{\partial \sigma^2} = - \dfrac{n}{2(\tilde{\sigma}^2+\tilde{\sigma}_{Y^{**}}^2)} + \dfrac{\sum_{i=1}^{n} (Y_i-\tilde{\alpha}-\tilde{\beta} X_i^*)^2}{2(\tilde{\sigma}^2+\tilde{\sigma}_{Y^{**}}^2)^2} = 0,$

$$(33) \quad \frac{\partial L^*}{\partial \sigma_{Y^{**}}^2} = - \frac{n}{2(\tilde{\sigma}^2 + \tilde{\sigma}_{Y^{**}}^2)} + \frac{\sum_{i=1}^{n}(Y_i - \tilde{\alpha} - \tilde{\tilde{\beta}}\tilde{X}_i^*)^2}{2(\tilde{\sigma}^2 + \tilde{\sigma}_{Y^{**}}^2)^2} = 0,$$

$$(34) \quad \frac{\partial L^*}{\partial \sigma_{X^{**}}^2} = - \frac{n}{2\tilde{\sigma}_{X^{**}}^2} + \frac{\sum_{i=1}^{n}(X_i - \tilde{X}_i^*)^2}{2\tilde{\sigma}_{X^{**}}^4} = 0,$$

$$(35) \quad \frac{\partial L^*}{\partial X_i^*} = \frac{X_i - \tilde{X}_i^*}{\tilde{\sigma}_{X^{**}}^2} + \frac{\tilde{\tilde{\beta}}(Y_i - \tilde{\alpha} - \tilde{\tilde{\beta}}\tilde{X}_i^*)}{\tilde{\sigma}^2 + \tilde{\sigma}_{Y^{**}}^2} = 0,$$

$$(36) \quad \frac{\partial L^*}{\partial \alpha} = \frac{\sum_{i=1}^{n}(Y_i - \tilde{\alpha} - \tilde{\tilde{\beta}}\tilde{X}_i^*)}{\tilde{\sigma}^2 + \tilde{\sigma}_{Y^{**}}^2} = 0,$$

$$(37) \quad \frac{\partial L^*}{\partial \beta} = \frac{\sum_{i=1}^{n}(Y_i - \tilde{\alpha} - \tilde{\tilde{\beta}}\tilde{X}_i^*)\tilde{X}_i^*}{\tilde{\sigma}^2 + \tilde{\sigma}_{Y^{**}}^2} = 0.$$

3.2 Die Auswertung der Schätzgleichungen

Aus (29) ist ersichtlich, daß u_i und Y_i^{**} die gleiche Rolle spielen. Damit ist es allein eine Interpretationfrage, ob die eine Größe als Störvariable oder als Beobachtungsfehler angesprochen wird. Da die beiden Bedingungen (32) und (33) übereinstimmen, kann eine von ihnen – etwa (32) – aus dem Schätzsystem gestrichen werden. Somit sind in diesem Modell σ^2 und $\sigma_{Y^{**}}^2$ nur gemeinsam als Summe bestimmbar.

Für die Varianzen erhält man aus (33)

$$(38) \quad \tilde{\sigma}^2 + \tilde{\sigma}_{Y^{**}}^2 = \frac{1}{n} \sum_{i=1}^{n}(Y_i - \tilde{\alpha} - \tilde{\tilde{\beta}}\tilde{X}_i^*)^2,$$

und aus (34)

$$(39) \quad \tilde{\sigma}_{X^{**}}^2 = \frac{1}{n} \sum_{i=1}^{n}(X_i - \tilde{X}_i^*)^2.$$

Aus (35) erhält man

(40) $$X_i - \tilde{X}_i^* = - \frac{\tilde{\beta}\tilde{\sigma}_{X**}^2(Y_i-\tilde{\alpha}-\tilde{\beta}X_i^*)}{\tilde{\sigma}^2+\tilde{\sigma}_{Y**}^2} \quad .$$

Quadriert man (40), dividiert durch n und summiert über i, so erhält man

(41) $$\frac{1}{n}\sum_{i=1}^{n}(X_i - \tilde{X}_i^*)^2 = \left(\frac{\tilde{\beta}\tilde{\sigma}_{X**}^2}{\tilde{\sigma}^2+\tilde{\sigma}_{Y**}^2}\right)^2 \frac{1}{n}\sum_{i=1}^{n}(Y_i-\tilde{\alpha}-\tilde{\beta}\tilde{X}_i^*)^2 \quad ,$$

Wegen (38) und (39) ergibt sich aus (41)

(42) $$\tilde{\beta}^2 = \frac{\tilde{\sigma}^2+\tilde{\sigma}_{Y**}^2}{\tilde{\sigma}_{X**}^2} \quad .$$

Diese Beziehung gilt unabhängig von n, und da ML-Schätzwerte konsistent sind, müßte sie auch für die "wahren" Werte zutreffen, d.h.

(43) $$\beta^2 = \frac{\sigma^2+\sigma_{Y**}^2}{\sigma_{X**}^2} \quad .$$

Ein solches Ergebnis wäre aber absurd. Hier versagt somit der ML-Ansatz. Stattdessen betrachte man den allgemeinen Ansatz, indem man für das Verhältnis der Varianzen einen Parameter einführt

(44) $$\lambda \equiv \frac{\sigma_{X**}^2}{\sigma^2 + \sigma_{Y**}^2} \quad .$$

Aus (40) ergibt sich

(45) $$X_i - \tilde{X}_i^* = - \lambda\tilde{\beta}(Y_i-\tilde{\alpha}-\tilde{\beta}\tilde{X}_i^*) \quad ,$$

oder nach X_i^* aufgelöst

(46) $$\tilde{X}_i^* = \frac{X_i+\lambda\tilde{\beta}Y_i-\lambda\tilde{\alpha}\tilde{\beta}}{1+\lambda\tilde{\beta}^2} \quad .$$

Aus der Bedingung (36) für $\tilde{\alpha}$ folgt

$$(47) \qquad \tilde{\alpha} = \overline{Y} - \tilde{\beta}\overline{\tilde{X}}^*$$

und wegen (46)

$$(48) \qquad \overline{\tilde{X}}^* = \frac{\overline{X} + \lambda\tilde{\beta}\overline{Y} - \lambda\tilde{\beta}(\overline{Y} - \tilde{\beta}\overline{\tilde{X}}^*)}{1 + \lambda\tilde{\beta}^2}$$

$$= \frac{\overline{X} + \lambda\tilde{\beta}^2\overline{\tilde{X}}^*}{1 + \lambda\tilde{\beta}^2} \quad ,$$

d.h.

$$(49) \qquad \overline{\tilde{X}}^* = \overline{X}$$

und

$$(50) \qquad \tilde{\alpha} = \overline{Y} - \tilde{\beta}\overline{X} \quad .$$

Aus der Bedingung (36) für $\tilde{\alpha}$ folgt

$$(51) \qquad \overline{\tilde{X}}^* \sum_{i=1}^{n} (Y_i - \tilde{\alpha} - \tilde{\beta}\tilde{X}_i^*) = 0 \quad .$$

Subtraktion der aus (37) erhaltenen Bedingung für $\tilde{\beta}$ von (51) ergibt

$$(52) \qquad \sum_{i=1}^{n} (\tilde{X}_i^* - \overline{\tilde{X}}^*)(Y_i - \tilde{\alpha} - \tilde{\beta}\tilde{X}_i^*) = 0 \quad .$$

Berücksichtigt man (50), so erhält man

$$(53) \qquad \sum_{i=1}^{n} (\tilde{X}_i^* - \overline{\tilde{X}}^*)\left[Y_i - \overline{Y} + \tilde{\beta}(\overline{\tilde{X}}^* - \tilde{X}_i^*)\right] = 0 \quad ,$$

oder

$$(54) \qquad \tilde{\beta} = \frac{\sum_{i=1}^{n} (\tilde{X}_i^* - \overline{\tilde{X}}^*)(Y_i - \overline{Y})}{\sum_{i=1}^{n} (\tilde{X}_i^* - \overline{\tilde{X}}^*)^2} \quad .$$

Durch Vergleich mit dem SELS-Schätzwert $\hat{\tilde{\beta}}$, der sich aus (19) und (20) ergibt, erkennt man, daß der beobachtete Wert X_i durch den

Schätzwert für den "wahren" Wert X_i ersetzt wird. Durch diese Ersetzung ergibt sich eine in $\tilde{\beta}$ quadratische Beziehung. Dies soll im folgenden gezeigt werden.

Aus (46) erhält man

(55) $\qquad \tilde{X}_i^* - \bar{\tilde{X}}^* = \dfrac{(X_i - \bar{X}) + \lambda\tilde{\beta}(Y_i - \bar{Y})}{1 + \lambda\tilde{\beta}^2}$,

und ferner

(56) $\qquad \displaystyle\sum_{i=1}^{n} (\tilde{X}_i^* - \bar{\tilde{X}}^*)^2 = \dfrac{1}{(1 + \lambda\tilde{\beta}^2)^2} \left[\sum_{i=1}^{n} (X_i - \bar{X})^2 \right.$

$\qquad\qquad\qquad\qquad\qquad \left. + 2\lambda\tilde{\beta} \sum_{i=1}^{n} (X_i - \bar{X})(Y_i - \bar{Y}) + (\lambda\tilde{\beta})^2 \sum_{i=1}^{n} (Y_i - \bar{Y})^2 \right]$

und

(57) $\qquad \displaystyle\sum_{i=1}^{n} (\tilde{X}_i^* - \bar{\tilde{X}}^*)(Y_i - \bar{Y}) = \dfrac{1}{1 + \lambda\tilde{\beta}^2} \left[\sum_{i=1}^{n} (X_i - \bar{X})(Y_i - \bar{Y}) + \right.$

$\qquad\qquad\qquad\qquad\qquad \left. + \lambda\tilde{\beta} \sum_{i=1}^{n} (Y_i - \bar{Y})^2 \right]$.

Nun führt man folgende Abkürzungen ein

(58) $\qquad \dfrac{1}{n} \displaystyle\sum_{i=1}^{n} (V_i - \bar{V})(W_i - \bar{W}) = m_{VW}$

wobei wechselweise

(59) $\qquad V_i = X_i, Y_i, \tilde{X}_i^*, \quad \text{bzw.} \quad W_i = X_i, Y_i, \tilde{X}_i^*$

gesetzt werden.

Damit läßt sich (56) in der Form

$$(60) \quad \sum_{i=1}^{n} (\tilde{X}_i - \bar{\tilde{X}}^*)^2 = \frac{n}{(1+\lambda\tilde{\beta}^2)^2} \left[m_{XX} + 2\lambda\tilde{\beta}m_{XY} + (\lambda\tilde{\beta})^2 m_{YY} \right]$$

und (57) in der Form

$$(61) \quad \sum_{i=1}^{n} (\tilde{X}_i^* - \bar{\tilde{X}}^*)(Y_i - \bar{Y}) = \frac{n}{1 + \lambda\tilde{\beta}^2} \left[m_{XY} + \lambda\tilde{\beta}m_{YY} \right].$$

schreiben, und man erhält für $\tilde{\beta}$

$$(62) \quad \tilde{\beta} = \frac{m_{\tilde{X}Y}}{m_{\tilde{X}\tilde{X}}}$$

$$= \frac{(1 + \lambda\tilde{\beta})\left[m_{XY} + \lambda\tilde{\beta}m_{YY} \right]}{m_{XX} + 2\lambda\tilde{\beta}m_{XY} + (\lambda\tilde{\beta})^2 m_{YY}} .$$

Da sich die kubischen Glieder zu Null addieren, erhält man folgenden in $\tilde{\beta}$ quadratische Beziehung

$$(63) \quad \lambda\tilde{\beta}^2 m_{XY} - \tilde{\beta}(\lambda m_{YY} - m_{XX}) - m_{XY} = 0$$

mit den Lösungen

$$(64) \quad \tilde{\beta}_{1,2} = \frac{(\lambda m_{YY} - m_{XX}) \pm \sqrt{(\lambda m_{YY} - m_{XX})^2 + 4\lambda m_{XY}^2}}{2\lambda m_{XY}} .$$

Man kann die Lösung umformen in

$$\tilde{\beta}_{1,2} = \frac{m_{YY} - \frac{1}{\lambda} m_{XX}}{2 m_{XY}} \pm \frac{\sqrt{(\lambda m_{YY} - m_{XX})^2 + 4\lambda m_{XY}^2}}{2\lambda m_{XY}} .$$

Setzt man zur Abkürzung

$$\theta = \frac{m_{YY} - \frac{1}{\lambda} m_{XX}}{2 m_{XY}} ,$$

so erhält man

$$\tilde{\beta}_1 = \theta + \sqrt{\theta^2 + \frac{1}{\lambda}} \quad \text{und} \quad \tilde{\beta}_2 = \theta - \sqrt{\theta^2 + \frac{1}{\lambda}} \; .$$

Aus diesen beiden Beziehungen sieht man, daß unabhängig vom Vorzeichen der Größe θ, die Größe $\tilde{\beta}_1$ stets positiv und $\tilde{\beta}_2$ stets negativ ist.

Welche der Lösungen als Schätzwert für β gewählt wird, sollte vom Vorzeichen der Varianzen m_{XY} abhängen. Für positives m_{XY} wird $\tilde{\beta}_1$ und für negatives m_{XY} wird $\tilde{\beta}_2$ gewählt.

3.3 Sonderfälle der Lösung

Für den Schätzwert $\tilde{\beta}$ lassen sich eine Reihe von Sonderfällen unterscheiden.

3.3.1 Der Varianzparameter λ verschwindet

Setzt man (44) gleich Null, d.h.

$$(65) \qquad \lambda = \frac{\sigma_{X^{**}}^2}{\sigma^2 + \sigma_{Y^{**}}^2} = 0 \; ,$$

so erhält man unmittelbar

$$(66) \qquad \sigma_{X^{**}}^2 = 0 \; .$$

Dies bedeutet, daß es keine Beobachtungsfehler bei der Messung der X_i-Werte gibt. Die Bestimmungsgleichung (63) für den Schätzwert $\tilde{\beta}$ geht über in

$$(67) \qquad \tilde{\beta}_{\lambda=0} m_{XX} - m_{XY} = 0 \; ,$$

bzw.

$$(68) \qquad \tilde{\beta}_{\lambda=0} = \frac{m_{XY}}{m_{XX}} \; .$$

Dies bedeutet, daß $\tilde{\beta}_{\lambda=0}$ übereinstimmt mit $\hat{\tilde{\beta}}$, dem Schätzwert (22) des klassischen SELS-Modells.

3.3.2 Der Varianzparameter λ wird unendlich groß

Betrachtet man den Fall, daß λ gegen unendlich strebt, d.h. $1/\lambda$ strebt gegen Null, so ist (44) gleichbedeutend mit

$$(69) \quad \lambda = \frac{\sigma_{X^{**}}^2}{\sigma^2 + \sigma_{Y^{**}}^2} \longrightarrow \infty$$

bzw.

$$(70) \quad (\sigma^2 + \sigma_{Y^{**}}^2) \longrightarrow 0 \, .$$

Dies bedeutet aber, daß die Y_i-Werte fehlerfrei beobachtet werden. Außerdem verschwinden die Störvariablen, da sich beide Einflüsse nicht trennen lassen.

Aus der Bestimmungsgleichung (63) für $\tilde{\beta}$ folgt wegen $\lambda > 0$

$$(71) \quad \tilde{\beta}^2 m_{XY} - \tilde{\beta}(m_{YY} - \frac{1}{\lambda} m_{XX}) - \frac{1}{\lambda} m_{XY} = 0 \, ,$$

$$(72) \quad \tilde{\beta}_{\lambda \to \infty}^2 m_{XY} - \tilde{\beta}_{\lambda \to \infty} m_{YY} = 0 \, ,$$

$$(73) \quad \tilde{\beta}_{\lambda \to \infty} = \frac{m_{YY}}{m_{XY}} \, .$$

Dies ist aber gleich dem Schätzwert des klassischen SELS-Modells, wenn die Regression von X_i bezüglich Y_i bestimmt wird, d.h.

$$(74) \quad X = a + bY + \epsilon \, ,$$

mit

$$(75) \quad \hat{\tilde{b}} = \frac{m_{XY}}{m_{YY}} \, , \quad \text{und} \quad \frac{1}{\hat{\tilde{b}}} = \tilde{\beta}_{\lambda \to \infty} \, .$$

3.3.3 Die "wahre" Beziehung ist nicht-stochastisch

Der Ansatz (1) lautet jetzt

$$(76) \quad Y^* = \alpha + \beta X^* \, .$$

Dann gilt
$$\sigma^2 = 0.$$

Somit ist das Verhältnis der Fehlervarianzen

$$\lambda = \frac{\sigma^2_{X^{**}}}{\sigma^2_{X^{**}}}$$

allein entscheidend. Alle Ergebnisse bleiben unverändert, da keine Unterscheidung zwischen Störvariablen u_i und Beobachtungsfehlern Y_i^{**} getroffen werden kann.

3.3.4 Die Varianzen der Beobachtungsfehler sind numerisch bekannt

Bisher wurde angenommen, daß die Varianzen der Beobachtungsfehler konstant sind. Jetzt werde angenommen, daß ihre Werte auch numerisch bekannt seien, d.h.

(77) $$\sigma^2_{X^{**}} = V_1; \qquad \sigma^2_{Y^{**}} = V_2.$$

Damit entfallen im ML-Ansatz die partiellen Ableitungen nach $\sigma^2_{X^{**}}$ (33) und $\sigma^2_{Y^{**}}$ (34). Die Auswertung erfolgt analog dem vollen System (32) - (37) und führt zu einer in $\tilde{\beta}$ kubischen Gleichung.

4. Schätzwerte nach der Momentenmethode von Pearson

4.1 Der Ansatz

Man kann die Schätzwerte auch aus den Stichprobenmomenten ableiten. Dazu müssen bezüglich der stochastischen Eigenschaften von Störvariablen und Beobachtungsfehler nur Mittelwerte, Varianzen und Kovarianzen bekannt sein.

Aus (3) folgt

(78) $$\frac{1}{n}\sum_{i=1}^{n}(x_i - \bar{x})^2 = \frac{1}{n}\sum_{i=1}^{n}(x_i^* - \bar{x}^*)^2 + \frac{1}{n}\sum_{i=1}^{n}(x_i^{**} - \bar{x}^{**})^2$$

$$+ \frac{2}{n}\sum_{i=1}^{n}(x_i^* - \bar{x}^*)(x_i^{**} - \bar{x}^{**}),$$

Aus (29), bzw. (1) und (2), folgt

(79) $\quad \frac{1}{n} \sum_{i=1}^{n} (Y_i - \overline{Y})^2 = \frac{\beta^2}{n} \sum_{i=1}^{n} (X_i^* - \overline{X}^*)^2 + \frac{1}{n} \sum_{i=1}^{n} (Y_i^{**} - \overline{Y}^{**})^2$

$\quad\quad\quad\quad\quad + \frac{1}{n} \sum_{i=1}^{n} (u_i - \overline{u})^2 +$ Kreuzproduktglieder .

Aus (3) und (29), bzw. (1), (2) und (3), folgt

(80) $\quad \frac{1}{n} \sum_{i=1}^{n} (Y_i - \overline{Y})(X_i - \overline{X}) = \frac{\beta}{n} \sum_{i=1}^{n} (X_i^* - \overline{X}^*)^2 +$ Kreuzproduktglieder.

Unter Verwendung der Abkürzung (58) erhält man

(81) $\quad\quad m_{XX} = m_{X^*X^*} + m_{X^{**}X^{**}} + 2m_{X^*X^{**}}$,

(82) $\quad\quad m_{YY} = \beta^2 m_{X^*X^*} + m_{uu} + m_{Y^{**}Y^{**}} + c_1$,

(83) $\quad\quad m_{YX} = \beta m_{X^*X^*} + c_2$,

wobei c_1 und c_2 die nicht explizit ausgeschriebenen Kreuzproduktglieder bezeichnen.

Wendet man den Erwartungsoperator auf (81), (82) und (83) an, so folgt wegen (11), (12) und (26)

(84) $\quad\quad E(m_{XX}) = \frac{1}{n} S_{X^*}^2 + \frac{n-1}{n} \sigma_{X^{**}}^2$,

(85) $\quad\quad E(m_{YY}) = \frac{1}{n} \beta^2 S_{X^*}^2 + \frac{n-1}{n} (\sigma^2 + \sigma_{Y^{**}}^2)$,

(86) $\quad\quad E(m_{YX}) = \frac{1}{n} \beta S_{X^*}^2$.

Dies sind drei Gleichungen mit fünf Unbekannten - $S_{X^*}^2$, $\sigma_{X^{**}}^2$, $\sigma_{Y^{**}}^2$, σ^2, β - . Wenn man für zwei dieser Unbekannten eine Annahme trifft, so können die restlichen drei u.U. aus dem folgenden Schätzsystem bestimmt werden

$$(87) \quad m_{XX} = \frac{1}{n} \hat{s}_{X*}^2 + \frac{n-1}{n} \hat{\sigma}_{X**}^2 \ ,$$

$$(88) \quad m_{YY} = \frac{1}{n} \hat{\beta}^2 \hat{s}_{X*}^2 + \frac{n-1}{n} (\hat{\sigma}^2 + \hat{\sigma}_{Y**}^2) \ ,$$

$$(89) \quad m_{YX} = \frac{1}{n} \hat{\beta} \hat{s}_{X*}^2 \ .$$

4.2 Eine Beispiellösung

Es sei z.B σ_{X**}^2 bekannt. Dann erhält man aus (89) und (87)

$$(90) \quad \hat{\beta} = \frac{n \, m_{YX}}{\hat{s}_{X*}^2} = \frac{m_{YX}}{m_{XX} - \frac{n-1}{n} \hat{\sigma}_{X**}^2}$$

und aus (88)

$$(91) \quad \hat{\sigma}^2 + \hat{\sigma}_{Y**}^2 = \frac{n}{n-1} (m_{YY} - \frac{1}{n} \hat{\beta}^2 \hat{s}_{X*}^2)$$

$$= \frac{n}{n-1} (m_{YY} - \frac{n \, m_{YX}^2}{\hat{s}_{X*}^2}) \ , \text{ wegen (90)}$$

$$= \frac{n}{n-1} (m_{YY} - \frac{m_{YX}^2}{m_{XX} - \frac{n-1}{n} \hat{\sigma}_{X**}^2}) \ , \text{ wegen (87).}$$

Wieder lassen sich σ^2 und σ_{Y**}^2 nicht voneinander trennen. Die erhaltenen Schätzwerte $\hat{\beta}$ und $(\hat{\sigma}^2 + \hat{\sigma}_{Y**}^2)$ erweisen sich als konsistent, weil die Stichprobenmittelwerte in Wahrscheinlichkeit gegen ihre Erwartungswerte konvergieren. Der Schätzwert für α folgt aus den Mittelwerten

$$(92) \quad \hat{\alpha} = \bar{Y} - \hat{\beta}\bar{X} \ .$$

5. Gruppierungsverfahren

Erwähnt werden sollten in diesem Zusammenhang noch die zwei Gruppierungsverfahren von Wald und Bartlett.

5.1 Das Verfahren von Wald

Wald betrachtet das Modell

(93)
$$X_i = X_i^* + X_i^{**}, \quad Y_i = Y_i^* + Y_i^{**}, \quad \text{und}$$
$$Y_i^* = \alpha + \beta X_i^*.$$

Die Beobachtungsfehler X_i^{**} und Y_i^{**} seien untereinander und gegenseitig unabhängig. Es sei eine gerade Anzahl von Beobachtungen, $n = 2m$, gegeben. Dann werden die Variablen in aufsteigender Größe angeordnet, d.h. die Indices geben die Größenanordnung an,

$$X_1, X_2, \ldots, X_m, X_{m+1}, \ldots, X_n,$$
$$Y_1, Y_2, \ldots, Y_m, Y_{m+1}, \ldots, Y_n.$$

Die Mittelwerte der Untergruppen werden gegeben durch

(94)
$$\overline{X}_1 = \frac{1}{m} \sum_{i=1}^{m} X_i, \quad \overline{X}_2 = \frac{1}{m} \sum_{i=m+1}^{n} X_i,$$

$$\overline{Y}_1 = \frac{1}{m} \sum_{i=1}^{m} Y_i, \quad \overline{Y}_2 = \frac{1}{m} \sum_{i=m+1}^{n} X_i.$$

Die von Wald vorgeschlagenen Schätzwerte lauten

(95)
$$\tilde{\beta}_W = \frac{\overline{Y}_1 - \overline{Y}_2}{\overline{X}_1 - \overline{X}_2}, \quad \text{und} \quad \tilde{\alpha}_W = \overline{Y} - \tilde{\beta}_W \overline{X}.$$

Unter der Annahme von

$$\lim_{n \to \infty} \inf \left| \frac{1}{m} \sum_{i=1}^{m} X_i^* - \frac{1}{m} \sum_{i=m+1}^{n} X_i^* \right| > 0$$

sind diese Schätzwerte konsistent. Diese Annahme wird jedoch nicht von normalverteilten Variablen erfüllt.

5.2 Das Verfahren von Bartlett

Bartlett definiert die Untergruppenmittelwerte auf der Basis von k Beobachtungen. Er definiert

(96)
$$\bar{X}_1 = \frac{1}{k} \sum_{i=1}^{k} X_i, \qquad \bar{X}_3 = \frac{1}{k} \sum_{i=n-k+1}^{n} X_i,$$

$$\bar{Y}_1 = \frac{1}{k} \sum_{i=1}^{k} Y_i, \qquad \bar{Y}_3 = \frac{1}{k} \sum_{i=n-k+1}^{n} Y_i.$$

Die vorgeschlagenen Schätzwerte lauten

(97)
$$\tilde{\beta}_B = \frac{\bar{Y}_3 - \bar{Y}_1}{\bar{X}_3 - \bar{X}_1}, \quad \text{und} \quad \tilde{\alpha}_B = \bar{Y} - \tilde{\beta}_B \bar{X}.$$

Für den Fall von äquidistanten X-Werten hat Bartlett gezeigt, daß die Stichprobenvarianz von $\tilde{\beta}_B$ minimiert wird, wenn man $k = n/3$ wählt.

Diese beiden Gruppierungsverfahren haben den Vorteil, daß ihre Berechnungen einfach sind, und sie nicht die Voraussetzungen der Normalität benötigen.

Teil B Ökonometrische Gleichungssysteme

Kapitel VII

Das lineare ökonometrische Gleichungssystem

1. Wirklichkeitsnähe ökonometrischer Systeme

Das bisher erörterte ökonometrische Modell bestand aus einer einzelnen linearen Gleichung. In realistischeren Problemen handelt es sich jedoch um Systeme von gleichzeitig bestehenden Beziehungen. An zwei Beispielen aus dem mikro- und dem makroökonomischen Bereich möge dies gezeigt werden.

Mikroökonomisch: Ein Marktmodell aus einer Angebots- und einer Nachfragegleichung, sowie einer Gleichgewichtsbeziehung, die Angebot und Nachfrage gleichsetzt.

Makroökonomisch: Ein volkswirtschaftliches Gesamtmodell aus einer Reihe statistisch definitorischer Beziehungen, einer volkswirtschaftlichen Gesamtrechnung, und einer Vielzahl von Verhaltensgleichungen über Konsum, Investition, Außenhandel, Steuern usw.

Doch ist diese ökonomische Interpretation für das ökonometrische Problem unerheblich.

2. Der allgemeine Ansatz eines linearen ökonometrischen Gleichungssystems

Statt Beobachtungswerte für die Variablen einer Gleichung liegen jetzt Beobachtungswerte

$$X_1(t), \; X_2(t), \; \ldots\ldots, \; X_K(t)$$
$$Y_1(t), \; Y_2(t), \; \ldots\ldots, \; Y_M(t)$$

$$t = 1, 2, \ldots\ldots, T$$

vor, die durch folgendes lineare Gleichungssystem verknüpft sind

(1)
$$a_{11}Y_1(t)+a_{12}Y_2(t)+\ldots+a_{1M}Y_M(t) = b_{11}X_1(t)+b_{12}X_2(t)+\ldots+b_{1K}X_K(t)$$
$$+ u_1(t)$$

$$\vdots$$

$$a_{M1}Y_1(t)+a_{M2}Y_2(t)+\ldots+a_{MM}Y_M(t) = b_{M1}X_1(t)+b_{M2}X_2(t)+\ldots+b_{Mk}X_K(t)$$
$$+ u_M(t)$$

$$t = 1,2,\ldots, T$$

oder in Matrixschreibweise

(2) $\underline{A}\underline{Y}(t) = \underline{B}\underline{X}(t) + \underline{u}(t) \quad t = 1,2,\ldots, T.$

Dabei bezeichnen $\underline{A}$ und $\underline{B}$ die (M×M) bzw. (M×K) Matrizen der Koeffizienten aus (1), sowie $\underline{Y}(t)$, $\underline{X}(t)$ und $\underline{u}(t)$ die (M×1)-, (K×1)- und (K×1)-Spaltenvektoren der drei Gruppen von Variablen.

Die Variablen $\underline{Y}(t)$ sind die durch das System zu erklärenden, <u>endogenen</u> Variablen. Die Variablen $\underline{X}(t)$ sind alle übrigen beobachtbaren, nicht durch das Modell zu bestimmenden Größen, die <u>exogenen</u> Variablen, während die $\underline{u}(t)$ die unbeobachtbaren <u>Störvariablen</u> sind.

3. Der Unterfall des Einzelgleichungsmodells

Setzt man in dem Ansatz (1) bzw. (2) M = 1, dann geht dieser über in das bisher behandelte Einzelgleichungsmodell. Die endogene Variable ist die abhängige Y und die exogenen sind die unabhängigen Variablen X_i (vgl. III,1)

$$Y = Y_1 = \sum_{i=1}^{K} (\frac{b_{1i}}{a_{11}})X_i + (\frac{u_1}{a_{11}}) = \sum_{i=1}^{K} \beta_i X_i + u .$$

Kapitel VIII

Das Identifikationsproblem

1. Die Schätzmöglichkeiten für eine Struktur

Vor einer Schätzung der numerischen Werte der endogenen und exogenen Variablen, der Koeffizientenmatrizen $\underline{A}$ und $\underline{B}$ der Struktur (VII,2) muß zunächst geklärt werden, ob dies eindeutig möglich ist. Man muß fragen, ob aus den Beobachtungswerten eindeutig auf die Parameter der zugrundeliegenden "wahren" Struktur geschlossen werden kann. Dabei muß diese Struktur in einem Modell liegen, das mit Hilfe von a priori Kenntnissen und a priori-Annahmen spezifiziert wurde. Durch die Angabe eines solchen Modells, in der die gesuchte Struktur liegen soll, wird die Menge der zulässigen Strukturen beschränkt. Man kann aus den Beobachtungswerten für $\underline{Y}$ und $\underline{X}$ die bedingte Wahrscheinlichkeitsverteilung $p(\underline{Y}|\underline{X})$ schätzen. Dies allein genügt aber nicht, man muß auch innerhalb des theoretischen Modells eine und nur eine Struktur finden, die diese Verteilung $p(\underline{Y}|\underline{X})$ induziert. M.a.W. man muß fragen, ob die aus den Beobachtungswerten erhaltene spezielle Verteilung $p(\underline{Y}|\underline{X})$ nur durch eine oder durch mehrere, eventuell sogar unendlich viele, Strukturen des Modells induziert werden kann. Im letzteren Fall ist man auf Grund der Beobachtungswerte nicht in der Lage zu entscheiden, welche Struktur des Modells die Verteilung $p(\underline{Y}|\underline{X})$ induziert hat. Man sagt dann, daß die den Beobachtungen zugrundeliegende Struktur nicht identifizierbar ist. Die Lösung dieses Identifikationsproblems steht logisch vor dem Problem des Schätzens. Um es in allen Einzelheiten einzusehen, soll es an einigen Beispielen erörtert werden.

2. Eine nicht identifizierbare Struktur

Gegeben sei ein einfaches Marktmodell

(1) $\quad Y_1 = b_{11}X_1 + b_{12}X_2 + u_1 \quad$ (Nachfrage),

(2) $\quad Y_2 = b_{21}X_1 + b_{22}X_2 + u_2 \quad$ (Angebot),

(3) $\quad Y_1 - Y_2 = 0 \quad$ (Gleichgewichtsbedingung),

(4) $\quad X_1 = 1 \quad$ (Konstante).

Für die Störvariablen werde nur

(5) $\qquad E(u_1) = E(u_2) = 0$

angenommen. Aus dem Eingleichungsmodell ist bekannt, daß dies die Minimalforderung aller Schätzverfahren ist.

Es werde jetzt die Annahme getroffen, daß aus einer Vorkenntnis die "wahren" Werte der Koeffizienten bekannt seien. Sie betragen etwa

(6) $\qquad b_{11} = 18, \; b_{12} = -6, \; b_{21} = 3, \; b_{22} = 9.$

Das Modell besitzt dann die Struktur

(1-1) $\qquad Y_1 = 18 - 6X_2 + u_1 \qquad$ (Nachfrage),

(2-1) $\qquad Y_2 = 3 + 9X_2 + u_2 \qquad$ (Angebot),

(3) $\qquad Y_1 - Y_2 = 0 \qquad$ (Gleichgewichtsbedingung).

Multipliziert man (1-1) mit 2/3, (2-1) mit 1/3 und addiert beide, so ergibt sich wegen (3)

(1-2) $\qquad Y_1 = 13 - X_2 + \dfrac{2u_1 + u_2}{3}.$

Multipliziert man (1-1) mit 1/4, (2-1) mit 3/4 und addiert beide, so ergibt sich wegen (3)

(2-2) $\qquad Y_2 = 6.75 + 5.25\, X_2 + \dfrac{u_1 + 3u_2}{4}.$

Liegen nun Beobachtungswerte (X_1, X_2, Y_1, Y_2) vor, so erfüllen sie sowohl die Beziehungen (1-1), (2-1) wie auch (1-2), (2-2). Da die Störvariablen nicht beobachtbar sind und nur die relativ schwache Eigenschaft (5) gefordert wurde, ist man nicht in der Lage, auf die "wahre" Struktur zu schließen.

3. Einführen von zusätzlichen Variablen zur Identifikation

Um das Modell zu identifizieren, kann man zunächst weitere beobachtbare Variable hinzufügen. Die Nachfragebeziehung bleibe zunächst unverändert. Dagegen werde das Angebot durch eine weitere exogene Größe X_3 beeinflußt. Man erhält

(1-3) $\quad Y_1 = b_{11}X_1 + b_{12}X_2 \qquad\qquad + u_1 \quad$ (Nachfrage),

(2-3) $\quad Y_2 = b_{21}X_1 + b_{22}X_2 + b_{23}X_3 + u_2 \quad$ (Angebot),

(3) $\quad Y_1 - Y_2 = 0 \qquad\qquad\qquad\qquad$ (Gleichgewichtsbedingung).

Wiederholt man die Bildung von Linearkombinationen aus Angebots- und Nachfragebeziehung mit den Multiplikatoren λ_i und μ_i, $i = 1, 2$, und $\lambda_1 + \lambda_2 = 1$ und $\mu_1 + \mu_2 = 1$, so erhält man

(1-4) $\quad Y_1 = (\lambda_1 b_{11} + \lambda_2 b_{21})X_1 + (\lambda_1 b_{12} + \lambda_2 b_{22})X_2 + \lambda_2 b_{23}X_3 + \lambda_1 u_1 + \lambda_2 u_2$,

(2-4) $\quad Y_2 = (\mu_1 b_{11} + \mu_2 b_{21})X_1 + (\mu_1 b_{12} + \mu_2 b_{22})X_2 + \mu_2 b_{23}X_3 + \mu_1 u_1 + \mu_2 u_2$.

Wie im vorangegangenen Beispiel erfüllen Beobachtungswerte (X_1, X_2, Y_1, Y_2) sowohl die Beziehungen (1-3), (2-3) wie auch (1-4), (2-4). Doch unterscheidet sich jetzt (1-4) von (1-3) durch das von Null verschiedene Glied $\lambda_2 b_{23} X_3$. Dies bedeutet, daß die Nachfragebeziehung (1-3) identifiziert ist. Dagegen ist die Angebotsbeziehung weiterhin nicht identifiziert. Man betrachtet daher eine Erweiterung des Modells, bei der die Nachfrage durch eine exogene Variable X_4 beeinflußt wird.

Man erhält

(1-5) $\quad Y_1 = b_{11}X_1 + b_{12}X_2 \qquad\qquad + b_{14}X_4 + u_1$,

(2-5) $\quad Y_2 = b_{21}X_1 + b_{22}X_2 + b_{23}X_3 \qquad + u_2$,

(3) $\quad Y_1 - Y_2 = 0$.

Durch Bilden der Linearkombinationen kann man sich leicht überzeugen, daß jetzt beide Beziehungen identifiziert sind.

4. Einführen von zusätzlichen stochastischen Eigenschaften

4.1 Unabhängigkeit der Störvariablen

Anstatt in die Nachfragebeziehung (1-5) eine weitere Größe als erklärende, exogene Variable aufzunehmen, kann man über (5) hinausgehende Annahmen bezüglich der stochastischen Eigenschaften der Störvariablen treffen. Durch die Annahme

(7)   die Störvariablen seien stochastisch unabhängig,

kann die Identifizierbarkeit des Systems (1-4), (1-5) erreicht werden.
Die durch die Linearkombination gebildeten, künstlichen Störvariablen

(8) $u_1^* = \lambda_1 u_1 + \lambda_2 u_2$ und $u_2^* = \mu_1 u_1 + \mu_2 u_2$

sind d.u.n.d. stochastisch unabhängig, wenn entweder

(9) $\mu_1 = \lambda_2 = 0$

oder

(10) $\mu_2 = \lambda_1 = 0$

ist, da dann gilt

(11) $\text{Cov}(u_1^*, u_2^*) = E\{[\lambda_1 u_1 + \lambda_2 u_2][\mu_1 u_1 + \mu_2 u_2]\}$ wegen (5)

$= \mu_1 \lambda_1 E(u_1 u_1) + \lambda_2 \mu_2 E(u_2 u_2)$ wegen (7)

$= 0$ wegen (9) oder (10).

Dies bedeutet jedoch, daß die Beziehungen (1-4) und (2-4) mit der "wahren" Struktur (1-3) und (1-3) übereinstimmen und somit identifiziert sind.

4.2 Kenntnis einer Wahrscheinlichkeitsdichte für die Störvariablen

4.2.1 Ableitung der Wahrscheinlichkeitsdichte für die endogenen Variablen einer ersten Struktur

Als zweites Beispiel (Goldberger, .307 ff.) werde das Modell

(12) $\qquad a_{11}Y_1 + a_{12}Y_2 = b_{11}X_1 + u_1,$

(13) $\qquad a_{21}Y_1 + a_{22}Y_2 = b_{21}X_1 + u_2$

betrachtet, und eine erste Struktur

(12-1) $\qquad Y_1 - 2Y_2 = X_1 + u_1,$

(13-1) $\qquad Y_1 + Y_2 = 2X_1 + u_2$

angenommen. Bezüglich der stochastischen Eigenschaften der Störvariablen werde neben der Gültigkeit von (5) Homoskedastizität angenommen, d.h.

(14) $\qquad \mathrm{Cov}(u_1, u_2) = \begin{pmatrix} \sigma_{11} & 0 \\ 0 & \sigma_{22} \end{pmatrix}.$

Ferner werde für u_1 und u_2 die folgende gemeinsame Dichte angenommen

(15)

(u_1, u_2)	$(1,2)$	$(1,-2)$	$(-1,2)$	$(-1,-2)$
$p(u_1, u_2)$	1/4	1/4	1/4	1/4

Aus dieser Information und den Werten der exogenen Variablen kann man eine Dichte für die endogenen Variablen bestimmen. Dazu wird die Struktur zweckmäßigerweise nach den endogenen Variablen aufgelöst

(16) $\qquad Y_1 = \frac{5}{3} X_1 + \frac{1}{3} u_1 + \frac{2}{3} u_2,$

(17) $\qquad Y_2 = \frac{1}{3} X_1 - \frac{1}{3} u_1 + \frac{1}{3} u_2.$

4.2.2.1 Die Bildung der reduzierten Form einer Struktur

Die Auflösung des linearen Modells

(VII,2) $\qquad \underline{A}\underline{Y}(t) = \underline{B}\underline{X}(t) + \underline{u}(t), \quad t = 1,2,\ldots,T$

nach den endogenen Variablen, d.h.

(18) $\qquad \underline{Y}(t) = \underline{A}^{-1}\underline{B}(t) + \underline{A}^{-1}\underline{u}(t), \quad t = 1,2,\ldots,T$

bezeichnet man als die Bildung der "reduzierten" Form des Modells. Dieser Übergang setzt jedoch die Existenz der Inversen $\underline{A}^{-1}$ voraus, d.h. der Rang der Matrix $\underline{A}$ muß gleich der Zahl der Modellgleichungen sein. Ein Modell, das diese Bedingung erfüllt heißt **vollständig**. Wie Modell (1), (2), (3) zeigt, ist die Eigenschaft der Vollständigkeit nicht selbstverständlich. Wenn ein Modell nicht vollständig ist, kann man versuchen, durch Umformen ein größtes vollständiges Untermodell daraus zu gewinnen. Es werde wieder das Modell (1), (2), (3) betrachtet. Man erkennt unmittelbar, daß die aus den Koeffizienten der endogenen Variablen gebildete Matrix

$$\underline{A}_3 = \begin{pmatrix} 1 & 0 & 0 \\ 0 & 1 & 0 \\ 1 & -1 & 0 \end{pmatrix}$$

singulär ist. Durch Einsetzen von Gleichung (3) in (2) reduziert sich das Modell zu

(1-6) $\qquad Y_1 = b_{11}X_1 + b_{12}X_2 + u_1,$

(2-6) $\qquad Y_1 = b_{21}X_1 + b_{22}X_2 + u_2.$

Auch dieses Modell ist noch nicht vollständig, da die Koeffizientenmatrix

$$\underline{A}_2 = \begin{vmatrix} 1 & 0 \\ 1 & 0 \end{vmatrix}$$

erneut singulär ist.

Erst die Addition von (1-6) und (2-6) ergibt schließlich ein vollständiges Modell

(1-7) $\quad Y_1 = \frac{1}{2}(b_{11}+b_{21})X_1 + \frac{1}{2}(b_{12}+b_{22})X_2 + \frac{1}{2}(u_1+u_2)$,

da jetzt der Rang der Koeffizientenmatrix trivialerweise gleich eins ist.

Im folgenden soll, wenn nicht ausdrücklich anders erwähnt, stets die Vollständigkeit des Modells, d.h. die Existenz der Inversen $\underline{A}^{-1}$, vorausgesetzt werden, so daß sich die "reduzierte" Form bilden läßt.

4.2.1.2 Die Wahrscheinlichkeitsdichte der endogenen Variablen

Für jeden beliebigen Wert der exogenen Variablen X_i (i = 1,2,...,k) und alle möglichen Kombinationen der Störvariablen u_i kann man aus der reduzierten Form (16) und (17) die gemeinsame Dichte der endogenen Variablen $\underline{Y}$ bestimmen.

Man erhält für unser Beispiel, bei dem $X_i = X_1$ und $\underline{Y}' = (Y_1, Y_2)$ ist,

(21)

(Y_1, Y_2)	$\frac{5}{3}X_1+\frac{5}{3},\frac{1}{3}X_1+\frac{1}{3}$	$\frac{5}{3}X_1-1,\frac{1}{3}X_1-1$	$\frac{5}{3}X_1+1,\frac{1}{3}X_1+1$	$\frac{5}{3}X_1-\frac{5}{3},\frac{1}{3}X_1-\frac{1}{3}$
$p(Y_1,Y_2\|X_1)$	1/4	1/4	1/4	1/4

bzw. speziell für $X_1 = 1$

(22)

(Y_1, Y_2)	(10/3, 2/3)	(2/3, -2/3)	(8/3, 4/3)	(0,0)
$p(Y_1,Y_2\|X_1=1)$	1/4	1/4	1/4	1/4

4.2.2 Ableitung der Wahrscheinlichkeitsdichte für die endogenen Variablen einer zweiten Struktur

Nun betrachte man eine zweite Struktur, die mit dem Modell $[(12)$,

(13)] verträglich ist, nämlich

(12-2) $$Y_1 - Y_2 = \frac{4}{3} X_1 + u_1^*,$$

(13-2) $$Y_1 + \frac{2}{5} Y_2 = \frac{9}{5} X_1 + u_2^*.$$

Bezüglich der Störvariablen werden die gleichen stochastischen Annahmen getroffen, d.h. es gelte die Homoskedastizität (14) sowie die gemeinsame Dichte

(23)

(u_1^*, u_2^*)	$(4/3, 9/5)$	$(0, 7/5)$	$(0, -7/5)$	$(-4/3, -9/5)$
$p(u_1^*, u_2^*)$	1/4	1/4	1/4	1/4

Man bildet wieder die reduzierte Form

(24) $$Y_1 = \frac{5}{3} X_1 + \frac{2}{7} u_1^* + \frac{5}{7} u_2^*,$$

(25) $$Y_2 = \frac{1}{3} X_1 - \frac{5}{7} u_1^* + \frac{5}{7} u_2^*$$

und bestimmt die durch die exogene Variable bedingte Dichte der endogenen Variablen

(26)

(Y_1, Y_2)	$\frac{5}{3}X_1 + \frac{5}{3}, \frac{1}{3}X_1 + \frac{1}{3}$	$\frac{5}{3}X_1 - 1, \frac{1}{3}X_1 - 1$	$\frac{5}{3}X_1 + 1, \frac{1}{3}X_1 + 1$	$\frac{5}{3}X_1 - \frac{5}{3}, \frac{1}{3}X_1 - \frac{1}{3}$
$p(Y_1, Y_2 \mid X_1)$	1/4	1/4	1/4	1/4

bzw. speziell für $X_1 = 1$

(27)

(Y_1, Y_2)	$(10/3, 2/3)$	$(2/3, -2/3)$	$(8/3, 4/3)$	$(0, 0)$
$p(Y_1, Y_2 \mid X_1 = 1)$	1/4	1/4	1/4	1/4

Der Vergleich von [(21), (22)] mit [(26), (27)] zeigt, daß zwei mit dem Modell [(12), (13)] verträgliche, voneinander verschiedene Strukturen [(12-1), (13-1)] und [(12-2), (13-2)] zu der gleichen gemeinsamen Dichte führen. Man kann daher aus der alleinigen Kenntnis der Beobachtungswerte nicht die "wahren" Werte der Parameter ermitteln, d.h. man kann nicht zwischen den beiden Strukturen unterscheiden. Es ist kein Parameter dieses Modells, und somit auch nicht das Modell, identifiziert.

4.2.3 Identifikation der gemeinsamen reduzierten Form

Man sieht, daß nicht nur die Dichte der endogenen Variablen, sondern auch ihre reduzierte Form (16), (17) und (24), (25) übereinstimmen. Man definiere

(28) $v_{11} = \frac{1}{3} u_1 + \frac{2}{3} u_2$ und $v_{12} = \frac{2}{7} u_1^* + \frac{5}{7} u_2^*$ aus (16) und (24),

(29) $v_{21} = -\frac{1}{3} u_1 + \frac{1}{3} u_2$ und $v_{22} = -\frac{5}{7} u_1^* + \frac{5}{7} u_2^*$ aus (17) und (25).

Durch gliedweisen Vergleich für (u_1, u_2) und (u_1^*, u_2^*) erkennt man, daß

(30) $v_1 = v_{11} = v_{12}$ und $v_{21} = v_{22} = v_2$

gilt, so daß sich folgende gemeinsame reduzierte Form ergibt

(31) $Y_1 = \frac{5}{3} X_1 + v_1$,

(32) $Y_2 = \frac{1}{3} X_1 + v_2$.

Für die neuen Störvariablen v_1, v_2 ergibt sich folgende gemeinsame Dichte

(33)

(v_1, v_2)	(5/3, 1/3)	(-1, 1)	(1, 1)	(-5/3, -1/3)
$p(v_1, v_2)$	1/4	1/4	1/4	1/4

Durch unmittelbare Anwendungen der Definitionen ergibt sich aus der gemeinsamen Dichte der endogenen Variablen für Mittelwert, Varianz und Kovarianz

$$(34) \quad E(Y_1|X_1) = \tfrac{1}{4}\left[(\tfrac{5}{3}X_1+\tfrac{5}{3})+(\tfrac{5}{3}X_1-1)+(\tfrac{5}{3}X_1+1)+(\tfrac{5}{3}X_1-\tfrac{5}{3})\right] = \tfrac{5}{3}X_1,$$

$$(35) \quad E(Y_2|X_1) = \tfrac{1}{4}\left[(\tfrac{1}{3}X_1+\tfrac{1}{3})+(\tfrac{1}{3}X_1-1)+(\tfrac{1}{3}X_1+1)+(\tfrac{1}{3}X_1-\tfrac{1}{3})\right] = \tfrac{1}{3}X_1,$$

$$(36) \quad \mathrm{var}(Y_1|X_1) = E\left\{\left[(Y_1|X_1)-E(Y_1|X_1)\right]^2\right\} = \tfrac{1}{4}\left[(\tfrac{5}{3})^2+1+1+(\tfrac{5}{3})^2\right] = \tfrac{17}{9},$$

$$(37) \quad \mathrm{var}(Y_2|X_1) = E\left\{\left[(Y_2|X_1)-E(Y_2|X_1)\right]^2\right\} = \tfrac{1}{4}\left[(\tfrac{1}{3})^2+1+1+(\tfrac{1}{3})^2\right] = \tfrac{5}{9},$$

$$(38) \quad \mathrm{cov}(Y_1,Y_2|X_1) = E\left\{\left[(Y_1|X_1)-E(Y_1|X_1)\right]\left[(Y_2|X_1)-E(Y_2|X_1)\right]\right\}$$

$$= \tfrac{1}{4}\left[\tfrac{1}{5}\cdot\tfrac{1}{3} + 1 + 1 + \tfrac{1}{5}\cdot\tfrac{1}{3}\right] = \tfrac{7}{9}.$$

Man sieht, daß die beiden Mittelwerte (34) und (35) die Koeffizienten der reduzierten Form sind.

5. Folgerungen aus den Beispielen

Aus den Beispielen lassen sich folgende Schlüsse ziehen:

1. Identifikation ist eine Eigenschaft, die für jede einzelne Gleichung einer Struktur, bzw. deren reduzierte Form zu prüfen ist.

2. Zu jeder gegebenen Struktur

$$(39) \qquad \underline{AY} = \underline{BX} + \underline{u}$$

gibt es unendlich viele, nichtsinguläre Transformationen

$$(40) \qquad \underline{PAY} = \underline{PBX} + \underline{Pu},$$

aber nur eine einzige reduzierte Form, nämlich

$$(41) \qquad \underline{Y} = \underline{A}^{-1}\underline{BX} + \underline{A}^{-1}\underline{u},$$

bzw.

$$
\begin{align}
(42) \qquad \underline{Y} &= (\underline{PA})^{-1}\underline{PB}X + (\underline{PA})^{-1}\underline{Pu} \\
&= \underline{A}^{-1}\underline{P}^{-1}\underline{PB}X + \underline{A}^{-1}\underline{P}^{-1}\underline{Pu} \\
&= \underline{A}^{-1}\underline{B}X + \underline{A}^{-1}\underline{u}.
\end{align}
$$

3. Bei gegebenen stochastischen Eigenschaften für die Störvariablen ist eine Struktur nur dann identifiziert, wenn sich aus der reduzierten Form nur eine einzige Struktur ableiten läßt. Dies bedeutet, daß sich aus der (M∗K)-Matrix $\underline{A}^{-1}\underline{B}$ die $(M^2 + MK)$ Koeffizienten der (M∗M)-Matrix $\underline{A}$ sowie der (M∗K)-Matrix $\underline{B}$ eindeutig bestimmen lassen müssen.

4. Diese Forderung ist nicht ohne weitere Einschränkungen erfüllbar. Um die Identifikation zu erzielen, müssen daher in der Regel zusätzliche Einschränkungen und Annahmen über die Koeffizienten des Modells getroffen werden. Als wichtigste Annahme sei die Unterscheidung erwähnt, welche Koeffizienten in dem Modell gleich bzw. ungleich Null gewählt werden sollen.

Zunächst soll jedoch der stochastische Zusammenhang zwischen einer Struktur und ihrer reduzierten Form genauer untersucht werden.

6. Der stochastische Zusammenhang zwischen Struktur und reduzierter Form

   6.1 Struktur und reduzierte Form

   Aus der Struktur

   $$(39) \qquad \underline{AY} = \underline{B}X + \underline{u}$$

   ergibt sich die reduzierte Form

   $$(41) \qquad \underline{Y} = \underline{A}^{-1}\underline{B}X + \underline{A}^{-1}\underline{u}$$

   oder

   $$(43) \qquad \underline{Y} = \underline{C}X + \underline{v},$$

   mit $\underline{C} = \underline{A}^{-1}\underline{B}$ und $\underline{v} = \underline{A}^{-1}\underline{u}$. Zur Vereinfachung der Schreibweise sind dabei die Beobachtungsindices t = 1,2,...,T fortgelassen worden.

6.2 Mittelwert und Kovarianzmatrix für die Störvariablen der reduzierten Form

Da die Störvariablen $\underline{v}$ lineare Funktionen der Störvariablen $\underline{u}$ sind, gilt für die Mittelwerte

(44) $\quad E(\underline{v}) = E(\underline{A}^{-1}\underline{u}) = \underline{A}^{-1}E(\underline{u}) = 0,$

wegen

(45) $\quad E(\underline{u}) = 0$

und für die Kovarianzmatrix

$$\begin{aligned}
(46) \quad \text{Cov}(\underline{v}) &= E(\underline{A}^{-1}\underline{u}\underline{u}'\underline{A}^{-1\prime}) \\
&= \underline{A}^{-1}E(\underline{u}\underline{u}')\underline{A}^{-1\prime} \\
&= \underline{A}^{-1}\text{Cov}(\underline{u})\underline{A}^{-1\prime}.
\end{aligned}$$

6.3 Mittelwert und Kovarianzmatrix für die endogenen Variablen

Wird für die reduzierte Form (43) der bedingte Erwartungswert $E(\cdot|X)$ gebildet, so erhält man für den Mittelwert der endogenen Variablen

$$\begin{aligned}
(47) \quad E(\underline{Y}|\underline{X}) &= E(\underline{C}\underline{X} + \underline{v}|\underline{X}) \\
&= E(\underline{C}\underline{X}|\underline{X}) + E(\underline{v}|\underline{X}) \\
&= E(\underline{C}\underline{X}) + E(\underline{v}), \quad \text{da } \underline{v} \text{ und } \underline{X} \text{ voneinander stochastisch unabhängig sind,} \\
&= \underline{C}\underline{X}, \quad \text{wegen (44) und der Definition des bedingten Erwartungswertes.}
\end{aligned}$$

Für die Kovarianzmatrix der endogenen Variablen ergibt sich die Kovarianzmatrix der Störvariablen der reduzierten Form

$$(48) \quad E\{[\underline{Y} - E(\underline{Y}|\underline{X})][\underline{Y} - E(\underline{Y}|\underline{X})]'\}$$

$$= E\{(\underline{v}|\underline{X})(\underline{v}|\underline{X})'\} \quad \text{wegen (43) und (47)}$$

$$= E(\underline{v}\underline{v}')$$

$$= \text{Cov}(\underline{v}).$$

Dies bedeutet, daß sich aus der Kenntnis der beiden stochastischen Eigenschaften $E(\underline{u})$ und $\text{Cov}(\underline{u})$ für die Beobachtungswerte $(\underline{X},\underline{Y})$ die reduzierte Form bestimmen läßt. Die reduzierte Form ist identifiziert und Mittelwert und Kovarianzen der endogenen Variablen lassen sich bestimmen.

6.4 Die Wahrscheinlichkeitsdichte der endogenen Variablen

Nimmt man eine Dichte für die ursprünglichen Störvariablen $\underline{u}$ an, so läßt sich eine Dichte für die endogenen Variablen bestimmen. Für gegebene exogene Variablen $\underline{X}$, sind die endogenen Variablen eine lineare Funktion der ursprünglichen Störvariablen $\underline{u}$, (18). Da für eine Beobachtung $\underline{u}$ stochastisch unabhängig von $\underline{X}$ ist, erhält man für die gesuchte Dichte

$$(49) \quad p(\underline{Y}|\underline{X}) = p(\underline{u}|\underline{X}) \left| \frac{\partial \underline{u}}{\partial \underline{Y}} \right|.$$

Dabei bezeichnet $|\partial \underline{u}/\partial \underline{Y}|$ den absoluten Wert der Funktionaldeterminante, die aus der Matrix der partiellen Ableitungen erhalten wird, d.h.

$$(50) \quad \left| \frac{\partial \underline{u}}{\partial \underline{Y}} \right| = \begin{vmatrix} \frac{\partial u_1}{\partial Y_1} & \frac{\partial u_1}{\partial Y_2} & \cdots & \frac{\partial u_1}{\partial Y_M} \\ \cdot & \cdot & \cdots & \cdot \\ \cdot & \cdot & \cdots & \cdot \\ \frac{\partial u_M}{\partial Y_1} & \frac{\partial u_M}{\partial Y_2} & \cdots & \frac{\partial u_M}{\partial Y_M} \end{vmatrix}$$

Betrachtet man die einzelnen Strukturgleichungen des Modells (39), so erkennt man unmittelbar, daß die Matrix der partiellen Ableitungen $\partial \underline{u}/\partial \underline{Y}$ gleich der Determinante der Koeffizientenmatrix von $\underline{A}$ ist, d.h.

$$(51) \qquad \left|\frac{\partial \underline{u}}{\partial \underline{Y}}\right| = |\det \underline{A}|$$

ist, somit

$$(52) \qquad p(\underline{Y}|\underline{X}) = p(\underline{u}|\underline{X})|\det \underline{A}|$$
$$= p(\underline{u})|\det \underline{A}|,$$

letzteres wegen der stochastischen Unabhängigkeit von $\underline{u}$ und $\underline{X}$.

6.5 Likelihoodfunktion äquivalenter Strukturen

Unter der Voraussetzung, daß die ursprünglichen Störvariablen nicht autokorreliert sind, erhält man für die Likelihoodfunktion von T Beobachtungsreihen der endogenen Variablen $\underline{Y}(t)$ bei gegebenen Werten von $\underline{X}(t)$

$$(53) \qquad p(\underline{Y}(1),\underline{Y}(2),\ldots,\underline{Y}(T)|\underline{X}(1),\underline{X}(2),\ldots,\underline{X}(T))$$
$$= |\det A|^T p(u(1))p(u(2))\ldots p(u(T)).$$

Jetzt soll die Likelihoodfunktion für die transformierte Struktur (40) aufgestellt werden. Da die ursprünglichen Störvariablen $\underline{u}(t)$ nicht autokorreliert sein sollen, gilt dies auch für die transformierten Störvariablen

$$(54) \qquad \underline{w} = \underline{P}\underline{u}.$$

Man erhält für den Mittelwert

$$(55) \qquad E(\underline{w}) = E(\underline{P}\underline{u}) = \underline{P}E(\underline{u}),$$

sowie für die Kovarianzmatrix, analog (46)

$$(56) \qquad \operatorname{Cov}(\underline{w}) = \underline{P}^{-1}\operatorname{Cov}(\underline{u})\underline{P}^{-1\prime}.$$

Entsprechend (49) erhält man für die Dichte

(57) $$p(\underline{w}) = p(\underline{u}) \left| \frac{\partial \underline{u}}{\partial \underline{w}} \right| = p(\underline{u}) |\det \underline{P}^{-1}|.$$

Die Likelihoodfunktion für die $\underline{Y}(t)$ der transformierten Struktur wird somit gegeben durch

(58) $p(\underline{Y}(1),\underline{Y}(2),...,\underline{Y}(T)|\underline{X}(1),\underline{X}(2),...,\underline{X}(t))$

$= |\det(\underline{PA})|^T p(\underline{w}(1))p(\underline{w}(2))...p(\underline{w}(T))$

$= |\det \underline{P}|^T |\det \underline{A}|^T |\det(\underline{P}^{-1})|^T p(\underline{u}(1))p(\underline{u}(2))...p(\underline{u}(T))$

$= |\det \underline{A}|^T p(\underline{u}(1))p(\underline{u}(2))...p(\underline{u}(T)),$

weil $\det(\underline{P}^{-1}) = 1/\det \underline{P}$.

Man sieht, daß nicht nur die reduzierte Form, sondern auch die Likelihoodfunktion von transformierten Strukturen übereinstimmen. Somit sind Originalstruktur und transformierte vom Standpunkt der Beobachtung gleichwertig, d.h. sie lassen sich nicht unterscheiden.

Wählt man speziell

(59) $$\underline{P} = \underline{A}^{-1},$$

dann stimmt die transformierte Struktur (40) mit der reduzierten Form (18) überein.

Man hat somit folgendes Ergebnis bestätigt:
Gibt man eine Menge von Strukturbeziehungen $\underline{AY} = \underline{BX} + \underline{u}$ und ihre reduzierten Formen $\underline{Y} = \underline{A}^{-1}\underline{BX} + \underline{A}^{-1}\underline{u}$ vor, dann haben alle anderen Strukturen, die man aus der vorgegebenen erhält, indem man mit einer nichtsingulären Matrix der Ordnung (M×M) transformiert die gleiche reduzierte Form. Ferner sind alle so erhaltenen Strukturen und ihre reduzierten Formen vom Standpunkt der Beobachtung äquivalent, denn sie bedingen eine identische Likelihoodfunktion für die endogenen Variablen $\underline{Y}$.

7. Das Identifikationsproblem bei Ausschluß von Koeffizienten

7.1 Umordnen des Systems für eine Gleichung

Man betrachte eine beliebige Gleichung i aus den M Gleichungen der Struktur (VII,1). Zur Abkürzung bezeichne man die Zeilen der Koeffizientenmatrizen mit $\underline{A}_i$, bzw. $\underline{B}_i$, d.h. man betrachte

(60) $$\underline{A}_i \underline{Y} = \underline{B}_i \underline{X} + \underline{u}_i .$$

Es werde jetzt angenommen, daß a priori Beschränkungen der Koeffizienten für diese Strukturgleichung besagen, daß m Elemente von $\underline{A}_i$ und k Elemente von $\underline{B}_i$ ungleich Null seien. O.B.d.A. kann die Gleichung so umgeordnet werden, daß die Nichtnullelemente der Koeffizientenvektoren jeweils die ersten Elemente in dem betreffenden Vektor sind. Dann kann (60) wie folgt aufgespalten werden

(61) $$\underline{A}_{i,*} \underline{Y}_* + \underline{A}_{i,**} \underline{Y}_{**} = \underline{B}_{i,*} \underline{X}_* + \underline{B}_{i,**} \underline{X}_{**} + \underline{u}_i .$$

Dabei bezeichnet $\underline{A}_{i,**} \underline{Y}_{**}$ die Menge der ausgeschlossenen endogenen und $\underline{B}_{i,**} \underline{X}_{**}$ die Menge der ausgeschlossenen exogenen Variablen. Sie umfaßt M − m Elemente für die endogenen, bzw. K − k Elemente für die exogenen Variablen. Man zerlegt die Vektoren wie folgt

(62) $$\underline{A}_i = (\underbrace{\underline{A}_{i,*}}_{m} \mid \underbrace{\underline{A}_{i,**}}_{M-m}),$$

(63) $$\underline{B}_i = (\underbrace{\underline{B}_{i,*}}_{k} \mid \underbrace{\underline{B}_{i,**}}_{K-k}),$$

(64) $$\underline{Y}'_* = (\underbrace{\underline{Y}_*}_{m} \mid \underbrace{\underline{Y}_{**}}_{M-m}),$$

(65) $$\underline{X}' = (\underbrace{\underline{X}_*}_{k} \mid \underbrace{\underline{X}_{**}}_{K-k}).$$

Für die i-te Gleichung ordnet man die reduzierte Form entsprechend um, wobei zu beachten ist, daß sich normalerweise für jede Gleichung eine neue Ordnung der reduzierten Form ergibt. Um die Koeffizientenmatrix der reduzierten Form $\underline{A}^{-1}\underline{B}$ umzuordnen, muß zunächst die Inverse $\underline{A}^{-1}$ umgeordnet werden, schematisch

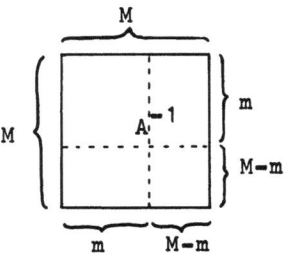

Für die Koeffizientenmatrix $\underline{A}^{-1}\underline{B}$ ergibt sich, schematisch

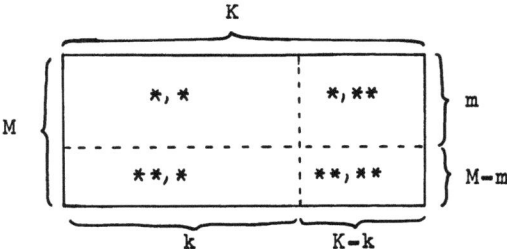

7.2. Bestimmung der Koeffizienten der Struktur

Zur Vereinfachung der Schreibweise sollen die umgeordneten Vektoren und Matrizen mit einer Tilde "~" bezeichnet werden. Dann geht die reduzierte Form (18) über in

(66) $$\underline{\tilde{Y}} = \underline{\tilde{A}}^{-1}\underline{\tilde{B}}\underline{\tilde{X}} + \underline{\tilde{A}}^{-1}\underline{\tilde{u}}.$$

Zur Abkürzung werde

(67) $$\underline{\tilde{C}} = \underline{\tilde{A}}^{-1}\underline{\tilde{B}}$$

definiert, bzw.

(68) $$\underline{\tilde{A}}\underline{\tilde{C}} = \underline{\tilde{B}}.$$

Speziell für die i-te Zeile gilt

(69) $$\underline{\tilde{A}}_i \underline{\tilde{C}} = \underline{\tilde{B}}_i$$

Indem man $\underline{\tilde{C}}$ analog zu (62)-(65) zerlegt, bedeutet dies

(70) $$(\underbrace{\underline{A}_{i,*}}_{m} \mid \underbrace{\underline{A}_{i,**}}_{M-m}) \left(\begin{array}{c|c} \underline{C}_{*,*} & \underline{C}_{*,**} \\ \hline \underline{C}_{**,*} & \underline{C}_{**,**} \end{array} \right) {\scriptstyle \begin{array}{c} \}m \\ \}M-m \end{array}} = (\underbrace{\underline{B}_{i,*}}_{k} \mid \underbrace{\underline{B}_{i,**}}_{K-k})$$

Da $\underline{A}_{i,**}$ und $\underline{B}_{i,**}$ gemäß der Zerlegung gleich Null sind, ist (70) gleichbedeutend mit

(71) $$(\underline{A}_{i,*} \mid \underline{0}) \left(\begin{array}{c|c} \underline{C}_{*,*} & \underline{C}_{*,**} \\ \hline \underline{C}_{**,*} & \underline{C}_{**,**} \end{array} \right) = (\underline{B}_{i,*} \mid \underline{0}),$$

oder

(72-1) $$\underline{A}_{i,*} \, \underline{C}_{*,**} = \underline{0},$$

(72-2) $$\underline{A}_{i,*} \, \underline{C}_{*,*} = \underline{B}_{i,*}.$$

Dies sind zwei lineare Gleichungssysteme mit m (72-1), bzw. k (72-2), Gleichungen in den unbekannten, zu schätzenden Koeffizienten $\underline{A}_{i,*}$ und $\underline{B}_{i,*}$.

Die Beziehung (72-1) ist ein homogenes, lineares Gleichungssystem in den nicht-verschwindenden Koeffizienten der endogenen Variablen der i-ten Gleichung. Es besitzt dann und nur dann eine Lösung, wenn

(73) $$\text{Rang}\,(\underline{C}_{*,**}) = m - 1$$

ist.

Die nicht-verschwindenden Koeffizienten der exogenen Variablen der i-ten Gleichung folgen dann aus (72-2) unmittelbar durch Substitution.

7.3 Die Identifikationskriterien für vollständige Strukturen

Ein notwendiges und hinreichendes Kriterium für die Identifikation einer Struktur ist das Rangkriterium (73).

Ein nur notwendiges, und somit schwächeres, Kriterium für die Identifikation folgt aus Überlegungen der Rangbestimmung. Man betrachte die Zerlegung (70) von $\underline{C}$. Man sieht unmittelbar, daß

$$(74) \qquad \text{Rang}\,(\underline{C}_{*,**}) \leq \text{Min}\,[m, K-k]$$

sein muß, oder mit (73)

$$(75) \qquad m - 1 \leq K-k.$$

Diese Bedingung liefert das Abzählkriterium und besagt in Worten:

Die Zahl der ausgeschlossenen exogenen Variablen $K-k$ muß mindestens so groß sein wie die um eins verminderte Zahl der nicht-ausgeschlossenen endogenen Variablen.

7.4 Vergleich der beiden Identifikationskriterien

Zwar ist die Aussage des Abzählkriteriums wesentlich schwächer, dafür bietet es aber den Vorteil der einfacheren Prüfung. Eine Gegenüberstellung der einzelnen Prüfschritte soll dies zeigen:

Rangkriterium (notwendig und hinreichend)		Abzählkriterium (nur notwendig)	
(i)	Abzählen der ausgeschlossenen Variablen	endogenen und exogenen	(i)
(ii)	Umordnen der Matrizen $\underline{A}$ und $\underline{B}$	Prüfen der Ungleichung (75)	(ii)
(iii)	Inversion von $\underline{\tilde{A}}$	Entscheidung über Identifikation	(iii)
(iv)	Bildung von $\underline{\tilde{C}} = \underline{\tilde{A}}^{-1}\underline{\tilde{B}}$		
(v)	Prüfen des Ranges von $\underline{\tilde{C}}$		
(vi)	Entscheidung über Identifikation		

7.5 Anwendung auf ein Beispiel

Als Beispiel werde das System

(12-1) $\qquad Y_1 - 2Y_2 = X_1 + u_1$

(12-2) $\qquad Y_1 + Y_2 = 2X_1 + u_2$

untersucht.

I. Abzählkriterium

1. Gleichung (12-1)

Wegen $m = M = 2$ und $k = K = 1$ erhält man die Ungleichung

$$1 = m - 1 \leq K-k = 0,$$

die nicht erfüllt ist.

2. Gleichung (12-2)

Hier erhält man das gleiche Ergebnis wie für die erste Gleichung.

Somit liefert das Abzählkriterium keine Entscheidung, und man muß das Rangkriterium prüfen.

II. Rangkriterium

1. Gleichung (12-1)

$\underline{A}_1 = (1, -2)$, $m = M = 2$, weil keine endogene Variable ausgeschlossen ist.

$\underline{B}_1 = (1)$, $k = K = 1$, weil keine exogene Variable ausgeschlossen ist.

$$\underline{A} = \begin{pmatrix} 1 & -2 \\ 1 & 1 \end{pmatrix}, \quad \underline{A}^{-1} = \frac{1}{3}\begin{pmatrix} 1 & 2 \\ -1 & 1 \end{pmatrix},$$

$$\underline{C} = \underline{A}^{-1}\underline{B} = \frac{1}{3}\begin{pmatrix} 1 & 2 \\ -1 & 1 \end{pmatrix}\begin{pmatrix} 1 \\ 2 \end{pmatrix} = \begin{pmatrix} 5/3 \\ 1/3 \end{pmatrix}.$$

Da m = M und k = K ist, verschwindet die Matrix $\underline{C}_{*,**}$. Folglich

$$\text{Rang}(\underline{C}_{*,**}) = 0 \neq m - 1 = 2 - 1 = 1.$$

Dies besagt, daß die erste Gleichung nicht identifiziert ist.

2. Gleichung (12-2)

Offensichtlich erhält man das gleiche Ergebnis, d.h. auch die zweite Gleichung ist nicht identifiziert.

Kapitel IX

Schätzverfahren für Gleichungssysteme

1. Einteilung der Schätzverfahren

Man unterscheidet verschiedene Verfahren zur Schätzung der $(M \times M)$ und $(M \times K)$ Koeffizientenmatrizen $\underline{A}$ und $\underline{B}$ der Struktur eines vollständigen Modells

(1) $\quad\quad\underline{AY}(t) = \underline{BX}(t) + \underline{u}(t), \quad t = 1,2,\ldots,T,$

oder abgekürzt

(2) $\quad\quad\underline{AY} = \underline{BX} + \underline{u},$

mit

(3a) $\quad\underline{X} = \begin{pmatrix} X_1(1) & X_2(1) & \ldots & X_K(1) \\ X_1(2) & X_2(2) & \ldots & X_K(2) \\ \vdots & \vdots & & \vdots \\ \vdots & \vdots & & \vdots \\ X_1(T) & X_2(T) & \ldots & X_K(T) \end{pmatrix}$

und

(3b) $\quad\underline{Y} = \begin{pmatrix} Y_1(1) & Y_2(1) & \ldots & Y_M(1) \\ Y_1(2) & Y_2(2) & \ldots & Y_M(2) \\ \vdots & \vdots & & \vdots \\ \vdots & \vdots & & \vdots \\ Y_1(T) & Y_2(T) & \ldots & Y_M(T) \end{pmatrix}.$

Nach dem Umfang, in dem die Identifikationskriterien des Kapitel VIII erfüllt sind, unterscheidet man drei Hauptverfahren:

(i) Die Methoden für Einzelgleichungen – eine Übertragung des Einzelgleichungsmodells auf das System als eine Summe von einzelnen Gleichungen.

(ii) Methoden für die exakte Identifikation jeder einzelnen Gleichung des Systems – die Methode der indirekten kleinsten Quadrate.

(iii) Methoden bei Überidentifikation einer Gleichung des Systems, die je nach dem Ausmaß der zusätzlichen erforderlichen Annahmen als Verfahren mit beschränkter oder voller Information bezeichnet werden (limited oder full information).

2. Die Übertragung des Einzelgleichungsmodells

2.1 Der Sonderfall eines rekursiven Modells

Besitzt die Matrix $\underline{A}$ der endogenen Variablen nur auf und unterhalb der Hauptdiagonalen von Null verschiedene Werte, d.h.

$$(4) \quad \underline{A} = \underline{D} = \begin{pmatrix} d_{11} & 0 & 0 & \cdot & \cdot & \cdot & 0 \\ d_{21} & d_{22} & 0 & \cdot & \cdot & \cdot & 0 \\ \cdot & \cdot & \cdot & \cdot & \cdot & \cdot & \cdot \\ \cdot & \cdot & \cdot & \cdot & \cdot & \cdot & 0 \\ d_{M1} & d_{M2} & d_{M3} & \cdot & \cdot & \cdot & d_{MM} \end{pmatrix},$$

dann liegt ein sog. rekursives, dreieckiges (trianguläres) System vor. Mit $\underline{A}^{-1} = \underline{D}^{-1}$, wobei $\underline{D}^{-1}$ wiederum triangulär ist

$$(5) \quad \underline{D}^{-1} = \begin{pmatrix} l_{11} & 0 & 0 & \cdot & \cdot & \cdot & 0 \\ l_{21} & l_{22} & 0 & \cdot & \cdot & \cdot & 0 \\ \cdot & \cdot & \cdot & \cdot & \cdot & \cdot & \cdot \\ \cdot & \cdot & \cdot & \cdot & \cdot & \cdot & 0 \\ l_{M1} & l_{M2} & l_{M3} & \cdot & \cdot & \cdot & l_{MM} \end{pmatrix},$$

ergibt sich die reduzierte Form

$$(6) \quad \underline{Y} = \underline{D}^{-1}\underline{B}\underline{X} + \underline{D}^{-1}\underline{u},$$
$$= \underline{C}\underline{X} + \underline{v},$$

mit $\underline{D}^{-1}\underline{B} = \underline{C}$ und $\underline{D}^{-1}\underline{u} = \underline{v}$.

2.2 Die stochastischen Eigenschaften des rekursiven Modells

Um die besonderen Eigenschaften der neuen Störvariablen einzusehen, betrachtet man

$$(7) \quad \underline{v} = \underline{D}^{-1}\underline{u} = \begin{pmatrix} v_1 \\ v_2 \\ v_3 \\ \cdot \\ \cdot \\ v_M \end{pmatrix} = \begin{pmatrix} u_1 l_{11} \\ u_1 l_{21} + u_2 l_{22} \\ u_1 l_{31} + u_2 l_{32} + u_3 l_{33} \\ \cdot \quad \cdot \quad \cdot \quad \cdot \quad \cdot \\ \cdot \quad \cdot \quad \cdot \quad \cdot \quad \cdot \\ u_1 l_{M1} + u_2 l_{M2} + u_3 l_{M3} + \cdots + u_M l_{MM} \end{pmatrix}.$$

Die Störvariable v_i ($i = 1, 2, \ldots, M$) hängt nur von der zugehörigen Störvariablen u_i ($i = 1, 2, \ldots, M$) sowie vorhergehenden Störvariablen ab, d.h.

$$(8) \quad v_i = \sum_{j=1}^{i} u_j l_{ij}, \qquad i = 1, 2, \ldots, M.$$

Für die Mittelwerte gilt wegen

$$(9) \quad E(\underline{u}) = 0$$

$$(10) \quad E(\underline{v}) = E(\underline{D}^{-1}\underline{u}) = \underline{D}^{-1} E(\underline{u}) = 0.$$

Für die Kovarianzmatrix

$$(11) \quad \mathrm{Cov}(\underline{v}) = E(\underline{v}\underline{v}') = E(\underline{D}^{-1}\underline{u}\underline{u}'\underline{D}^{-1})$$

erhält man eine der Beziehung (7) entsprechende "Ordnung". Bezeichnet man mit σ_{ij} ($i, j = 1, 2, \ldots, M$) die Komponenten von (11), so hängt σ_{11} nur von u_1 ab, und

$$\begin{vmatrix} \sigma_{11} & \sigma_{12} \\ \sigma_{21} & \sigma_{22} \end{vmatrix}$$

hängt nur von u_1, u_2 ab. Allgemein hängt für $i = 1, 2, \ldots, M$

$$
(12) \quad \begin{pmatrix} \sigma_{11} & \sigma_{12} & \cdot & \cdot & \cdot & \cdot & \cdot & \sigma_{1i} \\ \sigma_{21} & \sigma_{22} & \cdot & \cdot & \cdot & \cdot & \cdot & \sigma_{2i} \\ \cdot & \cdot & \cdot & \cdot & \cdot & \cdot & \cdot & \cdot \\ \cdot & \cdot & \cdot & \cdot & \cdot & \cdot & \cdot & \cdot \\ \sigma_{i1} & \sigma_{i2} & \cdot & \cdot & \cdot & \cdot & \cdot & \sigma_{ii} \end{pmatrix}
$$

nur von $u_1, u_2, \ldots, u_i$ und nicht von $u_{i+1}, u_{i+2}, \ldots, u_M$ ab. Beginnt man mit der Gleichung i=1 der Struktur (1), bzw. der reduzierten Form (6), so beeinflußt die Hinzunahme einer zusätzlichen Gleichung nicht die Größen

$$E(\underline{v})_i \quad \text{und} \quad \text{Cov}(\underline{v})_i$$

- wobei dies Mittelwert und Kovarianzmatrix für das aus den ersten i Gleichungen gebildete Untersystem sind -, sondern der Einfluß der (i+1)-ten Gleichung äußert sich allein in einem zusätzlichen Wert für den Mittelwert, sowie einem zusätzlichen "Rand" für die Kovarianzmatrix, schematisch

$$
(13) \quad E(\underline{v})_{i+1} = \begin{pmatrix} E(\underline{v})_i \\ \hline E(v_{i+1}) \end{pmatrix}
$$

$$
(14) \quad \text{Cov}(\underline{v})_{i+1} = \left(\begin{array}{ccc|c} & & & \sigma_{1,i+1} \\ & & & \sigma_{2,i+1} \\ & \text{Cov}(\underline{v})_i & & \cdot \\ & & & \cdot \\ & & & \cdot \\ & & & \sigma_{i,i+1} \\ \hline \sigma_{i+1,1} & \sigma_{i+1,2} & & \sigma_{i+1,i+1} \end{array} \right)
$$

2.3 Die sukzessive Schätzung des rekursiven Modells

Damit kann ein solches trianguläres System als eine Folge von Einzelgleichungen geschätzt werden, denn es gibt keine Rückwirkungen nachfolgender Gleichungen auf vorangegangene. Ebenfalls ist das

Identifikationsproblem gelöst. Für die erste Gleichung des vollständigen Modells von M Gleichungen gibt es nur eine endogene Variable, nämlich Y_1. Somit ist das Rangkriterium (Kapitel VIII) auf jeden Fall erfüllt. Für die zweite Gleichung ist Y_1 nicht mehr endogen, sondern durch die erste Gleichung festgelegt, d.h. exogen. Damit ist die zweite Gleichung die erste eines vollständigen Modells aus M-1 Gleichungen mit einer endogenen Variablen, nämlich Y_2. Damit wiederholt sich die obige Überlegung, d.h. rekursive Modelle sind stets identifiziert.

2.4 Die Häufigkeit des Einzelgleichungsansatzes

Offensichtlich ist das rekursive Modell eine Ausnahmeerscheinung. Doch zeigen empirische Untersuchungen, das sich viele ökonometrische Modelle, z.B. Marktmodelle, Input-Output Strukturen, Volkswirtschaftliche Gesamtmodelle, wenn nicht auf vollständige, so doch auf eine nahezu trianguläre Gestalt bringen lassen. Eine zweite, allerdings weniger überzeugende obwohl verbreitete Rechtfertigung des Einzelgleichungsansatzes wird durch rechentechnische Vereinfachungen gegeben.

3. Die Methode der indirekten kleinsten Quadrate
(<u>i</u>ndirect <u>l</u>east <u>s</u>quares = ILS)

3.1 Der Schätzansatz aus den Identifikationsgleichungen

Liegt keine rekursive Struktur vor, und sind die Gleichungen exakt identifiziert, bietet sich die Methode der indirekten kleinsten Quadrate als Schätzverfahren an.

Man betrachte eine beliebige Gleichung der Struktur des vorigen Kapitels (VIII,1) o.B.d.A. wähle man etwa die erste, d.h.

$$a_{11}Y_1(t)+a_{12}Y_2(t)+\ldots+a_{1M}Y_M(t) = b_{11}X_1(t)+b_{12}X_2(t)+\ldots+b_{1K}X_K(t)+u_1(t)$$

bzw.

(15) $\qquad \underline{A}_1\underline{Y}(t) = \underline{B}_1\underline{X}(t) + u_1(t), \qquad t = 1,2,\ldots,T.$

Entsprechend der a priori Kenntnis über das Vorhanden- oder Nichtvorhandensein von Koeffizienten wird die Gleichung wie folgt zerlegt (VIII,61)

(16) $\quad \underline{A}_{1,*}\underline{Y}_*(t) + \underline{A}_{1,**}\underline{Y}_{**}(t) = \underline{B}_{1,*}\underline{X}_*(t) + \underline{B}_{1,**}\underline{X}_{**}(t) + u_1(t)$,

$$t = 1,2,\ldots,T.$$

Oder, da $\underline{A}_{1,**}$ und $\underline{B}_{1,**}$ gleich Null sind,

(17) $\quad \underline{A}_{1,*}\underline{Y}_*(t) = \underline{B}_{1,*}\underline{X}_*(t) + u_1(t), \quad t = 1,2,\ldots,T.$

Aus der entsprechenden Zerlegung der Matrix der reduzierten Form (VIII,70)

(18) $\quad \underline{A}^{-1}\underline{B} = \underline{C} = \left(\begin{array}{c|c} \underline{C}_{*,*} & \underline{C}_{*,**} \\ \hline \underline{C}_{**,*} & \underline{C}_{**,**} \end{array}\right)\begin{array}{l}\}m \\ \}M-m\end{array}$

$$\underbrace{}_{k}\quad\underbrace{}_{K-k}$$

folgen zur Bestimmung der Koeffizienten der Matrix $\underline{A}_{1,*}$ und $\underline{B}_{1,*}$

(19) $\qquad\qquad \underline{A}_{1,*}\underline{C}_{*,**} = \underline{0},$ (VIII,72)

(20) $\qquad\qquad \underline{A}_{1,*}\underline{C}_{*,*} = \underline{B}_{1,*}.$ (VIII,73)

Falls

(21) $\qquad\qquad \text{Rang}(\underline{C}_{*,**}) = m-1,$ (VIII,73)

können $\underline{A}_{1,*}$ und $\underline{B}_{1,*}$ bis auf einen Proportionalitätsfaktor eindeutig aus (19) und (20) bestimmt werden.

3.2 Die Schätzung der reduzierten Form

Auf die reduzierte Form der Strukturgleichung, hier speziell der ersten,

(22) $\qquad\qquad \underline{Y}_1(t) = \underline{C}_1\underline{X}(t) + v_1(t), \quad t = 1,2,\ldots,T$

bzw.

(23) $\qquad\qquad \underline{Y}_1 = \underline{X}\,\underline{C}_1' + v_1,$

wendet man das SELS-Verfahren an (Kapitel II und III).

Man erhält den Schätzwert

(24) $$\hat{\underline{C}}'_1 = (\underline{X}'\underline{X})^{-1}\underline{X}'\underline{Y}_1.$$

Bildet man (23) für die übrigen (M-1) endogenen Variablen und führt die SELS-Schätzung durch, so erhält man aus den M SELS-Schätzungen einen Schätzwert für die gesamte reduzierte Form

(25) $$\hat{\underline{C}}' = (\underline{X}'\underline{X})^{-1}\underline{X}'\underline{Y}.$$

Nun zerlegt man $\hat{\underline{C}}$ analog $\underline{C}$ für die betrachtete erste Strukturgleichung

(26) $$\hat{\underline{C}} = \left(\begin{array}{c|c} \hat{\underline{C}}_{*,*} & \hat{\underline{C}}_{*,**} \\ \hline \hat{\underline{C}}_{**,*} & \hat{\underline{C}}_{**,**} \end{array} \right) \begin{array}{l} \}m \\ \}M-m \end{array}.$$
$$\underbrace{}_{k}\underbrace{}_{K-k}$$

Für $\underline{A}_{1,*}$ und $\underline{B}_{1,*}$ ergeben sich aus (19) und (20) die folgenden Schätzgleichungen

(27) $$\hat{\underline{A}}_{1,*}\hat{\underline{C}}_{*,**} = \underline{0},$$

(28) $$\hat{\underline{A}}_{1,*}\hat{\underline{C}}_{*,*} = \hat{\underline{B}}_{1,*}.$$

3.3 Die Beschränkung auf exakt identifizierte Strukturen

Entscheidend für die Möglichkeit der Schätzung (27) und (28) ist der Rang der Matrix $\hat{\underline{C}}_{*,**}$. Es werde eine Fallunterscheidung getroffen.

Da über die $[m \times (K-k)]$-Matrix $\hat{\underline{C}}_{*,**}$ bisher keine Annahmen gemacht wurden, gilt auf jeden Fall

(29) $$\text{Rang }(\hat{\underline{C}}_{*,**}) \leq \text{Min }(m, K-k).$$

Da weiter Identifizierbarkeit vorausgesetzt wurde, genügt es, Fälle zu untersuchen, für die gilt

(30) $\quad (m-1) \leq (K-k)$.

1. Fall $\quad (m-1) = (K-k)$.

Dies bedeutet, daß die Strukturgleichung exakt identifiziert ist und die Beziehungen $[(27),(28)]$ und $[(19),(20)]$ entsprechen sich völlig. Man kann somit $\hat{\underline{A}}_{1,*}$ und $\hat{\underline{B}}_{1,*}$ eindeutig bis auf einen Proportionalitätsfaktor bestimmen. Dieser wird durch die Normierungsregel $\hat{a}_{11} = +1$ bestimmt.

Dieses Verfahren heißt die indirekte Kleinstquadratmethode (ILS), weil die Schätzwerte für die Strukturparameter indirekt aus den klassischen Kleinstquadratschätzwerten der reduzierten Form abgeleitet werden.

2. Fall $\quad (m-1) < (K-k)$.

Dies bedeutet, daß

(31) $\quad \text{Rang}(\hat{\underline{C}}_{*,**}) > m-1$

ist. Wegen (29) kann aber nur

(32) $\quad \text{Rang}(\hat{\underline{C}}_{*,**}) = m$

gelten. Dies bedeutet aber, daß (27) keine nicht-triviale Lösung besitzt, so daß das ILS-Verfahren nicht angewandt werden kann.

In ökonometrischen Modellen wird aber überwiegend dieser Fall der Überidentifikation anzutreffen sein. Damit wird auch die Bedeutung des ILS Verfahrens eingeschränkt. Man könnte zwar dann soviele a priori Beschränkungen fallenlassen, bis der Rang der Matrix $\hat{\underline{C}}_{*,**}$ gleich m-1 ist. Ein solches Vorgehen birgt jedoch zuviel Willkür in sich, so daß man besser zu anderen Schätzverfahren übergeht.

3.4 Konsistenz der Schätzung

Liegt der Sonderfall der exakten Identifikation vor, sollte man die ILS-Schätzung anwenden.

Dann haben nämlich die Schätzwerte der reduzierten Form bei Annahme eines SELS-Standardfalles (II, A1 und A2) die BLUE-Eigenschaften. Zur Schätzung der Strukturkoeffizienten benötigt man die Transformation $[(27),(28)]$. Da jedoch die BLUE-Eigenschaften nicht transformationsinvariant sind, erhält man für die Strukturkoeffizienten verzerrte Schätzwerte. Setzt man jedoch voraus, daß die Störvariablen der Strukturgleichung normal verteilt sind, dann gilt dies auch für die Störvariablen der reduzierten Form. Damit sind die Kleinstquadratschätzwerte der reduzierten Form gleichzeitig ML-Schätzwerte, wie im Kapitel III gezeigt wurde. Diese Eigenschaft ist jedoch transformationsinvariant und somit sind die Schätzwerte der Strukturkoeffizienten ML-Schätzwerte und somit konsistent.

4. Schätzverfahren bei Überidentifikation

4.1 Verfahren bei beschränkter Information

4.1.1. Das zweistufige Verfahren der kleinsten Quadrate
(<u>t</u>wo stage <u>l</u>east <u>s</u>quares = TLS)

Die Schätzwerte für die Koeffizienten einer Strukturgleichung werden in zwei Stufen bestimmt. Einmal wird der Standard SELS-Ansatz auf eine Teilmatrix der Matrix der reduzierten Form und zum zweiten auf die aus der ersten Schätzung modifizierte Strukturgleichung angewandt.

4.1.1.2 Umformung der Strukturgleichung zum Schätzsystem

O.B.d.A. betrachtet man die erste Strukturgleichung

(15) $\underline{A}_1 \underline{Y}(t) = \underline{B}_1 \underline{X}(t) + u_1(t),$ $t = 1, 2, \ldots, T,$

oder nach Weglassen der Variablen, deren Koeffizienten gleich Null sind,

(17) $\underline{A}_{1,*} \underline{Y}_*(t) = \underline{B}_{1,*} \underline{X}_*(t) + u_1(t),$ $t = 1, 2, \ldots, T.$

Für den Koeffizienten der ersten Variablen, Y_1, setzt man willkürlich

(33) $a_{11} = +1.$

Für eine exakt identifizierte Gleichung wird damit von der Eigenschaft der Normierung Gebrauch gemacht, da die Koeffizienten bis auf einen Proportionalitätsfaktor eindeutig bestimmt sind. Für den allgemeinen Fall der Überidentifikation dividiere man die Gleichung durch $a_{11} \neq 0$. Sodann löst man die erste Strukturgleichung nach Y_1 auf

(34) $\quad Y_1(t) = -(a_{12}Y_2(t)+a_{13}Y_3(t)+\ldots+a_{1m}Y_m(t)) + \underline{X}_*(t)\underline{B}'_{1,*} + u_1(t)$.

Setzt man zur Abkürzung

(35) $\quad \underline{Y}_{1,*} = (\underline{Y}_1 \mid \underline{Y}_2, \underline{Y}_3, \ldots, \underline{Y}_m) = (\underline{Y}_1 \mid \underline{Y}_{1R})$

(36) $\quad \underline{A}_{1,*} = (a_{11} \mid a_{12}, \ldots, a_{1m}) = (a_{11} \mid \underline{A}_{1R})$,

wobei der Index "R" für "rechts" stehen soll, geht der Ansatz (34) über in

(37) $\quad Y_1(t) = -\underline{Y}_{1R}(t)\underline{A}'_{1R} + \underline{X}_*(t)\underline{B}'_{1,*} + u_1(t), \quad t = 1,2,\ldots,T.$

Entsprechend der Zerlegung der endogenen Variablen zerlegt man die Matrix der reduzierten Form (18) weiter in

(38) $\quad \underline{C} = \begin{pmatrix} \underline{C}_{1,*} & \mid & \underline{C}_{1,**} \\ \hline \underline{C}_{1R,*} & \mid & \underline{C}_{1R,**} \\ \hline \underline{C}_{**,*} & \mid & \underline{C}_{**,**} \end{pmatrix} \begin{matrix} \} 1 \\ \} m-1 \\ \} M-m \end{matrix} \Big\} m$

$\underbrace{}_{k} \underbrace{}_{K-k}$

Für die (m-1) nach "rechts" ausgesonderten endogenen Variablen bestehen dann folgende (m-1) Gleichungen der reduzierten Form

(39) $\quad \underline{Y}_{1R}(t) = \underline{X}_*(t) \cdot \underline{C}_{1R,*} + \underline{X}_{**}(t) \cdot \underline{C}'_{1R,**} + \underline{v}_{1R}(t),$

$\qquad t = 1,2,\ldots,T,$

mit den Dimensionen

$[1 \times (m-1)], [1 \times k], [k \times (m-1)], [1 \times (K-k)], [(K-k) \times (m-1)], [1 \times (m-1)]$

für jedes t.

Zusammengefaßt

(40) $\underline{Y}_{1R}(t) = \underline{X}(t)\underline{C}'_{1R} + \underline{v}_{1R}(t)$, $\quad t = 1,2,\ldots,T$,

bzw.

(41) $\underline{Y}_{1R} = \underline{X}\underline{C}'_{1R} + \underline{v}_{1R}$.

Dies entspricht völlig der Beziehung (23) (m-1)-fach wiederholt für die Variablen $Y_2, Y_3, \ldots, Y_m$.

Ersetzt man schließlich $\underline{Y}_{1R}(t)$ in (37) durch (41), so erhält man das vollständige Schätzsystem

(42) $Y_1(t) = -(\underline{X}(t)\underline{C}'_{1R} + \underline{v}_{1R}(t))\underline{A}'_{1R} + \underline{X}_*(t)\underline{B}'_{1,*} + u_1(t)$,

$\qquad = - \underline{X}(t)\underline{C}'_{1R}\underline{A}'_{1R} + \underline{X}_*(t)\underline{B}'_{1,*} + u_1(t) - \underline{v}_{1R}(t)\underline{A}'_{1R}$,

$\qquad\qquad\qquad\qquad t = 1,2,\ldots,T$,

bzw.

(43) $\underline{Y}_1 = - \underline{X}\underline{C}'_{1R}\underline{A}'_{1R} \qquad + \qquad \underline{X}_*\underline{B}'_{1,*} + \underline{u}_1 - \underline{v}_{1R}\underline{A}'_{1R}$,

mit den Dimensionen

$[T \times 1]\ [(T \times M)(M \times (m-1) \times (m-1) \times 1)]\ [(T \times k)(k \times 1)]\ (T \times 1)\ [T \times (m-1)(m-1) \times 1]$.

In diesem Schätzsystem sind die Koeffizientenmatrizen $\underline{C}_{1R}$, $\underline{A}_{1R}$ und $\underline{B}_{1,*}$ unbekannt. Zuerst werden die Koeffizienten der Teilmatrix $\underline{C}_{1R}$ der reduzierten Form bestimmt. Sodann werden die Koeffizienten der zu schätzenden Strukturgleichung $\underline{A}_{1R}$ und $\underline{B}_{1,*}$ bestimmt.

4.1.1.3 Stufe 1

Schätzung der Teilmatrix $\underline{C}_{1R}$ der reduzierten Form

Analog zu (25) werden für die (m-1) ausgesonderten endogenen Variablen in der reduzierten Form (41) jeweils nacheinander, d.h. (m-1)-mal, die SELS-Schätzungen durchgeführt. Damit erhält man für die Teilmatrix $\underline{C}_{1R}$ der reduzierten Form den Schätzwert

(44) $\hat{\underline{C}}'_{1R} = (\underline{X}'\underline{X})^{-1}\underline{X}'\underline{Y}_{1R} = \underline{X}^{-1}\underline{Y}_{1R}$.

4.1.1.4 Stufe 2

Schätzung der Strukturkoeffizienten $\underline{A}_{1R}$ und $\underline{B}_{1,*}$

Ersetzt man in der Beziehung (43) $\underline{C}_{1R}$ durch den Schätzwert $\hat{\underline{C}}_{1R}$ aus (44), erhält man

$$(45) \quad \underline{Y}_1 = - \underline{X}\hat{\underline{C}}'_{1R}\underline{A}'_{1R} + \underline{X}_*\underline{B}'_{1,*} + \underline{u}_1 - \underline{v}_{1R}\underline{A}'_{1R}$$

$$= \underline{Z}\underline{\beta} + \underline{w},$$

mit

$$(46) \quad \underline{Z} = (\underline{Z}_1 \mid \underline{Z}_2) = (\underbrace{\underline{X}\hat{\underline{C}}'_{1R}}_{m-1} \mid \underbrace{\underline{X}_*}_{k}) \quad \}\, T$$

$$(47) \quad \underline{\beta} = \begin{pmatrix} \underline{\beta}_1 \\ ---- \\ \underline{\beta}_2 \end{pmatrix} = \begin{pmatrix} -\underline{A}'_{1R} \\ ------ \\ \underline{B}'_{1,*} \end{pmatrix} \begin{matrix} \} m-1 \\ \\ \} k \end{matrix}$$

$$(48) \quad \underline{w} = (\underline{u}_1 - \underline{v}_{1R}\underline{A}'_{1R}) \quad \}\, T\,.$$

Auf diese Beziehung wird erneut die Standard SELS-Schätzung angewandt. Man erhält den Schätzwert

$$(49) \quad \hat{\underline{\beta}} = \begin{pmatrix} -\hat{\underline{A}}'_{1R} \\ \\ \hat{\underline{B}}'_{1,*} \end{pmatrix} = (\underline{Z}'\underline{Z})^{-1}\underline{Z}'\underline{Y}_1\,.$$

4.1.1.5 Der Sonderfall der Übereinstimmung von TLS und ILS

Wenn die erste Strukturgleichung exakt identifiziert ist, dann stimmen die beiden Verfahren ILS und TLS überein.

Für eine solche exakt identifizierte Gleichung liegt das Schätzsystem [(19),(20)] vor

$$(19) \quad \underline{A}_{1,*}\underline{C}_{*,**} = \underline{0}$$

Dimension $\quad [1 \times m]\,[m \times (K-k)]\,[1 \times (K-k)]$

(20) $\quad\underline{A}_{1,*}\underline{C}_{*,*} = \underline{B}_{1,*}.$

Dimension $\quad [1 \times m][m \times k] \quad [1 \times k]$

Zerlegt man nun [(19),(20)] analog zu (38)

(50) $\quad (1 \vdots \underline{A}_{1R}) \begin{pmatrix} \underline{C}_{1,**} \\ \hdashline \underline{C}_{1R,**} \end{pmatrix} = (0,0,\ldots,0)$

(51) $\quad (1 \vdots \underline{A}_{1R}) \begin{pmatrix} \underline{C}_{1,*} \\ \hdashline \underline{C}_{1R,*} \end{pmatrix} = \underline{B}_{1,*}$

und transponiert, so erhält man

(52) $\quad \begin{matrix} k \\ K-k \end{matrix} \left\{ \left(\begin{array}{c:c} \underline{C}'_{1,*} & \underline{C}'_{1R,*} \\ \hdashline \underline{C}'_{1,**} & \underline{C}'_{1R,**} \end{array} \right) \begin{pmatrix} 1 \\ \hdashline \underline{A}'_{1R} \end{pmatrix} \right\} \begin{matrix} 1 \\ m-1 \end{matrix} = \begin{pmatrix} \underline{B}'_{1,*} \\ \hdashline \underline{0} \end{pmatrix} \begin{matrix} \} k \\ \} K-k \end{matrix}$
$\qquad \underbrace{\phantom{\underline{C}'_{1,*}}}_{1} \underbrace{\phantom{\underline{C}'_{1R,*}}}_{m-1} \underbrace{}_{1} \qquad \underbrace{}_{1}$

Nun ersetzt man $\underline{C}_{*,*}$ und $\underline{C}_{*,**}$ durch ihre Schätzwerte aus der ersten Stufe (44), bzw. (24) und erhält

(53) $\quad K \{ \; (\underbrace{\hat{\underline{C}}'_1}_{1} \vdots \underbrace{\hat{\underline{C}}'_{1R}}_{m-1}) = (\underline{X}'\underline{X})^{-1}\underline{X}'(\underline{Y}_1 \vdots \underline{Y}_{1R}).$

Damit hat man den ILS-Schätzwert (25) wieder erhalten.

Multipliziert man (52) von links mit $\underline{X}$, d.h.

(54) $\quad \underline{X}(\underline{C}'_1 \vdots \underline{C}'_{1R}) \begin{pmatrix} 1 \\ \hdashline \underline{A}'_{1R} \end{pmatrix} = \underline{X} \begin{pmatrix} \underline{B}'_{1,*} \\ \hdashline \underline{0} \end{pmatrix},$

so erhält man auf der linken Seite des Gleichheitszeichens

(55) $\quad \underline{X}(\underline{X}'\underline{X})^{-1}\underline{X}'(\underline{Y}_1 \vdots \underline{Y}_{1R}) \begin{pmatrix} 1 \\ \hdashline \underline{A}'_{1R} \end{pmatrix} = (\underline{Y}_1 \vdots \underline{Y}_{1R}) \begin{pmatrix} 1 \\ \hdashline \underline{A}'_{1R} \end{pmatrix},$

da $\underline{X}(\underline{X}'\underline{X})^{-1}\underline{X}' = \underline{X}\underline{X}^{-1}\underline{X}'^{-1}\underline{X}' = \underline{I}$ ist, und auf der rechten Seite des Gleichheitszeichens

$$(56) \quad \underline{X}\begin{pmatrix}\underline{B}'_{1,*} \\ \hline \underline{0}\end{pmatrix} = (\underline{X}_* \mid \underline{X}_{*,*})\begin{pmatrix}\underline{B}'_{1,*} \\ \hline \underline{0}\end{pmatrix} = \underline{X}_*\underline{B}'_{1,*}.$$

Somit erhält man aus (54)

$$(57) \quad Y_1 + \underline{Y}_{1R}\underline{A}'_{1R} = \underline{X}_*\underline{B}'_{1,*}$$

oder

$$(58) \quad Y_1 = -\underline{Y}_{1R}\underline{A}'_{1R} + \underline{X}_*\underline{B}'_{1,*}.$$

Dies ist jedoch der TLS-Ansatz

$$(59) \quad \hat{Y}_1 = -\hat{\underline{Y}}_{1R}\hat{\underline{A}}'_{1R} + \underline{X}_*\hat{\underline{B}}'_{1,*}. \quad \text{(vergl. 43)}$$

Falls der ILS-Ansatz definiert ist, erfüllt er also auch den TLS-Ansatz.

4.1.1.6 Die Notwendigkeit der Identifikation

In der zweiten Stufe wird $\underline{XC}'_{1R}$ durch $\underline{X}\hat{\underline{C}}'_{1R}$ ersetzt, d.h.

$$(60) \quad \underline{Y}_{1R} = \hat{\underline{Y}}_{1R} + \underline{e}_{1R} = \underline{X}\hat{\underline{C}}_{1R} + \underline{e}_{1R},$$

wobei die e-Variablen die Residuen der Schätzung der ersten Stufe sind. Damit ergeben sich für die zweite Stufe die folgenden Normalgleichungen

$$(61) \begin{pmatrix}\underline{Z}'_1 \cdot Y_1 \\ \hline \underline{Z}'_2 \cdot Y_1\end{pmatrix} = \begin{pmatrix}(\underline{X}\hat{\underline{C}}_{1R})'Y_1 \\ \hline \underline{X}'_*Y_1\end{pmatrix} = \begin{pmatrix}\underline{Z}'_1\underline{Z}_1 & \underline{Z}'_1\underline{Z}_2 \\ \hline \underline{Z}'_2\underline{Z}_1 & \underline{Z}'_2\underline{Z}_2\end{pmatrix}\begin{pmatrix}\underline{B}_1 \\ \hline \underline{B}_2\end{pmatrix}$$

$$= \begin{pmatrix}\hat{\underline{Y}}'_{1R} \cdot \hat{\underline{Y}}_{1R} & \hat{\underline{Y}}'_{1R} \cdot \underline{X}_* \\ [(m-1)\times 1][1\times(m-1)] & [(m-1)\times 1][1\times k] \\ \hline \underline{X}'_* \cdot \hat{\underline{Y}}_{1R} & \underline{X}'_* \cdot \underline{X}_* \\ [k\times 1][1\times(m-1)] & [k\times 1][1\times k]\end{pmatrix}\begin{pmatrix}-\underline{A}'_{1R} \\ \hline \underline{B}'_{1,*}\end{pmatrix}\begin{matrix}\}m-1 \\ \\ \}k\end{matrix}$$

Wegen (46) und (47).

Für die Bestimmung der Schätzwerte ist die Existenz von $(\underline{Z}'\underline{Z})^{-1}$ notwendig.

Die Teilmatrizen von $(\underline{Z}'\underline{Z})$ lassen sich wie folgt vereinfachen

(62) $\qquad \hat{\underline{Y}}'_{1R}\hat{\underline{Y}}_{1R} = \underline{Y}'_{1R}\underline{Y}_{1R} - \underline{e}'_{1R}\underline{e}_{1R}$

wegen der üblichen Zerlegung einer SELS-Schätzung (III,93),

(63) $\qquad \hat{\underline{Y}}'_{1R}\underline{X}_* = (\underline{Y}_{1R}-\underline{e}_{1R})'\underline{X}_* = -\underline{e}'_{1R}\underline{X}_* + \underline{Y}'_{1R}\underline{X}_*,$

(64) $\qquad \underline{X}'_*\hat{\underline{Y}}_{1R} = \underline{X}'_*(\underline{Y}_{1R}-\underline{e}_{1R}) = -\underline{X}'_*\underline{e}_{1R} + \underline{X}'_*\underline{Y}_{1R}.$

Für eine SELS-Schätzung betrachtet man jetzt den Ausdruck $\underline{X}'_*\underline{e}$. Man erhält

(65) $\qquad \begin{aligned}\underline{X}'_*\underline{e} &= \underline{X}'_*(\underline{Y} - \underline{X}\hat{\underline{\beta}}), & \text{wegen (III,3)} \\ &= \underline{X}'_*(\underline{Y} - \underline{X}(\underline{X}'\underline{X})^{-1}\underline{X}'\underline{Y}), & \text{wegen (III,6)} \\ &= \underline{X}'_*\underline{Y} - \underline{X}'_*\underline{X}(\underline{X}'\underline{X})^{-1}\underline{X}'\underline{Y}, \\ &= \underline{X}'_*\underline{Y} - \underline{X}'_*\underline{Y}, \\ &= \underline{0}.\end{aligned}$

Dies bedeutet, daß die Residuen einer SELS-Schätzung nicht mit den erklärenden Variablen korreliert sind. Da nun $\underline{X}'_*\underline{e}_{1R}$ eine Untermatrix von $\underline{X}'_*\underline{e}$ ist, muß auch diese gleich Null sein, ebenso wie $\underline{e}'_{1R}\underline{X}_*$.
Damit gilt

(66) $\qquad (\underline{Z}'\underline{Z}) = \left(\begin{array}{c|c} \underline{Y}'_{1R}\underline{Y}_{1R}-\underline{e}'_{1R}\underline{e}_{1R} & \underline{Y}'_{1R}\underline{X}_* \\ \hline \underline{X}'_*\underline{Y}_{1R} & \underline{X}'_*\underline{X}_* \end{array} \right). \begin{array}{l} \} \ m-1 \\ \} \ k \end{array}$

$\qquad\qquad\qquad\qquad\underbrace{}_{m-1} \ \underbrace{}_{k}$

Damit die Inverse existiert, muß gelten

(67) $\qquad\qquad\qquad \text{Rang}\ (\underline{Z}'\underline{Z}) = m-1+k.$

Daraus folgt wieder, daß $\underline{Z}$ den vollen Rang haben muß, d.h.

(68) $\qquad\qquad\qquad \text{Rang}\ (\underline{Z}) = m-1+k.$

Nun kann aber $\underline{Z}$ wie folgt zerlegt werden

$$(69) \quad \underline{Z} = (\underline{X}\hat{\underline{C}}'_{1R} \mid \underline{X}_*) = \underline{X}(\underbrace{\hat{\underline{C}}'_{1R}}_{m-1} \mid \underbrace{\begin{array}{c} I_k \\ \hline 0 \end{array}}_{k}) . \begin{array}{l} \} k \\ \} K-k \end{array}$$

Somit

(70) $\qquad$ Rang $(\underline{Z}) \leq$ Rang $(\underline{X}) = K.$

Faßt man (67) und (70) zusammen, dann gilt

(71) $\qquad$ $m-1+k \leq K$

oder

(72) $\qquad$ $m-1 \leq K-k.$

Dies ist aber das in Kapitel VIII abgeleitete Rangkriterium für die Identifikation einer Gleichung.

4.1.1.7 Konsistenz der TLS-Schätzwerte

Um zu zeigen, daß die mit dem TLS-Ansatz gewonnenen Schätzwerte konsistent sind, konstruiert man ein Vergleichssystem in den "wahren" Koeffizienten $\underline{A}_{1R}$ und $\underline{B}_{1,*}$. Die grundlegende Beziehung ist (37)

(73) $\qquad$ $\underline{Y}_1 = -\underline{Y}_{1R}\underline{A}'_{1R} + \underline{X}_*\underline{B}'_{1,*} + \underline{u}_1.$

Man erhält ein den Normalgleichungen (61) ähnliches System, wenn man erst mit $\hat{\underline{Y}}_{1R}$ und dann mit $\underline{X}_*$ von links multipliziert

$$(74) \quad \begin{pmatrix} \hat{\underline{Y}}'_{1R}\underline{Y}_1 \\ \hline \underline{X}'_*\underline{Y}_1 \end{pmatrix} = \begin{pmatrix} \hat{\underline{Y}}'_{1R}\underline{Y}_{1R} & \mid & \hat{\underline{Y}}'_{1R}\underline{X}_* \\ \hline \underline{X}'_*\underline{Y}_{1R} & \mid & \underline{X}'_*\underline{X}_* \end{pmatrix} \begin{pmatrix} -\underline{A}'_{1R} \\ \hline \underline{B}'_{1,*} \end{pmatrix} + \begin{pmatrix} \hat{\underline{Y}}'_{1R}\underline{u}_1 \\ \hline \underline{X}'_*\underline{u}_1 \end{pmatrix}.$$

Der Unterschied zwischen (61) und (74) wird durch die Störvariablen sowie die mittlere Matrix gegeben.

Bildet man in beiden Systemen den Erwartungswert, so erhält man in (74)

(75) $\qquad$ $E(\underline{X}'_*\underline{u}_1) = 0,$

da nach Voraussetzung Störvariablen und exogene Variable unabhängig voneinander sind. Dagegen bleibt die zweite zusammengesetzte Störvariable $\hat{\underline{Y}}'_{1R}\underline{u}_1$ erhalten.

Wendet man jedoch erst den plim-Operator an und bildet danach den Erwartungswert, verschwinden beide Vektoren der Störvariablen, denn

(76) $$\hat{\underline{Y}}'_{1R}\underline{u}_1 = \hat{\underline{C}}_{1R}\underline{X}'\underline{u}_1,$$

woraus wegen der Konsistenz von $\hat{\underline{C}}_{1R}$

(77) $$\text{plim } \hat{\underline{Y}}'_{1R}\underline{u}_1 = \underline{C}_{1R}\underline{X}'\underline{u}_1$$

folgt. Bildung des Erwartungswertes ergibt dann

(78) $$E\left\{\text{plim } \hat{\underline{Y}}'_{1R}\underline{u}_1\right\} = \underline{C}_{1R}E(\underline{X}'\underline{u}_1) = \underline{C}_{1R}\underline{0} = \underline{0}.$$

Die mittlere Matrix von (74)

(79) $$\begin{pmatrix} \hat{\underline{Y}}'_{1R}\underline{Y}_{1R} & \hat{\underline{Y}}'_{1R}\underline{X}_* \\ \hline \underline{X}'_*\underline{Y}_{1R} & \underline{X}'_*\underline{X}_* \end{pmatrix}$$

stimmt jedoch mit der von (61) überein

(80) $$\begin{pmatrix} \hat{\underline{Y}}'_{1R}\hat{\underline{Y}}_{1R} & \hat{\underline{Y}}'_{1R}\underline{X}_* \\ \hline \underline{X}'_*\hat{\underline{Y}}_{1R} & \underline{X}'_*\underline{X}_* \end{pmatrix}.$$

Dies sei an den beiden unterschiedlichen Teilmatrizen gezeigt. Es ist

(81) $$\begin{aligned} \hat{\underline{Y}}'_{1R}\hat{\underline{Y}}_{1R} &= \left[\underline{X}(\underline{X}'\underline{X})^{-1}\underline{X}'\underline{Y}_{1R}\right]'\left[\underline{X}(\underline{X}'\underline{X})^{-1}\underline{X}'\underline{Y}_{1R}\right] \\ &= \underline{Y}'_{1R}\underline{X}(\underline{X}'\underline{X})^{-1}\underline{X}'\underline{X}(\underline{X}'\underline{X})^{-1}\underline{X}'\underline{Y}_{1R} \\ &= \underline{Y}'_{1R}\underline{X}(\underline{X}'\underline{X})^{-1}\underline{X}'\underline{Y}_{1R} \\ &= \hat{\underline{Y}}'_{1R}\underline{Y}_{1R}. \end{aligned}$$

Ebenso folgt

(82) $$\underline{X}'_*\hat{\underline{Y}}_{1R} = \underline{X}'_*\underline{Y}_{1R}.$$

Damit ist gezeigt: Wendet man zunächst den plim-Operator auf (74) und (61) an, und bildet danach den Erwartungswert, so folgt aus einem gliedweisen Vergleich, daß die zweite Stufe des TLS-Verfahrens (61) für $\underline{A}_{1R}$ und $\underline{B}_{1,*}$ konsistente Schätzwerte liefert.

4.1.2 Rückführung auf ein exakt identifiziertes Schätzsystem
– Das eigentliche Verfahren bei beschränkter Information –

4.1.2.1 Der Ansatz der Schätzung

Anstatt die Überidendifikation durch die Stufen des TLS-Verfahrens zu beseitigen, kann exakte Identifikation mit dem Schätzverfahren zugleich hergestellt werden. Die Koeffizienten der reduzierten Form werden dabei so geschätzt, daß aus ihnen die Koeffizienten der Struktur eindeutig abgeleitet werden können. Für diesen Ansatz gibt es zwei Ableitungen unter den Bezeichnungen LIML (= <u>l</u>imited <u>i</u>nformation <u>m</u>aximum <u>l</u>ikelihood method) und LVR (= <u>l</u>east <u>v</u>ariance <u>r</u>atio method)[Anderson-Rubin, Koopmans-Hood].

4.1.2.2 Das Schätzproblem

O.B.d.A. betrachte man wieder die erste Strukturgleichung

(15) $\underline{A}_1 \underline{Y}(t) = \underline{B}_1 \underline{X}(t) + u_1(t),$ $\quad t = 1, 2, \ldots, T,$

bzw.

(17) $\underline{A}_{1,*} \underline{Y}_*(t) = \underline{B}_{1,*} \underline{X}_*(t) + u_1(t),$ $\quad t = 1, 2, \ldots, T.$

Die zugehörige reduzierte Form lautet

(83) $\underline{Y}_*(t) = \underline{C}_{*,*} \underline{X}_*(t) + \underline{C}_{*,**} \underline{X}_{**}(t) + \underline{v}_*(t),$

bzw. $\quad t = 1, 2, \ldots, T,$

(84) $\underline{Y}_* = \underline{X}_* \underline{C}'_{*,*} + \underline{X}_{**} \underline{C}'_{*,**} + \underline{v}_*.$

Da die Strukturgleichung überidentifiziert ist, gilt

$\text{Rang}(\underline{C}_{*,**}) > m-1,$ $\quad$ (VIII,73)

so daß $\underline{A}_{1,*}$ und $\underline{B}_{1,*}$ nicht mit dem ILS-Verfahren aus (27) und (28) bestimmt werden können.

Die Aufgabe des Schätzproblems besteht somit darin, einen Schätzwert $(\hat{\underline{C}}_{*,*} \vdots \hat{\underline{C}}_{*,**})$ unter einer geeigneten Zielfunktion so zu bestimmen, daß die entscheidende Beziehung (27), aus der (28) folgt, gilt.

Hierfür lassen sich zwei Ansätze motivieren.

4.1.2.3 Die Begründung über die Zerlegung des Bestimmtheitsmaßes

Eine erste Begründung knüpft an die Zerlegung des Bestimmtheitsmaßes (III,90-96) an. Ein Maß für die Güte einer Schätzung bildet das Bestimmtheitsmaß, die Summe der quadratischen Abweichungen.

Für den in Betracht kommenden Teil der reduzierten Form (84), der durch m-fache Anwendung des SELS-Verfahrens geschätzt werden könnte, würde sich ergeben

(85) $\quad \underline{Y}_* = \underline{X}_* \hat{\underline{C}}'_{*,*} + \underline{X}_{**} \hat{\underline{C}}'_{*,**} + \underline{e}_*,$

mit einer der Summe der quadratischen Residuen entsprechenden Größe

(86) $\quad \underline{e}'_* \underline{e}_*.$

Die Schätzung sei daher:
Man wähle $(\hat{\underline{C}}_{*,*} \mid \hat{\underline{C}}_{*,**})$ derart, daß (86) unter der Nebenbedingung (27) minimiert werde.

Anstatt (86) kann ebenso

$$\frac{1}{2} \ln (\underline{e}'_* \underline{e}_*)$$

minimiert werden, ohne daß ein anderes Ergebnis folgt.

Somit liegt folgendes Schätzproblem vor:
Man wähle $(\hat{\underline{C}}_{*,*} \mid \hat{\underline{C}}_{*,**})$ derart, daß

(87) $\quad \frac{1}{2} \ln (\underline{e}'_* \underline{e}_*)$

unter der Nebenbedingung

(88) $\quad \hat{\underline{A}}_{1,*} \hat{\underline{C}}_{*,**} = \underline{0}$

minimiert wird.

4.1.2.4 Die Begründung über einen Maximum-Likelihood Ansatz bei unabhängigen, normal-verteilten Störvariablen

Bei unabhängigen, normal-verteilten Störvariablen in einer Einzelgleichung wird die Summe der quadrierten Residuen durch die Maximum-Likelihood Schätzung der Varianz der Störvariablen

(89) $\quad \tilde{\sigma}^2 = \dfrac{\underline{e}'\underline{e}}{n}$ $\qquad$ (III,109)

gegeben.

Unter der Annahme, daß die Störvariablen der Strukturgleichungen unabhängig und normal-verteilt sind, gilt diese Aussage auch für die Störvariablen der reduzierten Form, und

$$\frac{\underline{e}'_*\underline{e}_*}{n}$$

ist die (89) entsprechende ML-Schätzung der Kovarianzmatrix der Störvariablen. Sie ergibt sich aus einer (87) äquivalenten Likelihoodfunktion, denn die skalare Größe $1/n$ bzw. $1/T$ hat keinen Einfluß auf die Schätzung. Die sehr viel stärkere Annahme der unabhängigen, normal-verteilten Störvariablen führt also über einen ML-Ansatz zur gleichen Schätzaufgabe $[(87),(88)]$.

Ohne sich für eine Motivation festlegen zu müssen, ergeben sich die meisten Eigenschaften dieses Schätzverfahrens wie folgt:

4.1.3 Das Schätzsystem

4.1.3.1 Der Lagrange Ansatz

Für die Nebenbedingung (88) werde ein (K-k)-Vektor $\underline{\lambda}$ von Lagrange Multiplikatoren eingeführt, so daß (87) und (88) übergehen in

(90) $\qquad L = \frac{1}{2} \ln (\underline{e}'_*\underline{e}_*) - \underline{A}_{1,*} \underline{C}_{*,**} \underline{\lambda} \implies \text{Min.}$

Notwendige Bedingungen für ein Minimum sind

(91) $\quad \dfrac{\partial L}{\partial \underline{C}'_{*,*}} = \underline{0} = (\underline{X}'_*\underline{Y}_* - \underline{X}'_*\underline{X}_*\hat{\underline{C}}'_{*,*} - \underline{X}'_*\underline{X}_{**}\hat{\underline{C}}'_{*,**})(\underline{e}'_*\underline{e}_*)^{-1}$,

(92) $\quad \dfrac{\partial L}{\partial \underline{C}'_{*,**}} = \underline{0} = (\underline{X}'_{**}\underline{Y}_* - \underline{X}'_{**}\underline{X}_*\hat{\underline{C}}'_{*,*} - \underline{X}'_{**}\underline{X}_{**}\hat{\underline{C}}'_{*,**})(\underline{e}'_*\underline{e}_*)^{-1} - \hat{\underline{\lambda}}\hat{\underline{A}}_{1,*}$,

(93) $\quad \dfrac{\partial L}{\partial \underline{\lambda}} = \underline{0} = \hat{\underline{A}}_{1,*}\hat{\underline{C}}_{*,**}$, $\qquad\qquad\qquad\qquad$ (88)

(94) $\quad \dfrac{\partial L}{\partial \underline{A}_{1,*}} = \underline{0} = \hat{\underline{C}}_{*,**}\hat{\underline{\lambda}}$.

4.1.3.2 Die Schätzwerte für $\underline{C}_{*,*}$, $\underline{C}_{*,**}$ und $\underline{\lambda}$

Multipliziert man (91) mit $(\underline{e}'_*\underline{e}_*)$ von rechts und mit $(\underline{X}'_*\underline{X}_*)^{-1}$ von links, ergibt sich

(95) $\quad \hat{\underline{C}}'_{*,*} = (\underline{X}'_*\underline{X}_*)^{-1}\underline{X}'_*\underline{Y}_* - (\underline{X}'_*\underline{X}_*)^{-1}\underline{X}'_*\underline{X}_{**}\hat{\underline{C}}'_{*,**}.$

Multipliziert man (92) mit $\underline{e}'_*\underline{e}_*$ von rechts, folgt

(96) $\quad \underline{0} = \underline{X}'_{**}\underline{Y}_* - \underline{X}'_{**}\underline{X}_*\hat{\underline{C}}'_{*,*} - \underline{X}'_{**}\underline{X}_{**}\hat{\underline{C}}'_{*,**} - \hat{\underline{\lambda}}\hat{\underline{A}}_{1,*}(\underline{e}'_*\underline{e}_*)$

$\qquad = \underline{X}'_{**}\underline{M}_1\underline{Y}_* - \underline{X}'_{**}\underline{M}_1\underline{X}_{**}\hat{\underline{C}}'_{*,**} - \hat{\underline{\lambda}}\hat{\underline{A}}_{1,*}(\underline{e}'_*\underline{e}_*),$

wenn man (95) einsetzt, die Glieder von $\underline{Y}_*$ und $\hat{\underline{C}}_{*,**}$ zusammenfaßt und eine idempotente Matrix (vergl. III, 73)

(97) $\quad \underline{M}_1 = \underline{I} - \underline{X}_*(\underline{X}'_*\underline{X}_*)^{-1}\underline{X}'_*$

herauszieht. Somit folgt für $\hat{\underline{C}}_{*,**}$ aus (96)

(98) $\quad \hat{\underline{C}}'_{*,**} = (\underline{X}'_{**}\underline{M}_1\underline{X}_{**})^{-1}\underline{X}'_{**}\underline{M}_1\underline{Y}_* - (\underline{X}'_{**}\underline{M}_1\underline{X}_{**})^{-1}\hat{\underline{\lambda}}\hat{\underline{A}}_{1,*}\underline{e}'_*\underline{e}_*.$

Die Bedingung (93) in der Form

(99) $\quad \underline{0} = \hat{\underline{C}}'_{*,**}\hat{\underline{A}}'_{1,*}$

ergibt mit (98)

(100) $\quad \underline{0} = \left[(\underline{X}'_{**}\underline{M}_1\underline{X}_{**})^{-1}\underline{X}'_{**}\underline{M}_1\underline{Y}_* - (\underline{X}'_{**}\underline{M}_1\underline{X}_{**})^{-1}\hat{\underline{\lambda}}\hat{\underline{A}}_{1,*}\underline{e}'_*\underline{e}_*\right]\hat{\underline{A}}'_{1,*}.$

Da

(101) $\quad \hat{\underline{A}}_{1,*}\underline{e}'_*\underline{e}_*\hat{\underline{A}}'_{1,*} = a$

eine skalare Größe ist, folgt für $\hat{\lambda}$ aus (100)

(102) $\quad \hat{\underline{\lambda}} = \frac{1}{a}\underline{X}'_{**}\underline{M}_1\underline{Y}_*\hat{\underline{A}}'_{1,*}.$

Dann erhält man aus (98)

(103) $\quad \hat{\underline{C}}'_{*,**} = (\underline{X}'_{**}\underline{M}_1\underline{X}_{**})^{-1}\underline{X}'_{**}\underline{M}_1\underline{Y}_* - \frac{1}{a}(\underline{X}'_{**}\underline{M}_1\underline{X}_{**})^{-1}\underline{X}'_{**}\underline{M}_1\underline{Y}_*\hat{\underline{A}}'_{1,*}\hat{\underline{A}}_{1,*}\underline{e}'_*\underline{e}_*$

$\qquad = (\underline{X}'_{**}\underline{M}_1\underline{X}_{**})^{-1}\underline{X}'_{**}\underline{M}_1\underline{Y}_*(\underline{I} - \frac{1}{a}\hat{\underline{A}}'_{1,*}\hat{\underline{A}}_{1,*}\underline{e}'_*\underline{e}_*).$

4.1.3.3 Die Zerlegung der Residuen

a) Ableitung der Summanden

Nun betrachte man die Kovarianzmatrix der Störvariablen, bzw. ihren T-fachen Schätzwert. Man erhält

$$(104) \quad \underline{e}'_*\underline{e}_* = (\underline{Y}_* - \underline{X}_*\hat{\underline{C}}'_{*,*} - \underline{X}_{**}\hat{\underline{C}}'_{*,**})'(\underline{Y}_* - \underline{X}_*\hat{\underline{C}}'_{*,*} - \underline{X}_{**}\hat{\underline{C}}'_{*,**}),$$

$$= [\underline{M}_1(\underline{Y}_* - \underline{X}_{**}\hat{\underline{C}}'_{*,**})]'[\underline{M}_1(\underline{Y}_* - \underline{X}_{**}\hat{\underline{C}}'_{*,**})], \quad \text{wegen (95) und}$$
$$(97)$$

$$= \underline{Y}'_*\underline{M}_1\underline{Y}_* - \underline{Y}'_*\underline{M}_1\underline{X}_{**}\hat{\underline{C}}'_{*,**} - \hat{\underline{C}}_{*,**}\underline{X}'_{**}\underline{M}_1\underline{Y}_*$$
$$+ \hat{\underline{C}}_{*,**}\underline{X}'_{**}\underline{M}_1\underline{X}_{**}\hat{\underline{C}}'_{*,**},$$

$$= \underline{Y}'_*\underline{M}_1\underline{Y}_* - \hat{\underline{C}}_{*,**}\underline{X}'_{**}\underline{M}_1\underline{Y}_*$$

$$+ \hat{\underline{C}}_{*,**}\underline{X}'_{**}\underline{M}_1\underline{X}_{**}(\underline{X}'_{**}\underline{M}_1\underline{X}_{**})^{-1}\underline{X}'_{**}\underline{M}_1\underline{Y}_*(\underline{I} - \frac{1}{a}\hat{\underline{A}}'_{1,*}\hat{\underline{A}}_{1,*}\underline{e}'_*\underline{e}_*)$$

$$- \underline{Y}'_*\underline{M}_1\underline{X}_{**}(\underline{X}'_{**}\underline{M}_1\underline{X}_{**})^{-1}\underline{X}'_{**}\underline{M}_1\underline{Y}_*(\underline{I} - \frac{1}{a}\hat{\underline{A}}'_{1,*}\hat{\underline{A}}_{1,*}\underline{e}'_*\underline{e}_*),$$

$$\text{Wegen (103)}$$

$$= \underline{Y}'_*\underline{M}_1\underline{Y}_* - \underline{Y}'_*\underline{M}_1\underline{X}_{**}(\underline{X}'_{**}\underline{M}_1\underline{X}_{**})^{-1}\underline{X}'_{**}\underline{M}_1\underline{Y}_*$$

$$+ \underline{Y}'_*\underline{M}_1\underline{X}_{**}(\underline{X}'_{**}\underline{M}_1\underline{X}_{**})^{-1}\underline{X}'_{**}\underline{M}_1\underline{Y}_*\frac{1}{a}\hat{\underline{A}}'_{1,*}\hat{\underline{A}}_{1,*}\underline{e}'_*\underline{e}_*$$

$$- \hat{\underline{C}}_{*,**}\underline{X}'_{**}\underline{M}_1\underline{Y}_* + \hat{\underline{C}}_{*,**}\underline{X}'_{**}\underline{M}_1\underline{Y}_*$$

$$- \hat{\underline{C}}_{*,**}\underline{X}'_{**}\underline{M}_1\underline{Y}_*\frac{1}{a}\hat{\underline{A}}'_{1,*}\hat{\underline{A}}_{1,*}\underline{e}'_*\underline{e}_*$$

$$= \underline{Y}'_*\underline{M}_1\underline{Y}_* - \underline{Y}'_*\underline{M}_1\underline{X}_{**}(\underline{X}'_{**}\underline{M}_1\underline{X}_{**})^{-1}\underline{X}'_{**}\underline{M}_1\underline{Y}_*$$

$$+ \frac{1}{a}\underline{Y}'_*\underline{M}_1\underline{X}_{**}(\underline{X}'_{**}\underline{M}_1\underline{X}_{**})^{-1}\underline{X}'_{**}\underline{M}_1\underline{Y}_*\hat{\underline{A}}'_{1,*}\hat{\underline{A}}_{1,*}\underline{e}'_*\underline{e}_*$$

$$- (\underline{I} - \frac{1}{a}\hat{\underline{A}}'_{1,*}\hat{\underline{A}}_{1,*}\underline{e}'_*\underline{e}_*)'\underline{Y}'_*\underline{M}_1\underline{X}_{**}(\underline{X}'_{**}\underline{M}_1\underline{X}_{**})^{-1}\underline{X}'_{**}\underline{M}_1\underline{Y}_* \cdot$$
$$\cdot \frac{1}{a}\hat{\underline{A}}'_{1,*}\hat{\underline{A}}_{1,*}\underline{e}'_*\underline{e}_*$$

$$(108) \quad = \underline{Y}'_*\underline{M}_1\underline{Y}_* - \underline{Y}'_*\underline{M}_1\underline{X}_{**}(\underline{X}'_{**}\underline{M}_1\underline{X}_{**})^{-1}\underline{X}'_{**}\underline{M}_1\underline{Y}_*$$

$$+ \frac{1}{a^2}(\hat{\underline{A}}'_{1,*}\hat{\underline{A}}_{1,*}\underline{e}'_*\underline{e}_*)'\underline{Y}'_*\underline{M}_1\underline{X}_{**}(\underline{X}'_{**}\underline{M}_1\underline{X}_{**})^{-1}\underline{X}'_{**}\underline{M}_1\underline{Y}_*\hat{\underline{A}}'_{1,*}\hat{\underline{A}}_{1,*}\underline{e}'_*\underline{e}_*.$$

b) Die Regression auf die erste Teilmenge der exogenen Variablen

Man betrachte die drei Summanden von (1o8) einzeln.

$$
\begin{aligned}
(109) \quad \underline{Y}'_*\underline{M}_1\underline{Y}_* &= \underline{Y}'_*\left[\underline{I} - \underline{X}_*(\underline{X}'_*\underline{X}_*)^{-1}\underline{X}'_*\right]\underline{Y}_* \\
&= \underline{Y}'_*\underline{Y}_* - \underline{Y}'_*\underline{X}_*(\underline{X}'_*\underline{X}_*)^{-1}\underline{X}'_*\underline{Y}_* \\
&= \underline{Y}'_*\underline{Y}_* - \underline{Y}'_*\underline{X}_*(\underline{X}'_*\underline{X}_*)^{-1}(\underline{X}'_*\underline{X}_*)(\underline{X}'_*\underline{X}_*)^{-1}\underline{X}'_*\underline{Y}_* \\
&= \underline{Y}'_*\underline{Y}_* - (\underline{Y}'_*\underline{X}_*(\underline{X}'_*\underline{X}_*)^{-1}\underline{X}'_*)(\underline{X}_*(\underline{X}'_*\underline{X}_*)^{-1}\underline{X}'_*\underline{Y}_*) \\
&= \underline{Y}'_*\underline{Y}_* - \underline{\tilde{Y}}'_*\underline{\tilde{Y}}_* = \underline{e}'_1\underline{e}_1, \qquad \text{(vgl. III,93).}
\end{aligned}
$$

Der erste Summand stellt somit die Kovarianzen dar, wenn die Regression sich nur auf die exogenen Variablen in $\underline{X}_*$ allein erstreckt, d.h. ohne Berücksichtigung von $\underline{X}_{**}$ und der Nebenbedingung (88).

c) Die Regression auf beide Teilmengen der exogenen Variablen

c_1) Der Schätzansatz

Die Hinzunahme des zweiten Summanden bedeutet eine Regression auf die gesamte Matrix der exogenen Variablen, ohne Berücksichtigung der Nebenbedingung (88).

Bezeichnet man jene Schätzwerte mit $(\underline{\tilde{C}}_{*,*} \mid \underline{\tilde{C}}_{*,**})$ aus dem Schätzsystem

$$
(110) \quad \begin{pmatrix} \underline{\tilde{C}}'_{*,*} \\ \hline \underline{\tilde{C}}'_{*,**} \end{pmatrix} = (\underline{X}'_*\underline{X}_*)^{-1}\underline{X}'_*\underline{Y}_*,
$$

so sind diese Schätzwerte $(\underline{\tilde{\tilde{C}}}_{*,*} \mid \underline{\tilde{\tilde{C}}}_{*,**})$ aus dem Schätzsystem

$$
(111) \quad \begin{pmatrix} \underline{\tilde{\tilde{C}}}'_{*,*} \\ \hline \underline{\tilde{\tilde{C}}}'_{*,**} \end{pmatrix} = \begin{pmatrix} \underline{X}'_*\underline{X}_* & \mid & \underline{X}'_*\underline{X}_{**} \\ \hline \underline{X}'_{**}\underline{X}_* & \mid & \underline{X}'_{**}\underline{X}_{**} \end{pmatrix}^{-1} \begin{pmatrix} \underline{X}'_* \\ \hline \underline{X}'_{**} \end{pmatrix} \underline{Y}_*
$$

bestimmt.

Um zu zeigen, daß für die quadrierten Residuen

$$
\begin{aligned}
(112) \quad & \underline{Y}'_*\underline{M}_1\underline{Y}_* - \underline{Y}'_*\underline{M}_1\underline{X}_{**}(\underline{X}'_{**}\underline{M}_1\underline{X}_{**})^{-1}\underline{X}'_{**}\underline{M}_1\underline{Y}_* \\
&= \underline{Y}'_*\underline{Y}_* - \underline{\tilde{\tilde{Y}}}'_*\underline{\tilde{\tilde{Y}}}_* = \underline{e}'_2\underline{e}_2
\end{aligned}
$$

gilt, genügt es, daß

(113) $\underline{M}_1 - \underline{I} = \underline{M}_1 \underline{X}_{**} (\underline{X}'_{**} \underline{M}_1 \underline{X}_{**})^{-1} \underline{X}'_{**}$

$$= - (\underline{X}_* \mid \underline{X}_{**}) \begin{pmatrix} \underline{X}'_* \underline{X}_* & \mid & \underline{X}'_* \underline{X}_{**} \\ \hline \underline{X}'_{**} \underline{X}_* & \mid & \underline{X}'_{**} \underline{X}_{**} \end{pmatrix}^{-1} \begin{pmatrix} \underline{X}'_* \\ \hline \underline{X}'_{**} \end{pmatrix}.$$

Zunächst werde die Matrix

$$\begin{pmatrix} \underline{X}'_* \underline{X}_* & \mid & \underline{X}'_* \underline{X}_{**} \\ \hline \underline{X}'_{**} \underline{X}_* & \mid & \underline{X}'_{**} \underline{X}_{**} \end{pmatrix}$$

invertiert.

c_2) Inversion einer zweifach unterteilten Matrix

Wenn eine (K K)-Matrix $\underline{D}$ zweifach unterteilt ist, z.B.

(114) $\underline{D} = \begin{pmatrix} \underline{D}_{11} & \mid & \underline{D}_{12} \\ \hline \underline{D}_{21} & \mid & \underline{D}_{22} \end{pmatrix} \begin{matrix} \} k \\ \} K-k \end{matrix} = \begin{pmatrix} \underline{E} & \mid & \underline{F} \\ \hline \underline{G} & \mid & \underline{H} \end{pmatrix}$,

$\underbrace{\phantom{D_{11}}}_{k} \underbrace{\phantom{D_{12}}}_{K-k}$

so gilt für die Inverse $\underline{D}^{-1}$, mit $\underline{D}^{-1} \underline{D} = \underline{I}$,

(115) $\underline{D}^{-1} = \begin{pmatrix} \underline{D}^{-1}_{11} & \mid & \underline{D}^{-1}_{12} \\ \hline \underline{D}^{-1}_{21} & \mid & \underline{D}^{-1}_{22} \end{pmatrix} = \begin{pmatrix} \underline{E}^{-1}(\underline{I} + \underline{F}\underline{J}^{-1}\underline{G}\underline{E}^{-1}) & \mid & - \underline{E}^{-1}\underline{F}\underline{J}^{-1} \\ \hline - \underline{J}^{-1}\underline{G}\underline{E}^{-1} & \mid & \underline{J}^{-1} \end{pmatrix}$

mit

(116) $\underline{J} = \underline{H} - \underline{G}\underline{E}^{-1}\underline{F}.$

Der Beweis erfolgt direkt durch Ausmultiplikation

(117) $\underline{D}_{11}\underline{D}^{-1}_{11} + \underline{D}_{12}\underline{D}^{-1}_{21} = \underline{E}\underline{E}^{-1}(\underline{I} + \underline{F}\underline{J}^{-1}\underline{G}\underline{E}^{-1}) - \underline{F}\underline{J}^{-1}\underline{G}\underline{E}^{-1} = \underline{I}$,

(118) $\underline{D}_{11}\underline{D}^{-1}_{21} + \underline{D}_{12}\underline{D}^{-1}_{22} = - \underline{E}\underline{E}^{-1}\underline{F}\underline{J}^{-1} + \underline{F}\underline{J}^{-1} = \underline{O}$,

(119) $\underline{D}_{21}\underline{D}^{-1}_{11} + \underline{D}_{22}\underline{D}^{-1}_{21} = \underline{G}\underline{E}^{-1}(\underline{I} + \underline{F}\underline{J}^{-1}\underline{G}\underline{E}^{-1}) - \underline{H}\underline{J}^{-1}\underline{G}\underline{E}^{-1}$

$= \underline{G}\underline{E}^{-1}\underline{I} + \underline{G}\underline{E}^{-1}\underline{F}\underline{J}^{-1}\underline{G}\underline{E}^{-1} - \underline{H}\underline{J}^{-1}\underline{G}\underline{E}^{-1}$

$$= \left[\underline{I} + \underline{GE}^{-1}\underline{FJ}^{-1} - \underline{HJ}^{-1}\right]\underline{GE}^{-1}$$

$$= \left[\underline{I} + (\underline{GE}^{-1}\underline{F} - \underline{H})\underline{J}^{-1}\right]\underline{GE}^{-1}$$

$$= \left[\underline{I} - (\underline{JJ}^{-1})\right]\underline{GE}^{-1} = (\underline{I} - \underline{I})\underline{GE}^{-1} = \underline{0},$$

(120) $\underline{D}_{21}\underline{D}_{12}^{-1} + \underline{D}_{22}\underline{D}_{22}^{-1} = -\underline{GE}^{-1}\underline{FJ}^{-1} + \underline{HJ}^{-1}$

$$= (\underline{J} - \underline{H})\underline{J}^{-1} + \underline{HJ}^{-1} = \underline{I}.$$

c_3) Die Residuen auf alle exogenen Variablen

Werden die Größen wie folgt identifiziert

(121) $\underline{E} = \underline{X}'_*\underline{X}_*$, $\underline{F} = \underline{X}'_*\underline{X}_{**}$, $\underline{G} = \underline{X}'_{**}\underline{X}_*$, $\underline{H} = \underline{X}'_{**}\underline{X}_{**}$,

dann folgt für $\underline{J}$

(122) $\underline{J} = \underline{X}'_{**}\underline{X}_{**} - \underline{X}'_{**}\underline{X}_*(\underline{X}'_*\underline{X}_*)^{-1}\underline{X}'_*\underline{X}_{**}$

$$= \underline{X}'_{**}\left[\underline{I} - \underline{X}_*(\underline{X}'_*\underline{X}_*)^{-1}\underline{X}'_*\right]\underline{X}_{**}$$

$$= \underline{X}'_{**}\underline{M}_1\underline{X}_{**},$$

und für die inverse Matrix

(123) $\begin{pmatrix} \underline{X}'_*\underline{X}_* & \vdots & \underline{X}'_*\underline{X}_{**} \\ \cdots & \vdots & \cdots \\ \underline{X}'_{**}\underline{X}_* & \vdots & \underline{X}'_{**}\underline{X}_{**} \end{pmatrix}^{-1} =$

$$= \begin{pmatrix} (\underline{X}'_*\underline{X}_*)^{-1}\left[\underline{I} + \underline{X}'_*\underline{X}_{**}(\underline{X}'_{**}\underline{M}_1\underline{X}_{**})^{-1}\underline{X}'_{**}\underline{X}_*(\underline{X}'_*\underline{X}_*)^{-1}\right] & \vdots \\ \cdots & \vdots \\ -(\underline{X}'_{**}\underline{M}_1\underline{X}_{**})^{-1}\underline{X}'_{**}\underline{X}_*(\underline{X}'_*\underline{X}_*)^{-1} & \vdots \end{pmatrix}$$

$$\begin{pmatrix} \vdots & -(\underline{X}'_*\underline{X}_*)^{-1}\underline{X}'_*\underline{X}_{**}(\underline{X}'_{**}\underline{M}_1\underline{X}_{**})^{-1} \\ \vdots & \cdots \\ \vdots & (\underline{X}'_{**}\underline{M}_1\underline{X}_{**})^{-1} \end{pmatrix}$$

Jetzt bildet man die rechte Seite von (113) und erhält

$$(124) \quad \underline{S}_R = -\Big[\underline{X}_*(\underline{X}'_*\underline{X}_*)^{-1}\underline{X}'_* + \underline{X}_*(\underline{X}'_*\underline{X}_*)^{-1}\underline{X}'_*\underline{X}_{**}(\underline{X}'_{**}\underline{M}_1\underline{X}_{**})^{-1} \cdot$$
$$\cdot \underline{X}'_{**}\underline{X}_*(\underline{X}'_*\underline{X}_*)^{-1}\underline{X}'_* - \underline{X}_{**}(\underline{X}'_{**}\underline{M}_1\underline{X}_{**})^{-1}\underline{X}'_{**}\underline{X}_*(\underline{X}'_*\underline{X}_*)^{-1}\underline{X}'_*$$
$$- \underline{X}_*(\underline{X}'_*\underline{X}_*)^{-1}\underline{X}'_*\underline{X}_{**}(\underline{X}'_{**}\underline{M}_1\underline{X}_{**})^{-1}\underline{X}'_{**}$$
$$+ \underline{X}_{**}(\underline{X}'_{**}\underline{M}_1\underline{X}_{**})^{-1}\underline{X}'_{**}\Big] ,$$
$$= -\Big[(\underline{I}-\underline{M}_1) + (\underline{I}-\underline{M}_1)\underline{M}_2(\underline{I}-\underline{M}_1) - \underline{M}_2(\underline{I}-\underline{M}_1) - (\underline{I}-\underline{M}_1)\underline{M}_2 + \underline{M}_2\Big]$$
$$= \underline{M}_1 - \underline{M}_1\underline{M}_2\underline{M}_1 - \underline{I},$$

wobei $\underline{M}_1$ in (97) definiert und

$$(125) \quad \underline{M}_2 = \underline{X}_{**}(\underline{X}'_{**}\underline{M}_1\underline{X}_{**})^{-1}\underline{X}'_{**}$$

gesetzt wurde.

Für die linke Seite von (113) gilt mit den gleichen Definitionen

$$(126) \quad \underline{S}_L = \underline{M}_1 - \underline{M}_1\underline{M}_2\underline{M}_1 - \underline{I}. \quad \text{qed.}$$

Der zweite Summand in (108) gibt somit den Beitrag an, den die exogenen Variablen in $\underline{X}_{**}$ zu $\underline{e}'_*\underline{e}_*$ liefern. Der dritte Summand schließlich ist der nicht-negative Beitrag, um den die Nebenbedingungen den Minimanden erhöhen.

4.1.3.4 Berücksichtigung der Nebenbedingung

Da

$$(127) \quad \hat{\underline{A}}_{1,*}\underline{Y}'\underline{M}_1\underline{X}_{**}(\underline{X}'_{**}\underline{M}_1\underline{X}_{**})^{-1}\underline{X}'_{**}\underline{M}_1\underline{Y}\hat{\underline{A}}'_{1,*} = b$$

eine skalare Größe ist, läßt sich (108) umschreiben zu

$$(128) \quad \underline{e}'_*\underline{e}_* = \underline{e}'_2\underline{e}_2 + \frac{b}{a^2}\underline{e}'_*\underline{e}_*\hat{\underline{A}}'_{1,*}\hat{\underline{A}}_{1,*}\underline{e}'_*\underline{e}_*.$$

Multiplikation von rechts mit $\hat{\underline{A}}'_{1,*}$ ergibt unter Berücksichtigung von (101)

$$(129) \quad \underline{e}'_*\underline{e}_*\hat{\underline{A}}'_{1,*} = \underline{e}'_2\underline{e}_2\hat{\underline{A}}'_{1,*} + \frac{b}{a}\underline{e}'_*\underline{e}_*\hat{\underline{A}}'_{1,*}$$

oder

(130) $\quad \underline{e}'_*\underline{e}_*\hat{\underline{A}}'_{1,*} = c\underline{e}'_2\underline{e}_2\hat{\underline{A}}'_{1,*} \quad \text{mit} \quad c = \dfrac{1}{1-\dfrac{b}{a}}$.

Aus der Minimumbedingung (94) folgt unter Berücksichtigung von (102) und (103)

(131) $\underline{0} = \hat{\underline{C}}_{*,**}\hat{\underline{\lambda}} = (I - \dfrac{1}{a}\underline{e}'_*\underline{e}_*\hat{\underline{A}}'_{1,*}\hat{\underline{A}}_{1,*})\underline{Y}'_*\underline{M}_1\underline{X}_{**}(\underline{X}'_{**}\underline{M}_1\underline{X}_{**})^{-1}\dfrac{1}{a}\underline{X}'_{**}\underline{M}_1\underline{Y}_*\hat{\underline{A}}_{1,*}$

$= \dfrac{1}{a}\left[\underline{Y}'_*\underline{M}_1\underline{X}_{**}(\underline{X}'_{**}\underline{M}_1\underline{X}_{**})^{-1}\underline{X}'_{**}\underline{M}_1\underline{Y}_* - \dfrac{bc}{a}\underline{e}'_2\underline{e}_2\right]\hat{\underline{A}}_{1,*}$

wegen (127) und (130)

$= \dfrac{1}{a}(\underline{Y}'_*\underline{M}_1\underline{M}_2\underline{M}_1\underline{Y}_* - \dfrac{bc}{a}\underline{e}'_2\underline{e}_2)\hat{\underline{A}}_{1,*}$, wegen (125).

Da wegen (126) und $a \neq 0$

(132) $\underline{Y}'_*\underline{M}_1\underline{M}_2\underline{M}_1\underline{Y}_* = \underline{e}'_1\underline{e}_1 - \underline{e}'_2\underline{e}_2$

folgt, ist (131) mit $l = 1 + (bc/a)$ äquivalent zu

(133) $(\underline{e}'_1\underline{e}_1 - l\underline{e}'_2\underline{e}_2)\hat{\underline{A}}_{1,*} = \underline{0}$.

Dies ist ein lineares Gleichungssystem mit m Gleichungen, das nur dann eine nicht-triviale Lösung besitzt, wenn die Determinante

(134) $\quad |\underline{e}'_1\underline{e}_1 - l\underline{e}'_2\underline{e}_2| = 0$

ist. Die kleinste Nullstelle $\hat{l}$ dieses Polynoms in l gibt dann die gesuchte Lösung.

4.1.3.5 Zusammenfassung des eigentlichen Verfahrens bei beschränkter Information

Das eigentliche Verfahren bei beschränkter Information läßt sich somit wie folgt zusammenfassen:

1. Für eine Strukturgleichung zerlege man die Daten in $\underline{Y}_*, \underline{Y}_{**}, \underline{X}_*, \underline{X}_{**}$, (16).

2. Man bestimme die Matrizen $\underline{e}'_1\underline{e}_1$ und $\underline{e}'_2\underline{e}_2$, (110) und (111), bzw. (109) und (112).

3. Man bestimme die kleinste Wurzel des Polynoms (134).

4. Man berechne die Strukturkoeffizienten der endogenen Variablen aus (133).

5. Man berechne die Strukturkoeffizienten der exogenen Variablen aus (28), wobei sich (28) noch wie folgt vereinfachen läßt

$$(135) \quad \hat{\underline{B}}'_{1,*} = \hat{\underline{C}}'_{*,*} \hat{\underline{A}}_{1,*} = \left[(\underline{X}'_*\underline{X}_*)^{-1}\underline{X}_*\underline{Y}_* - (\underline{X}'_*\underline{X}_*)^{-1}\underline{X}_*\underline{X}_{**}\hat{\underline{C}}'_{*,**} \right] \hat{\underline{A}}'_{1,*}$$

wegen (95)

$$= (\underline{X}'_*\underline{X}_*)^{-1}\underline{X}_*\underline{Y}_*\hat{\underline{A}}_{1,*} + \underline{0}, \text{ wegen (99)}.$$

4.2 Verfahren bei voller Information

4.2.1 Der Unterschied der Verfahren bei voller und beschränkter Information

Die bisher betrachteten Schätzverfahren wurden verwendet, um jede Gleichung eines Strukturmodells einzeln zu schätzen. Dabei wurde die Tatsache berücksichtigt, daß jede Gleichung in ein Gleichungssystem gehört. Zur Schätzung wurde jedoch nur die Tatsache verwendet, welche der erklärenden Variablen ausgeschlossen sind, d.h. die Kenntnis ob eine Gleichung identifizierbar ist. Es wird dagegen nicht die Kenntnis verwendet, daß die ausgeschlossenen endogenen Variablen $\underline{Y}_{**}$ in anderen Gleichungen des Systems auftreten können. Ferner wurden nicht die Schätzwerte der Parameter anderer Strukturgleichungen verwendet, noch irgendwelche a priori Beschränkungen der anderen Strukturgleichungen. Daher bezeichnet man auch die bisherigen Schätzverfahren für einzelne Gleichungen eines Strukturmodells als Verfahren bei beschränkter Information (limited information methods).

Im folgenden soll ein Schätzverfahren bei voller Information betrachtet werden. Es verwendet die Kenntnis aller Beschränkungen für die Parameter des gesamten Systems bei der Schätzung jeder Strukturgleichung. Alle Strukturgleichungen werden gleichzeitig geschätzt. Durch die Hinzunahme zusätzlicher Information wird zwar die Wirksamkeit (Effizienz) der Schätzwerte erhöht, aber gleichzeitig die rechnerischen Schwierigkeiten vergrößert.

4.2.2 Die dreistufige Methode der kleinsten Quadrate

4.2.2.1 Ableitung einer Schätzgleichung

Wie bei dem TLS-Verfahren löst man jede Strukturgleichung nach einer endogenen Variablen auf

(136) $\quad Y_i(t) = - \underline{Y}_{iR}(t)\underline{A}'_{iR} + \underline{X}_*(t)\underline{B}'_{i,*} + u_i(t)$

$\quad\quad\quad\quad\quad\quad t = 1,2,\ldots,T \quad i = 1,2,\ldots,M$

(137) $\quad \underline{Y}_i = \underline{Y}_{iR}(-\underline{A}'_{iR}) + \underline{X}_*\underline{B}'_{i,*} + \underline{u}_i$

$\quad\quad\quad\quad\quad\quad\quad\quad\quad\quad i = 1,2,\ldots,M$

$$= (\underline{Y}_{iR} \mid \underline{X}_*) \begin{pmatrix} -\underline{A}'_{iR} \\ ----- \\ \underline{B}'_{i,*} \end{pmatrix} + \underline{u}_i$$

$$= \underline{Z}_i\underline{\beta}_i + \underline{u}_i,$$

mit

(138) $\quad \underline{Z}_i = (\underline{Y}_{iR} \mid \underline{X}_*)$

(139) $\quad \underline{\beta}_i = \begin{pmatrix} -\underline{A}_{iR} \\ ----- \\ \underline{B}_{i,*} \end{pmatrix}.$

Multipliziert man (137) mit der "vollen" Matrix der exogenen Variablen von links, entsteht für eine endogene Variable Y_i das Gleichungssystem

(140) $\quad \underline{X}'\underline{Y}_i = \underline{X}'\underline{Z}_i\underline{\beta}_i + \underline{X}'\underline{u}_i$

$\quad\quad\quad\quad\quad\quad\quad\quad\quad\quad i = 1,2,\ldots M$

mit den Dimensionen

$\quad\quad (K \times T)(T \times 1) \quad (K \times T)[T \times (m-1+k)][(m-1+k) \times 1] \quad (K \times T)(T \times 1)$

Oder mit den Definitionen

(141) $\quad\quad\quad\quad \underline{X}'\underline{Z}_i = \underline{W}_i,$

(142) $\quad\quad\quad\quad \underline{X}'\underline{u}_i = \underline{v}_i,$

liegt ein Gleichungssystem

(143) $\underline{X}'\underline{Y}_i = \underline{W}_i\underline{\beta}_i + \underline{v}_i$

mit K Gleichungen und (m-1+k) Unbekannten vor, nämlich (m-1) Unbekannte aus $\underline{A}_{1R}$ und k aus $\underline{B}_{i,*}$.

4.2.2.2 Unterschiede in der Identifizierbarkeit

Für eine exakt identifizierte Strukturgleichung, für die

(144) $\quad m-1 = K-k \quad$ (VIII,75)

bzw.

(145) $\quad m-1+k = K$

gilt, sind damit ebensoviele Gleichungen wie Unbekannte vorhanden. Für die häufiger anzutreffende Situation der überidentifizierten Strukturgleichung, mit

(146) $\quad m-1 < K-k$

bzw.

(147) $\quad m-1+k < K$

übersteigt dagegen die Zahl der Gleichungen die der Unbekannten.

4.2.2.3 Anwendbarkeit des SELS-Ansatzes

Angenommen, die Beziehung (143) erfüllt die erforderlichen stochastischen Eigenschaften, dann kann diese Beziehung als ein Standard SELS-Ansatz aufgefaßt werden. Der einzige formale Unterschied besteht darin, daß der "Beobachtungsindex" nicht über die Zahl der Beobachtungswerte, nämlich von 1 bis n bzw. T, läuft, sondern über die Zahl der exogenen Variablen, nämlich von 1 bis K.

Bezüglich der stochastischen Eigenschaften gilt folgendes:

1. Der Mittelwert der "Störvariablen"

(148) $\quad E(\underline{v}_i) = E(\underline{X}'\underline{u}_i) = \underline{X}'E(\underline{u}_i) = \underline{0}.$

2. Die Kovarianzmatrix der "Störvariablen"

(149) $\quad\quad\quad \text{Cov}(\underline{v}_i) = \text{Cov}(\underline{X}'\underline{u}_i) = \underline{X}'E(\underline{u}_i\underline{u}_i')\underline{X}$

$\quad\quad\quad\quad\quad\quad\quad\quad = \underline{X}'\text{Cov}(\underline{u}_i)\underline{X}$

$\quad\quad\quad\quad\quad\quad\quad\quad = \sigma^2 \underline{X}'\underline{X}$,

wegen der Homoskedastizität des ursprünglichen Ansatzes. Damit würde bezüglich der Störvariablen der allgemeine Fall eines SELS-Ansatzes (Kapitel III) vorliegen.

3. Unabhängigkeit von Störvariablen und unabhängigen Variablen

Die Unabhängigkeit der "unabhängigen" Variablen $\underline{W}_i$ von den Störvariablen $\underline{v}_i$ liegt aber streng genommen nicht vor. Die Verteilung von $\underline{XZ}_i$ hängt von der Verteilung von $\underline{Xu}_i$ ab. Sie ist jedoch vernachlässigbar schwach. Daher kann man annehmen, daß der Standard SELS-Ansatz des Kapitels III angewendet werden kann.

Durch die Transformation dieses Falles auf den klassischen SELS-Fall, ergibt sich für $\underline{\beta}_i$ der folgende Schätzwert

(150) $\quad\quad \hat{\underline{\beta}}_i = (\underline{W}_i'(\underline{X}'\underline{X})^{-1}\underline{W}_i)^{-1}\underline{W}_i'(\underline{X}'\underline{X})^{-1}\underline{X}'\underline{Y}_i \quad\quad$ (III,16)

$\quad\quad\quad\quad = (\underline{Z}_i'\underline{X}(\underline{X}'\underline{X})^{-1}\underline{X}'\underline{Z}_i)^{-1}\underline{Z}_i'\underline{X}(\underline{X}'\underline{X})^{-1}\underline{X}'\underline{Y}_i$.

4.2.2.4 Übertragung des SELS-Ansatzes auf das System

Faßt man die Beziehungen (143) für alle Strukturgleichungen $i = 1,2,\ldots,M$ zusammen, so ergibt sich das folgende Gesamtschätzsystem

(151) $\quad\quad\quad\quad\quad\quad \underline{Y}_T = \underline{W}\beta + \underline{v}$

mit

$$\underline{W} = \begin{pmatrix} \underline{X}'\underline{Z}_1 & \underline{0} & \cdots & \underline{0} \\ \underline{0} & \underline{X}'\underline{Z}_2 & & \vdots \\ \vdots & & \ddots & \underline{0} \\ \underline{0} & \cdots & \underline{0} & \underline{X}'\underline{Z}_M \end{pmatrix} \begin{matrix} \}K \\ \}K \\ \\ \}K \\ \}K \end{matrix} \Bigg\} M \cdot K$$

$\quad\quad\quad\quad\quad\underbrace{\quad}_{m_1-1+k_1} \underbrace{\quad}_{m_2-1+k_2} \quad\quad \underbrace{\quad}_{m_M-1+k_M}$

$$\underline{\beta} = \begin{pmatrix} \underline{\beta}_1 \\ \underline{\beta}_2 \\ \cdot \\ \cdot \\ \underline{\beta}_M \end{pmatrix} \underbrace{}_{1} \begin{matrix} \} m_1-1+k_1 \\ \} m_2-1+k_2 \\ \\ \\ \} m_M-1+k_M \end{matrix}$$

$$\underline{v} = \begin{pmatrix} \underline{v}_1 \\ \underline{v}_2 \\ \cdot \\ \cdot \\ \underline{v}_M \end{pmatrix} \underbrace{}_{1} \left. \begin{matrix} \} K \\ \} K \\ \\ \\ \} K \end{matrix} \right\} M \times K$$

$$\underline{Y}_T \begin{pmatrix} \underline{X'Y}_1 \\ \underline{X'Y}_2 \\ \cdot \\ \cdot \\ \underline{X'Y}_M \end{pmatrix} \underbrace{}_{1} \left. \begin{matrix} \} K \\ \} K \\ \\ \\ \} K \end{matrix} \right\} M \times K$$

Die Übertragung von (150) ergibt dann

(152) $\quad \hat{\underline{\beta}} = (\underline{W}'\underline{V}^{-1}\underline{W})^{-1}\underline{W}'\underline{V}^{-1}\underline{Y}_T,$

mit der unbekannten Kovarianzmatrix $\underline{V}$ aller Störvariablen. Statt der in (149) getroffenen Annahme, daß die ursprünglichen Störvariablen homoskedastisch sind mit $\sigma^2 = 1$, kann man den allgemeineren Ansatz machen

(153) $\quad V = \text{Cov}(\underline{v}) = \underline{X}'\text{Cov}(\underline{u})\underline{X}$

$$= \begin{pmatrix} \sigma_{11}\underline{X}'\underline{X} & \sigma_{12}\underline{X}'\underline{X} & \cdots & \sigma_{1M}\underline{X}'\underline{X} \\ \vdots & & & \vdots \\ \sigma_{M1}\underline{X}'\underline{X} & \sigma_{M2}\underline{X}'\underline{X} & \cdots & \sigma_{MM}\underline{X}'\underline{X} \end{pmatrix}$$

$$= \Sigma \otimes \underline{X}'\underline{X}.$$

Direkte Multiplikation zeigt, daß

(154) $\underline{V}^{-1} = \Sigma^{-1} \otimes (\underline{X}'\underline{X})^{-1}.$

4.2.2.5 Bestimmung eines Schätzwertes für die Kovarianzmatrix der Störvariablen

Für σ_{ij} (i,j = 1,2,...,M) in (153) wird ein Schätzwert

(155) $\tilde{\sigma}_{ij} = \frac{1}{T} \underline{e}_i' \underline{e}_j$

eingesetzt. Dabei bezeichnet $\underline{e}_i$ den T-Vektor der Residuen der i-ten Strukturgleichung, wenn diese über die zweistufige Methode der kleinsten Quadrate (TLS) geschätzt wurde.

Faßt man diese Schätzwerte zu $\underline{\tilde{V}}$ zusammen, dann läßt sich $\underline{\tilde{\beta}}$ aus einer (152) entsprechenden Gleichung

(156) $\underline{\tilde{\beta}} = (\underline{W}'\underline{\tilde{V}}^{-1}\underline{W})^{-1}\underline{W}'\underline{\tilde{V}}^{-1}\underline{y}_T$

bestimmen.

4.2.2.6 Zusammenfassung

Die Koeffizienten der Struktur (2) werden in drei Stufen geschätzt. Dabei entsprechen Stufe 1 und 2 den beiden Stufen der zweistufigen Methode der kleinsten Quadrate (TLS).

Stufe 3:

1. Aus den Residuen der mit dem TLS-Verfahren geschätzten Struktur bestimme man den Schätzwert $\underline{\tilde{V}}$ aus (155).
2. Mit $\underline{\tilde{V}}$ bestimme man aus (156) einen revidierten Schätzwert für die Struktur.

X. Literaturverzeichnis

1. Ökonometrie

Christ, Carl F.
"Econometric Models and Methods"
John Wiley, New York, 1966

Förstner, K.
"Über die Bestimmbarkeit wirtschaftlicher Kenngrößen"
Verlag Anton Hain, Meisenheim am Glan, 1960

Goldberger, Arthur S.
"Econometric Theory"
John Wiley, New York, 1964

Gollnick, Heinz
"Einführung in die Ökonometrie"
Eugen Ulmer Verlag, Stuttgart, 1968

Hood, W.C., und T.C. Koopmans (editors)
"Studies in Econometric Methods"
Cowles Commission Monograph no. 14, John Wiley, New York, 1953

Johnston, J.
"Econometric Methods"
Mc Graw Hill, New York, 1963

Klein, Lawrence R.
"A Textbook of Econometrics"
Row, Peterson & Co., Evanston, Illinois, 1953

Klein, Lawrence R.
"Einführung in die Ökonometrie"
Müller-Albrechts Verlag, Düsseldorf, 1969

Koopmans, T.C. (editor)
"Statistical Inference in Dynamic Economic Models"
Cowles Commission Monograph no. 10, John Wiley, New York, 1950

Malinvaud, E.
"Statistical Methods of Econometrics"
North-Holland Publ. Comp., Amsterdam, 1966

Menges, G.
"Ökonometrie"
Gabler Verlag, Wiesbaden, 1961

Schneeweiß, H.
"Einführung in die Ökonometrie"
Physica Verlag, Würzburg, 1970 (in Vorbereitung)

Schönfeld, Peter
"Methoden der Ökonometrie"
Franz Vahlen Verlag, Berlin, Band I 1969, Band II in Vorbereitung

Tinbergen, Jan
"Einführung in die Ökonometrie"
Humboldt Verlag, Wien-Stuttgart, 1952

Tintner, Gerhard
"Econometrics"
John Wiley, New York, 1952

Tintner, Gerhard
"Handbuch der Ökonometrie"
Springer Verlag, Berlin, 1960

Valavanis, S.
"Econometrics, An Introduction to Maximum Likelihood Methods"
Mc Graw Hill, New York, 1959

2. Wirtschaftstheorie

Allen, R.G.D.
"Mathematical Economics"
Mac Millan, London, 1956

Allen, R.G.D.
"Macro Economic Theory"
Mac Millan, London, 1967

Brems, Hans
"Quantitative Economic Theory, An Synthetic Approach"
John Wiley, New York, 1968

Dorfman, R., P. Samuelson und R. Solow
"Linear Programming and Economic Analysis"
Mc Graw Hill, New York, 1958

Gale, David
"The Theory of Linear Economic Models"
Mc Graw Hill, New York, 1960

Krelle, Wilhelm
"Preistheorie"
J.C.B. Mohr (Paul Siebeck), Tübingen und Polygraphischer Verlag, Zürich, 1961

Krelle, Wilhelm
"Volkswirtschaftliche Gesamtrechnung"
Duncker & Humblot, Berlin, 1967, 2. Aufl.

Krelle, Wilhelm und D. Coenen
"Präferenz- und Entscheidungstheorie"
J.C.B. Mohr (Paul Siebeck), Tübingen, 1968

Krelle, Wilhelm und W. Scheper
"Produktionstheorie"
J.C.B. Mohr (Paul Siebeck), Tübingen, 1969

Samuelson, P.A.
"Foundation of Economic Analysis"
Harvard University Press, Cambridge, Mass., 1948

Schwartz, Jacob T.
"Lecture on the mathematical Method in analytical economics"
Gordon, New York, 1962

3. Statistik und Wahrscheinlichkeitstheorie

Feller, William
"An Introduction to Probability Theory and Its Applications"
John Wiley, New York, vol. I 1950, vol. II 1966

Hoel, P.G.
"Introduction to Mathematical Statistics"
John Wiley, New York, 1962

Kendall, M.G.
"The Advanced Theory of Statistics"
C. Griffin & Co., London, vol. 2 1946

Kreyszig, Erwin
"Statistische Methoden und ihre Anwendungen"
Vandenhoeck & Ruprecht, Göttingen, 1968

Loève, M.
"Probability Theory"
Van Nostrand Comp., New York, 1955

Mood, A.M. und F.A. Graybill
"Introduction to the Theory of Statistics"
Mc Graw Hill, New York, 1963

Schmetterer, Leopold
"Einführung in die mathematische Statistik"
Springer Verlag, Wien, 2. Aufl. 1966

van der Waerden, B.L.
"Mathematische Statistik"
Springer Verlag, Berlin, 1957

4. Empfohlene Literatur zu den einzelnen Kapiteln

Kapitel II

Johnston, a.a.O., S. 3-43
Malinvaud, a.a.O., S. 73-101
Ichimura, S. "Lecture Notes on Econometrics", University of
    California, Berkeley 1965-66, Working paper no. 178,
    Center for Research in Management Science

Kapitel III

Goldberger, a.a.O., S. 156-248, 272-278
Johnston, a.a.O., S. 106-138, 177-200, 207-211
Malinvaud, a.a.O., S. 172-214
Durbin, J. und Watson
   "Testing for Serial Correlation in Least Squares
   Regression", Biometrika, Dec. 1950 und June 1951

Kapitel IV

Goldberger, a.a.O., S. 192-194
Johnston, a.a.O., S. 201-207
Malinvaud, a.a.O., S. 174, 187-192
Menges, a.a.O., S. 146-154
Tintner, a.a.O., S. 259-265

Kapitel V

Goldberger, a.a.O., S. 274-278
Gollnick, a.a.O., S. 135-152
Johnston, a.a.O., S. 211-221
Malinvaud, a.a.O., S. 449-494

Grenander, Ulf und Murray Rosenblatt
          "Statistical Analysis of Stationary Time Series"
          John Wiley, New York, 1957, S. 111-114

Hurwicz, Leonid "Prediction and Least Squares" in: T.C. Koopmans,
          a.a.O., S. 266-300, Fußnote 3 S. 298

Koyck, L.M.   "Distributed Lags and Investment Analysis"
          North-Holland Publ. Comp., Amsterdam, 1954,
          S. 32-39

Kapitel VI

Goldberger, a.a.O., S. 282-284
Gollnick, a.a.O., S. 105-112
Johnston, a.a.O., S. 148-176
Klein (1953), a.a.O., S. 282-304
Malinvaud, a.a.O., S. 326-363
Tintner (1952), a.a.O., S. 121-153
Tintner (1960), a.a.O., S. 266-271

Kapitel VII

Malinvaud, a.a.O., S. 497-522
Menges, a.a.O., S. 42-50
Nerlove, Marc "A Tabular Survey of Macro-Econometric Models",
          International Economic Review, vol. 7, 1963
Krelle, W., D. Beckerhoff, H.G. Langer und H. Fuß
          "Ein Prognosesystem für die wirtschaftliche Ent-
          wicklung der Bundesrepublik Deutschland"
          Verlag Anton Hain, Meisenheim am Glan, 1969,
          S. 1-22

Kapitel VIII

Förstner, a.a.O., S. 25-29, 39-54
Goldberger, a.a.O., S. 306-318
Hood-Koopmans, a.a.O., S. 27-48
Johnston, a.a.O., S. 240-252
Klein (1953), a.a.O., S. 92-100
Malinvaud, a.a.O., S. 544-558
Menges, a.a.O., S. 72-87
Tintner (1952), a.a.O., S. 155-166
Tintner (1960), a.a.O., S. 238-252

Kapitel IX

Goldberger, a.a.O., S. 318-388
Johnston, a.a.O., S. 231-272
Malinvaud, a.a.O., S. 559-613
Anderson, T.W. und H. Rubin
    "Estimation of the parameters of a single equation in a complete system of stochastics equations", Annals of Mathematical Statistics, vol. 20, 1949, pp 46-63
Anderson, T.W. und H. Rubin
    "The asymptotic properties of estimates of the parameters of a single equation in a complete system of stochastic equations", Annals of Mathematical Statistics, vol. 21, 1950, pp 570-582

Lecture Notes in Operations Research and Mathematical Systems

Vol. 1: H. Bühlmann, H. Loeffel, E. Nievergelt, Einführung in die Theorie und Praxis der Entscheidung bei Unsicherheit. 2. Auflage, IV, 125 Seiten 4°. 1969. DM 12,– / US $ 3.30

Vol. 2: U. N. Bhat, A Study of the Queueing Systems M/G/1 and GI/M/1. VIII, 78 pages. 4°. 1968. DM 8,80 / US $ 2.50

Vol. 3: A. Strauss, An Introduction to Optimal Control Theory. VI, 153 pages. 4°. 1968. DM 14,– / US $ 3.90

Vol. 4: Einführung in die Methode Branch and Bound. Herausgegeben von F. Weinberg. VIII, 159 Seiten. 4°. 1968. DM 14,– / US $ 3.90

Vol. 5: L. Hyvärinen, Information Theory for Systems Engineers. VIII, 295 pages. 4°. 1968. DM 15,20 / US $ 4.20

Vol. 6: H. P. Künzi, O. Müller, E. Nievergelt, Einführungskursus in die dynamische Programmierung. IV, 103 Seiten. 4°. 1968. DM 9,– / US $ 2.50

Vol. 7: W. Popp, Einführung in die Theorie der Lagerhaltung. VI, 173 Seiten. 4°. 1968. DM 14,80 / US $ 4.10

Vol. 8: J. Teghem, J. Loris-Teghem, J. P. Lambotte, Modèles d'Attente M/G/1 et GI/M/1 à Arrivées et Services en Groupes. IV, 53 pages. 4°. 1969. DM 6,– / US $ 1.70

Vol. 9: E. Schultze, Einführung in die mathematischen Grundlagen der Informationstheorie. VI, 116 Seiten. 4°. 1969. DM 10,– / US $ 2.80

Vol. 10: D. Hochstädter, Stochastische Lagerhaltungsmodelle. VI, 269 Seiten. 4°. 1969. DM 18,– / US $ 5.00

Vol. 11/12: Mathematical Systems Theory and Economics. Edited by H. W. Kuhn and G. P. Szegö. VIII, IV, 486 pages. 4°. 1969. DM 34,– / US $ 9.40

Vol. 13: Heuristische Planungsmethoden. Herausgegeben von F. Weinberg und C. A. Zehnder. II, 93 Seiten. 4°. 1969. DM 8,– / US $ 2.20

Vol. 14: Computing Methods in Optimization Problems. Edited by A. V. Balakrishnan. V, 191 pages. 4°. 1969. DM 14,– / US $ 3.90

Vol. 15: Economic Models, Estimation and Risk Programming: Essays in Honor of Gerhard Tintner. Edited by K. A. Fox, G. V. L. Narasimham and J. K. Sengupta. VIII, 461 pages. 4°. 1969. DM 24,– / US $ 6.60

Vol. 16: H. P. Künzi und W. Oettli, Nichtlineare Optimierung: Neuere Verfahren, Bibliographie. IV, 180 Seiten. 4°. 1969. DM 12,– / US $ 3.30

Vol. 17: H. Bauer und K. Neumann, Berechnung optimaler Steuerungen, Maximumprinzip und dynamische Optimierung. VIII, 188 Seiten. 4°. 1969. DM 14,– / US $ 3.90

Vol. 18: M. Wolff, Optimale Instandhaltungspolitiken in einfachen Systemen. V, 143 Seiten. 4°. 1970. DM 12,– / US $ 3.30

Vol. 19: L. Hyvärinen, Mathematical Modeling for Industrial Processes. VI, 122 pages. 4°. 1970. DM 10,– / US $ 2.80

Vol. 20: G. Uebe, Optimale Fahrpläne. IX, 161 Seiten. 4°. 1970. DM 12,– / US $ 3.30

Vol. 21: Th. Liebling, Graphentheorie in Planungs- und Tourenproblemen am Beispiel des städtischen Straßendienstes. IX, 118 Seiten. 4°. 1970. DM 12,– / US $ 3.30

Vol. 22: W. Eichhorn, Theorie der homogenen Produktionsfunktion. VIII, 119 Seiten. 4°. 1970. DM 12,– / US $ 3.30

Vol. 23: A. Ghosal, Some Aspects of Queueing and Storage Systems. IV, 93 pages. 4°. 1970. DM 10,– / US $ 2.80

Vol. 24: Feichtinger, Lernprozesse in stochastischen Automaten.
V, 66 Seiten. 4°. 1970. DM 6,– / $ 1.70

Vol. 25: R. Henn und O. Opitz, Konsum- und Produktionstheorie I.
II, 124 Seiten. 4°. 1970. DM 10,– / $ 2.80

Vol. 26: D. Hochstädter und G. Uebe, Ökonometrische Methoden.
XII, 250 Seiten. 4°. 1970. DM 18,– / $ 5.00

Beschaffenheit der Manuskripte

Die Manuskripte werden photomechanisch vervielfältigt; sie müssen daher in sauberer Schreibmaschinenschrift geschrieben sein. Handschriftliche Formeln bitte nur mit schwarzer Tusche eintragen. Notwendige Korrekturen sind bei dem bereits geschriebenen Text entweder durch Überkleben des alten Textes vorzunehmen oder aber müssen die zu korrigierenden Stellen mit weißem Korrekturlack abgedeckt werden. Falls das Manuskript oder Teile desselben neu geschrieben werden müssen, ist der Verlag bereit, dem Autor bei Erscheinen seines Bandes einen angemessenen Betrag zu zahlen. Die Autoren erhalten 75 Freiexemplare.

Zur Erreichung eines möglichst optimalen Reproduktionsergebnisses ist es erwünscht, daß bei der vorgesehenen Verkleinerung der Manuskripte der Text auf einer Seite in der Breite möglichst 18 cm und in der Höhe 26,5 cm nicht überschreitet. Entsprechende Satzspiegelvordrucke werden vom Verlag gern auf Anforderung zur Verfügung gestellt.

Manuskripte, in englischer, deutscher oder französischer Sprache abgefaßt, nimmt Prof. Dr. M. Beckmann, Department of Economics, Brown University, Providence, Rhode Island 02912/USA oder Prof. Dr. H. P. Künzi, Institut für Operations Research und elektronische Datenverarbeitung der Universität Zürich, Sumatrastraße 30, 8006 Zürich entgegen.

Cette série a pour but de donner des informations rapides, de niveau élevé, sur des développements récents en économétrie mathématique et en recherche opérationnelle, aussi bien dans la recherche que dans l'enseignement supérieur. On prévoit de publier

1. des versions préliminaires de travaux originaux et de monographies
2. des cours spéciaux portant sur un domaine nouveau ou sur des aspects nouveaux de domaines classiques
3. des rapports de séminaires
4. des conférences faites à des congrès ou à des colloquiums

En outre il est prévu de publier dans cette série, si la demande le justifie, des rapports de séminaires et des cours multicopiés ailleurs mais déjà épuisés.

Dans l'intérêt d'une diffusion rapide, les contributions auront souvent un caractère provisoire; le cas échéant, les démonstrations ne seront données que dans les grandes lignes. Les travaux présentés pourront également paraître ailleurs. Une réserve suffisante d'exemplaires sera toujours disponible. En permettant aux personnes intéressées d'être informées plus rapidement, les éditeurs Springer espèrent, par cette série de »prépublications«, rendre d'appréciables services aux instituts de mathématiques. Les annonces dans les revues spécialisées, les inscriptions aux catalogues et les copyrights rendront plus facile aux bibliothèques la tâche de réunir une documentation complète.

Présentation des manuscrits

Les manuscrits, étant reproduits par procédé photomécanique, doivent être soigneusement dactylographiés. Il est recommandé d'écrire à l'encre de Chine noire les formules non dactylographiées. Les corrections nécessaires doivent être effectuées soit par collage du nouveau texte sur l'ancien soit en recouvrant les endroits à corriger par du verni correcteur blanc.

S'il s'avère nécessaire d'écrire de nouveau le manuscrit, soit complètement, soit en partie, la maison d'édition se déclare prête à verser à l'auteur, lors de la parution du volume, le montant des frais correspondants. Les auteurs recoivent 75 exemplaires gratuits.

Pour obtenir une reproduction optimale il est désirable que le texte dactylographié sur une page ne dépasse pas 26,5 cm en hauteur et 18 cm en largeur. Sur demande la maison d'édition met à la disposition des auteurs du papier spécialement préparé.

Les manuscrits en anglais, allemand ou francais peuvent être adressés au Prof. Dr. M. Beckmann, Department of Economics, Brown University, Providence, Rhode Island 02912/USA ou au Prof. Dr. H.P. Künzi, Institut für Operations Research und elektronische Datenverarbeitung der Universität Zürich, Sumatrastraße 30, 8006 Zürich.

MIX
Papier aus verantwortungsvollen Quellen
Paper from responsible sources
FSC® C105338

If you have any concerns about our products,
you can contact us on
ProductSafety@springernature.com

In case Publisher is established outside the EU,
the EU authorized representative is:
**Springer Nature Customer Service Center GmbH
Europaplatz 3, 69115 Heidelberg, Germany**

Printed by Libri Plureos GmbH
in Hamburg, Germany